Key Project of Beijing Eatology Research Institute

北京东方美食研究院重点课题项目

# EATOLOGY

# 食 学

Liu Guangwei

刘广伟 著

線 裝 書 局

图书在版编目（CIP）数据

食学 / 刘广伟著. -- 北京 : 线装书局，2018.11（2019.4）
ISBN 978-7-5120-3423-5

Ⅰ．①食… Ⅱ．①刘… Ⅲ．①饮食－文化 Ⅳ.
①TS971.2

中国版本图书馆 CIP 数据核字 (2018) 第 232615 号

# 食 学

作　　者：刘广伟
责任编辑：李　媛
出版发行：线裝書局
　　　　　地　址：北京市丰台区方庄日月天地大厦 B 座 17 层（100078）
　　　　　电　话：010-58077126（发行部）010-58076938（总编室）
　　　　　网　址：www.zgxzsj.com
经　　销：新华书店
印　　制：北京中科印刷有限公司
开　　本：787mm×1092mm　1/16
印　　张：23
字　　数：330 千字
版　　次：2019 年 4 月第 1 版第 2 次印刷
印　　数：3001-11000

线装书局官方微信

定　　价：126.00 元

# 前言

  食学，作为 21 世纪的学科，是一个全新的知识体系，是人类所有食事认知的总合。在此之前，没有一门学科能够涵盖人类的全部食事认知。食学，跳出了现代学科体系的局限，首次从食物生产、食物利用、食为秩序三个方面，将人类的食事认知归纳为一个整体体系，从而终结了人类食事认知"盲人摸象"的历史，将推动食事管理"铁路警察各管一段"低效范式的变革。食学，是站在一个更高的视角，来观察人与食物、人类与食物母体系统、食事与世界秩序之间的客观现实，并发现其中的运行规律。食学，是解决人类大大小小的食事问题和食因问题的一把金钥匙。

  今天，人们对"食学"还很陌生，对它的逻辑结构，它的研究范畴，它的存在价值，还有许多误解。常常有人问我，食学是食品学还是食文化学？食学和农学、医学是什么关系？我的回答是：食学是一个更大范围的知识体系。例如，农学只是食物生产的一个方面，食品科学是食物生产的另一个方面；再如，现代医学中的营养学只是食物利用的一个方面，传统医学中的食疗学是食物利用的另一个方面；又如，食文化学只是食为秩序的一个方面，食经济学是食为秩序的另一个方面，如此等等。它们都是人类食事认知的局部，不是食事认知的全部。食学，不仅包含了它们，而且包含了所有与食事相关的认知。食学，不仅厘清了它们之间的内在关系，而且找到了它们自身的本质特征，同时填补了所有空白。也可以这样理解：食学是从"食"的角度对农学的扩充与更名，是一个更大的体系。食学，是对人类所有食事认知的整体概括，其整体价值大于部分之和。

  为使读者容易了解食学内容，本书特别注重三点：一是关于食学学科的基本概念的确定。一门新的学科，必然针对许多新事象，需要用新的概念来表达，或者是借用传统概念给予重新定义。正确把握这些概念的内涵和外延，是学习食学的前提；二是关于食学学科的确立与定位。主要从定义、任务和面对的问题三个方面展开详尽阐述，并解读食学与其他学科之间的关系，以期让读者能够看清、看透食学的轮廓与价值；三是关于食学学科的体系构建。主要阐述三角结构和三级学科的设置原则与价值，同时对四级学科的分类也进行了初步的探索。我希望通过上述讨论，能够使读者更好地了解食学，学习食学，利用食学。食学不是一个束之高阁的理论，是关系到世界上每一个人健康与长寿的学科，是关系到我们子孙后代幸福生活的学科。食学改变你我，食学改变世界。

本书由四章组成，第一章为总论，阐述了食学确立的理论基础；第二章为食物生产学，从食物之源、采捕食物、驯化食物、合成食物、加工食物、流转食物 6 个角度确立了 16 门三级学科；第三章为食物利用学，从食物成分、食者体质、食物摄入 3 个角度确立了 9 门三级学科；第四章为食为秩序学，从食为控制、食为教化、食史研究 3 个角度确立了 7 门三级学科的确立。总共 32 门三级学科，由此形成了 3-32 的食学学科体系。这 32 门三级学科的构建，可分为厘清、确立、扶正、补白四个类型。

一是厘清，是对现代科学体系中的食相关学科，从原理的角度厘清学科名目。具体是：1. 把"农学"从食物驯化的本质厘清为食物种植、食物养殖学、食物培养学，其中食物培养学是新命名；2. 把"食品科学"从食物加工原理的角度厘清为食物碎解学、食物烹饪学、食物发酵学，其中食物碎解学是新命名。3. 把医学中的与食物和食者相关体系厘清并重新命名为食物元素学、食物合成学、食者体构学、合成食物疗疾学。

二是确立，是对当代实践中存在的模糊、边缘的食事认知体系给予了学科确立。具体是：1. 从食物的来源领域确立并命名了食物母体学；2. 从"天然食物"获取方式的角度确立了食物采摘学、食物狩猎学、食物采集学和食物捕捞学；3. 从食物生产的流通领域，确立了食物贮藏学、食物运输学、食物包装学。4. 从食行为的器具领域，确立并命名了食为设备学。

三是扶正，是把一直被排除在现代学科体系之外，有着千年历史的食事认知体系，首次界定了它应有的学科位置。具体是：把传统医学中与食相关的内容，界定并命名为食物性格学、食者体征学、食物调疗学、本草食物疗疾学。

四是补白，是在人类食事认知的空白领域创立新的学科。具体是：1. 在食物利用领域创立了进食学、食物审美学；2. 创建了食为秩序学的整体体系，包括食为经济学、食为法律学、食为行政学、食为教育学、食为习俗学、食为文献学、食为历史学。

本书提出的"食界三角""食学三角""食学 3-32 体系"，首次把人类海量、碎片化的食事认知整合在一起，构建出一个整体体系，倡导从 32 个方面去认知和解决人类的食事问题；本书提出的"进食坐标""5 步进食环""食学膳食罗盘""膳食表盘指南"，旨在用形象生动的方式厘清食者、食物、食法、食废及食后征之间的动态关系，为人类找到健康长寿的科学进食方法；本书提出的"AWE 礼仪"，正视人类食物未来的稀缺性，号召世界上每一个人，在每餐前例行 AWE 礼仪，以此敬畏食物、珍惜食物；本书提出的"食物母体""食权""食为秩序""食业文明"，阐述了"人类食物共同体"是"人类命运共同体"理论的底层基石，说明了食权是人权的基础，提出了构建世界食为新秩序，揭示了食事不仅是文明之源，更是文明的首要内容，并决定着人类文明的未来。食事的优劣，是人类文明进步的试金石。

本书的不足，一是对食学的内在定律、规律研究不够；二是对部分三级学科内容及体系研究不透；三是对四级以下的学科体系尚未充分展开。全书共计 33 万字，并配有 130 余幅图表和"专业词汇""参考资料"，以方便读者阅读。由于本人的学识所限，在写作过程中，难免存在差错和谬误，欢迎读者批评指正（邮箱：01@eatology.org）。

本书可作为高等院校相关专业（农业、食品、旅游、商贸、医学、经济、行政、法律、教育等）的辅助教材，是食学专业的基础教材，是相关科研院所的学术参考书，是食业（农业、食品业、餐饮业、养生业、医疗业等）工作者的学习参考书，也是广大民众膳食养生的指南书。

刘广伟

2018 年 11 月 8 日

# Foreword

As a discipline of the 21st century, eatology is an entirely new knowledge system and the general term for all human cognition of eating-related matters. There has never been a discipline that could cover all human cognition of eating-related matters. Without being confined by the modern disciplinary system, eatology, for the first time, summarizes food production, food utilization, and eation order into one holistic system, thus ending human's segmented cognition of eating-related matters and facilitating a revolution in the inefficient management of eating-related matters. Eatology, from a higher perspective, observes the objective reality between human beings and food, between human beings and food maternity systems, and between food and the world order, and finds the rules behind it. It is a golden key to eating-related and eating-born problems.

Today, people are still quite unfamiliar with "eatology", and have many misconceptions about its logical structure, research scope, and existence value. I am often asked two questions: "Is eatology bromatology or food culturology?" and "what is the relationship between eatology, agronomy, and medical science?" My answer is that eatology is a broader body of knowledge. For example, agronomy and food science are just two different aspects of food production; nutriology and dietary therapy in medical science cover two aspects of food utilization; and food culturology and food economics deal with two aspects of eation order, etc. All of them illustrate certain aspects but not all human cognition of eating-related matters. Eatology covers all eating-related cognitions including the above-mentioned aspects, which not only clarifies their intrinsic relationship but also identifies their own essential characteristics and fills in many gaps. It can also be understood in this way: eatology is an expansion of agronomy from the perspective of "eating" which is a larger system. Eatology is a general summary of all human cognition of eating-related matters, whose overall value is greater than the sum of parts.

In order to make it easier for readers to understand eatology, this book focuses on three aspects: 1. The determination of basic concepts of the discipline of eatology. Any new discipline is bound to address many new things and needs to be expressed with new concepts, or redefined by borrowing traditional concepts. Correctly grasping the connotation and denotation of these concepts is the premise of learning eatology. 2. The establishment and positioning of the discipline of eatology. Definitions, tasks, and problems will be elaborated and the relationship between eatology and other disciplines will be interpreted in this book in the hope that readers can have a clear and thorough understanding of the outline and value of eatology. 3. System construction of the discipline of eatology. The focus will be on the principles and values of establishing a triangular structure and level-three subjects, and preliminary exploration will be carried out on the classification of level-four subjects. It is my hope that through such discussion readers can better understand, learn and apply eatology. Eatology is not a theory that ends up on the shelf. It is a discipline related to the health and longevity of everyone around the world, a discipline that concerns the happy life of our descendants. Eatology changes you and me and alters the world.

There are four chapters in this book. Chapter I Overview expounds the theoretical foundation of eatology. Chapter II Food Production Science establishes 16 level-three subjects from six different perspectives—the source of food, food harvesting, domestication for food, synthetic food, food processing, and food circulation. Chapter III Food Utilization Science establishes 9 level-three subjects from four perspectives—food element, eater physique, food intake, and dietary conditioning and therapy. Chapter IV Eation Order Science establishes 7 level-three subjects from three perspectives—eation control, eation edification and eation history study. Thus, a 3-32 disciplinary system has been established for eatology. The establishment of the 32 level-three subjects may be divided into four categories: clarification, new establishment, justification, and gap filling.

Clarification is to clarify the eating-related subjects in the modern scientific system, from the perspective of principles, specifically speaking: 1. Based on the nature of the domestication of food, "agronomy" is clarified into food-oriented planting science, food-oriented animal farming science, and food cultivation science, among which food cultivation science is a newly named subject; 2. "Food science" is clarified from the perspective of food processing principles into food disintegration science, food culinary science, and food fermentation science, among which food disintegration science is a newly named subject; 3. The food and eater-related systems in medical science are classified into food element science, food synthesis science, eater organ science, and synthetic food therapy science.

The new establishment is the establishment of subjects that are vague or marginalized cognition systems of eating-related matters in contemporary practice, including: 1. Food maternology is established in the source of food; 2. Food picking science, food hunting science, food gathering science and food fishing science are established from the perspective of the access to "natural food"; 3. Food storage science, food transportation science and food packaging science are established in the circulation of food production. 4. Eation appliance science is established in the field of behavioral devices for food production and utilization.

Justification is to define for the first time the due position of the thousand-year-old cognition system of eating-related matters that has all along been excluded from the modern disciplinary system. Specifically speaking, the eating-related contents of traditional medical science are defined as food character science, eater sign science, dietary conditioning and therapy science, and herbal food therapy science.

Gap filling means the creation of new subjects in the blank field of human cognition of eating-related matters, including: 1. Establishing an eating methodology and dietary aesthetics in the field of food utilization; 2. Establishing the holistic system of eation order science covering eation economics, eation law, eation administration, eation education, eation customs science, eation philology, and eation history.

In this book, "Eating Triangle", "Eatology Triangle", and "Eatology 3-32 System" integrate mass and fragmented human cognition of eating-related matters for the first time for classification and combination to construct a comprehensive system. "Eating Coordinates", "Five-Step Eating Circle", "Eatological Dietary Compass" and "Dietary Dial Guide" aim to clarify the dynamic relationships between eater, food, eating method, foodexcreta and post-eating sign in a vivid way, so as to find the basic method of scientific eating for the health and longevity of human beings. "AWE Protocol envisages the scarcity of human food in the future and calls on everyone in the world to routinely perform "AWE Protocol" before each meal to revere and cherish food. The concepts of "Food Maternity", "Eating Rights", "Eation Order" and "Eatindustry Civilization" expound that the community with shared food for mankind is the underlying cornerstone of the theory of building a community with a shared future for mankind, indicate that eating rights are the foundation of human rights, propose the building of global eation order, and hold that eating-related issues run through human civilizations and are the touchstone of their development.

I acknowledge that there are three shortcomings in this book: First, insufficient research on the internal laws and rules of eatology; second, the inadequate study on the contents and systems of some level-three subjects; third, insufficient elaboration of subject systems below level four. The book contains a total of 320,000 words with over 130 figures and tables, and is appended with "terminology" and "references". Due to my limited knowledge, mistakes and errors are inevitable, and I invite readers to make comments on them.

This book is a key research project of Beijing Eatology Research Institute. It can be used as a teaching aid for related majors (in agriculture, food, tourism, commerce, medicine, economics, administration, law, education, etc.) of colleges and universities, a basic teaching material of eatology, an academic reference book for relevant scientific research institutes and for professionals in the eating industry (agriculture, food, catering, health maintenance, medicine, etc.), and a guide for the general public in terms of living a healthy life.

Liu Guangwei
November 8, 2018

# 目　录

# Contents

# §1 总论

  我们赖以生存的地球已存在 46 亿年，地球上最早的生物（细菌）出现在 42 亿年前。在沧海桑田的不断变迁中，数不尽的生物繁衍生息，不断进化。目前，已知的植物有 50 万种，动物有 250 万种，人类只是其中的一种，作为早期人类代表的南方古猿起源于 550 万年前。

  食物链是生态的组成形式，人类是食物链中的小小一环，550 万年以来，共有 1076 亿人参与了食物链的食它与被食。自 1 万年前食物驯化开始，人类在食物链中的角色逐渐改变，只有食它，少有被食。进入 20 世纪，火葬在世界各地被广泛提倡，人类尸体的被食（分解）也大幅减少。与此同时，人类干扰食物链的行为则由小变大，由少变多，特别是工业文明兴起以来，这种干扰日趋加剧。

  人类有着 7000 年的文明史，更有辉煌的科技发展史。人类攻下了一个又一个科学高峰，相对论让我们可以瞭望浩瀚的宇宙，量子力学让我们可以窥见极微的世界。然而，作为哺乳动物的人类，为什么至今仍没有活到哺乳动物应有的寿期？作为食物链中一环的人类，为什么加剧干扰它，以致威胁到自身的生存与延续？作为以脑容量大著称的智慧人类，为什么还有 11% 的人口处于饥饿中，至今没有构建出关照每一个人食物利益的世界秩序？这 3 个让"万物之灵长"尴尬的问题，正是食学的起点。

# §1-1 导言

开篇伊始，先明确几个概念：食事，是指人类的食行为及其结果；食识，是指人类对食事的认知；食物，是指维持人类健康与生存的所有入口之物；食为，是指人类所有的食事行为；食化，是指食物转化为肌体构成和肌体能量以及排泄、散热的全过程。

食（吃），是生物本能，当然也是人的本能。食（吃），即生存，没有食就没有生命。食（吃），伴随人类的进化，一刻没有停止过。食（吃），是人与自然之间除呼吸之外的第一关系。食物，是人与自然之间联系最直接的介质，是维持个体生命与生存的基本能源，是人与其他物种之间最奇妙的联结。食物获取是社会劳动的首要内容，是人类社会的第一要义。因此，食事在人类文明进程中的价值不可低估。

## §1-1.1 食为是人类文明之源

中国有句俗语，"开门七件事, 柴米油盐酱醋茶"，事事都与食相关。英国有句谚语，"食物造就了我们"，没有食物就没有我们。地球上每个人的食事，都与家庭、民族、国家、种群的发展息息相关。食事不仅与你的肌体、寿命相关, 并且与人类文明的起源、演化息息相关。

人类的文明主要体现在 6 个维度，即智、美、礼、权、序、嗣。食，是人类六维文明的源头：第一是智源于食，寻找食物的方法与过程，是开启人类智慧的钥匙；第二是美源于食，果实的甜美、熟食的醇香成为人类最早获得的美感；第三是礼源于食，对食物的谦让，是人类礼仪的滥觞；第四是权源于食，谁控制了食物，就获得了尊重与服从；第五是序源于食，获取食物是人类主要冲突的缘由，也是维持秩序的根本；第六是嗣源于食，人类种群的延续依赖食物的可持续供给。

食事不仅成就了人类文明的过去，而且决定着人类文明的未来。食事问题是人类生存最根本的问题，也是人类社会最大的问题，当今世界的五大问题"资源、人口、健康、和平、生态"，也都与食事密切相关。食事与人类文明的关系，在学界严重被低估。食事不仅是文明之源，更是文明的重要内容。我们今天对食物的选择和对食事的态度，决定着人类的未来。

# §1-1.2 人类食识的"四化"特征

人类对食事的知识，可以简称为食识。食识是人类的一份宝贵财富，是推动文明进化的重要力量。今天，人类食识呈现出海量化、碎片化、误区化、盲区化的 4 个特征。

食识的海量化。人类有 7000 年文明史，对食事的认识活动从来没有停止过。世界上 200 多个国家和地区，有 76.3 亿人口①，1800 多个民族，5000 多种语言和文字，语言、经验、文字、文章、书籍、图画、视频等，灿若繁星，浩如烟海。

食识的碎片化。在现代科学体系的分类学中，食识一直处于非整体化状态，它们散落在各种学科之中，让你难寻其形、难辨其类、难觅其踪。这一点，从当今的图书馆目录中就可见一斑。人类与食相关的书籍林林总总，但没有形成一个整体体系，没有一个独立的类目。食材料在农业类目之下，食加工（部分）在工业类目之下，食营养在医学类目之下，其他与食相关的书籍则散落在各种类目之中支离碎散，不成一体。

食识的误区化。由于某地域、某种族群、某事项的食识局限性的长期存在，过度强调某一视角维度的认知与实践带来的效应，使片面性的认知占了上风，妨碍了人们站在整体的角度、全局的高度看待食事，出现了许许多多的认知误区。这些误区具有很强的影响力和行为惯性，具有浓郁的地域、宗教、文化特征，影响着我们的思维与行为，是我们正确认知食事的一大障碍。

食识的盲区化。尽管人类对食事的认识有着悠久的历史，尽管当代科学突飞猛进，但我们对食事的认识依然存在许多盲区。这是因为认知的维度单一和深度不够，

---

① 联合国经济和社会事务部: Population of Urban and Rural Areas at Mid-Year (thousands) and Percentage Urban, 2018. (https://population.un.org/wup/Download/)。

许多未知领域尚有待开疆拓土。同时由于人类食识的海量化、碎片化、误区化，迟迟没有形成一个完整的体系，导致许多视角盲点的存在，致使我们在一些食事领域的认知还是空白。

以上食识的"四化"现状，不仅影响了我们对人类食事的整体认知，而且阻碍了我们对食事的客观认知，制约了我们把握和解决食事问题的能力。

# §1-1.3 人类食事"20 字共识"

纵观人类的起源史和发展的文明史，有一个非常重要的问题需要我们回答，即在食事上人类是否有共识？如果有，这个共识是什么？

我认为人类食事的共识，是"人人需食，天天需食，食皆同源，食皆求寿，食皆求嗣"20 个字。人人需食，是指空间上的每一个人生存之必需；天天需食，是时间上的每一个人生存之必需；食皆同源，是指人类共有一个食母系统；食皆求寿，是指在食物目的上，每一个人都追求健康长寿；食皆求嗣，是指在食物来源上，每一个人都希望食物供给的持续保障，希望代代持续延续。

那么确定人类食事共识的价值是什么？发现了人类食事的共识，就可以凝聚人类食事的"共力"，并以此"共力"去解决人类的食事问题。面对以上 20 个字，76.3 亿人可以达成共识，而这种共识所形成的共力，是我们解决人类食事问题的原动力，也是践行食学的主动力。

# §1-1.4 构建人类食识整体体系

如何更全面、更准确地认识人类的食事？如何正确认识食事在人类文明进化过程中的重要价值？如何更好地发挥和利用人类食事共识的伟大力量？如何更好地解决人类面临的诸多食事难题？仅仅依靠传统的认识体系是不够的，要放弃固有的"头痛医头，脚痛医脚"的思维模式，终结"盲人摸象"的历史，就要开拓新思路，找到新方法。为应对客观的食事整体，就需要建立一个整体的、全面的食识体系，我给这个体系命名为"食学"。

　　有人问，在人类科学如此发达、学科如此完备的今天，我们还需要一个"食学"吗？我的回答是肯定的：非常需要，而且迫切需要！食学，因人类食事问题而生，因人类的食事难题而立。食学的建立，是人类食事认知的一次革命，食学是开展对人类食事的整体性研究，从而建立起来的完整知识体系。它不是简单地将若干门学科的知识机械拼凑，而是以食事为核心，综合相关学科、发现自身规律而形成的一个具有新质内容的知识体系。

　　人类的食事问题是一个错综复杂的整体，要想更准确地认识和把握它，必须建立一个整体的认知体系，以整体应对整体，不是以部分应对部分，更不是以部分应对整体，这是彻底解决食事问题的根本思路。在人类现代科学体系里，"食学"是后来者，但食事却不是后来者，它是伴随人类进化的同行者，是诸事的先行者。从这个角度看，食学是"后来的先者"。由于食事且大且重要，所以，我不仅倡导创立食学学科体系，我同时还主张"食学优先""食业优先"，因为它们是解决人类当今和未来诸多重大问题的主要矛盾的主要方面。面对人类庞杂的食事难题，建立一门学科是一个正确的选择，因为它中立、持续、聚智。食学的力量是巨大的，是解决人类今天和未来食事问题的一把金钥匙。

　　近代科学体系的发展，存在两个问题：一是在方向和领域里忽视中观研究；二是在方法和思维上忽视整体研究。如果说相对论和量子力学把人类认识带到了宏观和微观两个极致领域，离人类的正常生存范围越来越远，似乎忘记了本来。那么，食学则主张对人类生存与延续的最基本要素，深入展开中观层面的科学研究。中观研究和整体思维是食学学科体系建设的两个法宝。同时近300年来，现代文明对推动人类进步发挥了巨大作用，在相当长一段时间里，人们自觉不自觉地忽视了传统文明的思维方式和研究成果。其实，传统文明和现代文明对人类的社会发展和生活实践都发挥着积极作用，只是作用的角度与方式各有不同。我们要避免用"片面的美"掩盖"整体的真"，现代微观渐进的认知和传统宏观把握的认知，是食学学科体系建设的两大研究范式。

# §1-2 食学定义

食学学科的创建，首先面对的问题就是食学的定义，不同的定义会赋予这个概念不同的基因，没有准确定义的概念就如同一个游魂，没有生命，没有方向，无所依着。本章的论述就是要解决食学的本质特征及其内涵与外延是什么的问题，解答食学为什么不是且包括农学、食品科学、营养学、食物品鉴学的问题。就是要规定食学的内涵与外延，确立和反映食学的特有属性。食学的定义，是食学学科建设的基石，是食学学科发展的立足点，是食学学科确立的里程碑。在论述食学定义之前，我们需要先确定与其相关的几个基本概念。

## §1-2.1 基本概念

食事、食识、食物、食物母体系统、食为（食行为）、食为系统、食化（食物转化）、食化系统、食界三角、食社会阶段（缺食社会、足食社会、丰食社会、优食社会），是食学学科的基本概念。食学的创建与研究都是围绕这些概念展开的，准确界定这些概念的内涵和外延是确立食学定义的基础。

### §1-2.1.1 食事

食事，指人类的食行为及其结果。食事是人类文明的重要内容，远古人类的生活，除了繁衍养育，几乎都是食事，繁衍养育中也包含着诸多的食内容，例如哺育婴儿。现代汉语中的食事，呈现狭窄化的倾向，仅定义为餐桌上的食行为和结果。食事，涵盖人类的食物生产、食物利用、食为秩序所有环节，包括人类所有的食行为及其结果。今天，人类的食事已经形成了一个客观的整体。

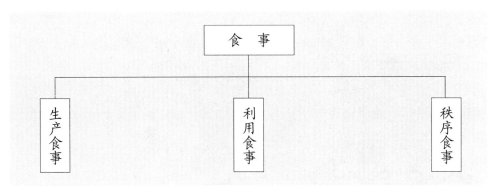

图 1-1 食事体系

## §1-2.1.2 食识

食识，是指人类对食事的认知。食事是一种客观存在，食识是一种主观认知。食识是人类文明的"六维"之源，是人类智慧的开始。食识有两个传承途径：一个是口传心授，另一个依赖记录。食识的记录媒介多种多样，从远古描绘的食物和获取食物的岩画，到其后的文字，再到当今的数字多媒体记录。食识包括食物生产、食物利用、食为秩序三个领域。长期以来，人类食识以海量化、碎片化状态存在，没有形成一个整体去应对食事的整体，今天的食学体系就是食识的整体体系。

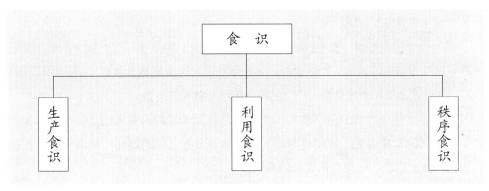

图 1-2 食识体系

## §1-2.1.3 食物

我们日常生活中的食物概念，外延比较窄，不包括茶、酒，甚至不包括水。这里所说的食物，特指人类的食物。食物的概念是指维持人体生存与健康的入口之物。这个定义包括了所有以维持人体生存与健康为目的而食入口中的物质。

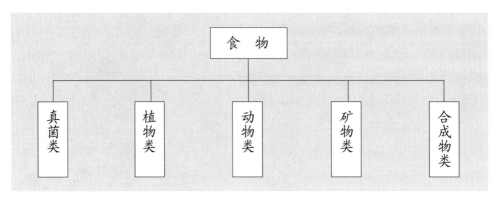

图 1-3 食物体系

从图 1-3 我们可以看出，食物分为五类，即真菌类食物、植物类食物、动物类食物、矿物类食物（水、盐等）、合成物类食物。前四类是天然食物，也包括了传统医学概念中的"本草"，第五类是非天然食物，是食物定义外延扩大的部分。合成食物②包括食品添加剂和口服药品。为什么要把它们也纳入到食物的概念中呢？因为它们都符合"入口"和"维持人体生存与健康"这两个条件，也就是说在途径和目的上是高度一致的。所不同的是，合成食物是食物链的外来者，也是后来者，它们是一个另类，不是人类固有的传统食物，尽管它们与天然食物存在着很大的差异性，尽管很多人还不情愿接受这个扩大了的概念，但是，它们从口中进入机体并发挥作用的事实不容质疑。

从社会学的角度看，食物的概念可以划分为狭义、中义和广义。狭义的概念是近代产生的，专指能够直接入口的食品，不包括饮品。中义的概念包括了所有的食材和饮品，不包括本草和合成食物。广义的概念包括所有入口之物。

这个从五维角度确立的"食物"的概念，有助于我们研究入口之物与人体生存和健康之间的本质关系，发现更多的人类肌体与食物之间的奥秘，从而更好地把握食物与健康的管理，增加个体食者的寿期。

## §1-2.1.4 食物母体系统

食物母体系统，是指食物的孕育系统，简称食母系统，是从人类食物来源的角度的表述，表达食物孕育与人类的关系，人类共享一个食物母体系统，这是"人类

②参见本书第 130-139 页。

命运共同体"的根本原理所在。

食物母体系统,可以分为两个方面,即无机系统和有机系统。无机系统包括水、盐、空气、温度等,有机系统包括微生物、植物、动物等。这个庞大的系统在过去的550万年间曾经哺育了1076亿人口,时至今日更是每天哺育着76.3亿人口。面对人类无休止的干扰,城市规模的不断扩大,空气、水质、土壤的严重污染以及温室效应的加剧等,我们的食物母体系统已经不堪重负。食物母体系统的正常运转,是人类食物持续供给的保障,也是人类种群延续的基础。食物母体系统的整体或局部失衡,将直接威胁到人类的生存。一切对无机系统的污染行为和对有机系统的干扰行为,无论是食为还是非食为,都相当于自断食源、自掘坟墓。

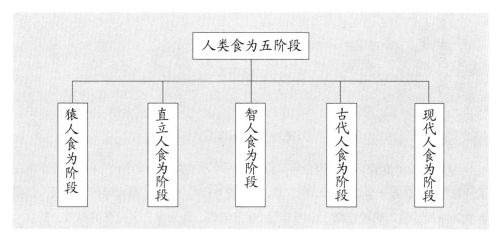

图 1-4 人类食为五阶段

## §1-2.1.5 食为

食为,是食行为的缩写,包括食产行为、食用行为、食序行为(如图1-5所示)。为什么要确立这样一个概念?因为它是食学研究的一个重要对象,这是一个反映"食物相关所有行为"的概念。为此我构建了一个英文词 eation,而没有选择 eat-action,因为后者只反映餐桌上的行为,而不是所有的食行为。

食为,不仅指餐桌上的进食行为,也是指人类所有食事行为。食为包括发现食物,采摘、狩猎、捕捞食物,培育、耕种、牧养食物,运输与贮藏食物,控制与售卖食物,购买与烹饪食物,入口和咀嚼食物等直接的食事行为,还包括与食相关的经济、行政、法律、教育等间接的食事行为。这个概念的确立,有利于我们全面地认知这个客体。

食为的起源伴随着人类的起源。一般认为,猿诞生于2500万年前,人类最早的祖先出现于距今大约 600 万年至 450 万年前③，我们如果从人类于 500 万年前可以直立行走算起④，食为的起源远远早于人类文明起源（7000 年前），前者历史是后者历史的 500 倍。食为是文明的源头，这是我们认识食为重要性的一个前提。恩格斯说，古猿通过劳动转化为人⑤，毫无疑问，那时的劳动是以食为为主的劳动。也就是说，正是人类与其他物种不同的食为，孕育了人类的文明进化。这是人类食为的独特性效应，针对这种独特性的研究，是把握人类今天与未来的重要学科领域。

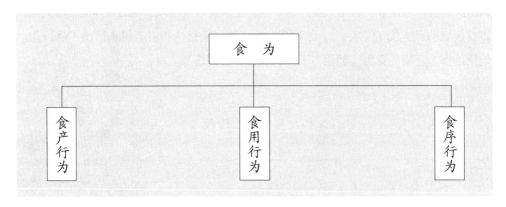

图 1-5 食为体系

从时间的角度看，人类的食为可以分为 5 个历史阶段（如图 1-4 所示）：第一阶段是指 2500 万年至 200 万年前，猿人特征的择食、获食、摄食等行为方式，是猿人食为阶段；第二阶段是指 170 万年至 30 万年前，作为直立人特征的择食、获食、摄食等行为方式，是直立人食为阶段；第三阶段是指 30 万年至 2.8 万年前，作为智人特征的择食、获食、摄食等行为方式，是智人食为阶段；第四阶段是 1.5 万年前至 18 世纪，作为古代人特征的择食、获食方式，是现代人食为阶段；第五阶段是 1860 年第一次工业革命至今，现代人特征的择食、获食、摄食等行为方式，是现代人食为阶段。⑥

③ [美]伊恩塔特索尔：《地球的主人：探索人类的起源》，贾拥民译，浙江大学出版社 2015 年版，第 4 页。
④ [美]康拉德·菲利普·科塔克：《人类学：人类多样性的探索（第 12 版）》，黄剑波、方静文等译，中国人民大学出版社 2012 年版，第 154 页。
⑤ [德]恩格斯：《劳动在从猿到人转变过程中的作用》，曹葆华、于光远译，人民出版社 1949 年版，第 1-2 页。
⑥ [美]康拉德·菲利普·科塔克：《人类学：人类多样性的探索（第 12 版）》，黄剑波、方静文等译，中国人民大学出版社 2012 年版，第 157 页。

分析以上五大阶段，有两个显著特点。一是时间间隔大幅递减，从约2300万年、约197万年、约2.8万年到约260年。二是食为的内容趋于繁杂，从采捕、食用到种植、养殖、食用，再到种植、养殖、各类加工、食用，再到合成食物的生产与利用等。认识人类食为的五个阶段的历史规律，研究人类食为的发展趋势，是关系到种群发展与延续的重要课题。

在食学概念中食为与食物相对应，简明准确，使用频繁。食为是人类行为的主要内容，在今天依旧占有很大的比例。食为是推动人类进化的主要动力，食为文明是人类文明的重要基础，这是确立"食为"概念的价值所在。

## §1-2.1.6 食为系统

食为系统，是指人类食为的整体运行机制。人类的食为，从某一个体上看，似乎很简单，特别是食者（非食业者），只是日常的烹饪和进食行为。当把全人类的食为看作一个整体时，则是一个庞大的客观集合，有着极其复杂的内在运行机制。

食为系统，是人类社会的主要构成，是为满足人类食欲的种种行为的整体，它是客观存在的，是不断变化的。从生存和延续的角度看，这个系统要远远重于人类其他的行为系统。

食为系统，经历了由小到大、由散到整、由无序到有序的六个渐进过程。第一是个体食为系统，是指个体每天、每年乃至一生的食为整体运行机制，是一个微系统；第二是家庭食为系统，是指家庭全体人员的食为整体运行机制；第三是族群食为系统，是指族群内部的食为整体运行机制；第四是国家食为系统，是指以国家为单位的食为整体运行机制，是一个相对封闭的系统；第五是区域食为系统，是指一个区域范围内的食为整体运行机制，国与国之间往往是因食物而打开大门，形成更大范围的区域食为系统；第六是世界食为系统，是指人类的食为整体运行机制。随着国与国、区域与区域之间食物交流的逐渐增加，特别是16世纪以来，发现新大陆、殖民统治和自由化贸易，更加快了世界食为系统的进化（如图1-6所示）。

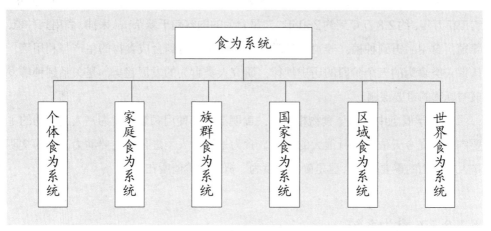

图 1-6 食为系统体系

　　人类对食为系统的整体认知还非常有限，尤其是当代，许多食为需要矫正，例如，食物的化学添加、食物的浪费等。如何矫正人类的不良食为，完善优化食为系统，是摆在我们面前亟须解决的课题。

　　对群体而言，当我们面对饥饿、冲突、环保等问题时，不再怨天尤人，不再逐本求末，而是要反思我们所在的不同范围、不同规模的食为系统，开展顶层设计和总体规划，增加食为总量的社会占比，提升食物的原生性质量，让每一粒食物都成为正向量、正能量的优质用品。

　　对个体而言，当你感到身体不适时（不包括外感、外伤），首先要做的不是看医生，而是反思自己的食为，近期吃了什么？吃法有何不当？找出原因，修正行为，就能收到意想不到的效果，还能节省大量的医疗费用。

　　我们需要建设一个关怀全球每一个人的食为系统，即关怀每一个人的食物数量、质量及可持续供给的食为系统。

## §1-2.1.7 食化

　　食化，是食物转化的缩写。食化是指食物转化为肌体能量和肌体构成以及废物排泄的全过程。我们已经有"消化"概念了，为什么要创造这个新概念？消化是从人体角度出发，强调人体的消化过程。食化是从食物角度出发，强调食物的转化过程。消化是建立在现代医学维度的认知，食化是全维度的整体认知，食化的概念大于消化的概念。确立食化概念，是为了更好地研究食物转化规律，提高食物利用率。

　　食化，主要包括 4 个方面的含义，一是机体构成，指食物转化为机体自身的构成；二是能量释放，指食物转化为能量供肌体使用；三是信息传递，指食物作为人与自然之间的介质而传递的某些生物信息，尽管我们对这些信息认识的还很不够；四是废物排泄，指食物被肌体吸收利用后，排出体外的代谢物。例如食物中的"糖"经代谢产能后会排出 $CO_2$ 和 $H_2O$，而蛋白质的代谢产物会以氮化物的形式从尿中排出，等等（如图 1-7 所示）。

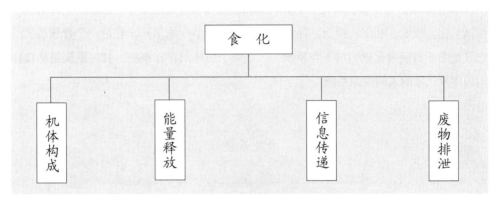

图 1-7 食化内涵

食化既包括食物元素的转化，也包括食物性格的转化。食化是人类食物与健康研究的核心，因为食物的采捕、种植、养殖、培养、烹饪、发酵、碎解、贮藏、运输以及对食物元素、食物性格的认知与研究等，都是为了让食物在人体内更好地发挥作用，食化是"食物旅行"的目的地（如图 1-8 所示）。

图 1-8 食物旅行

需要说明的是，食化过程是一个无意识的客观过程，是我们大脑意识所支配不了的，也就是说，这个转化过程"我（大脑）"说了不算，"它（腹脑）"[7]说了算，而且"它"也是有性格的，"它"是千人千面的，"它"是变化万千的，因此，更显得"它"

_____

⑦ 参见本书第 227 页的"腹脑学"。

奥秘无穷。

食化，在食学体系里占据核心地位，食化的效率与效果直接影响每一个生命的存在、健康和寿期。

## §1-2.1.8 食化系统

食化系统，是指食物转化为肌体构成和能量释放及废物排出全过程的整体机制。包括消化、吸收、利用、排泄、释放等过程（如图1-9所示）。它是一个智慧系统，它既是若干直接食化器官的工作系统，又是整个肌体的存在系统。食化系统是从食物的角度来认知的人的生命系统。

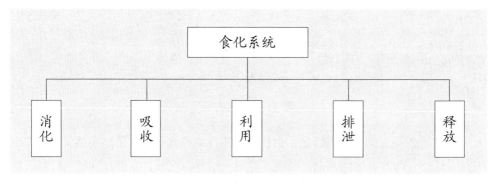

图1-9 食化系统体系

食化系统，是一个具有悠久历史的系统。人类食化系统的形成，如果从类人猿算起，至今也有2500万年的时间。这个系统形成的时间远远早于人类大脑智化系统，腹脑为兄，头脑为弟。由于人们对食化系统重要性的忽视，今天我们对食化系统的认知远远落后于大脑智化系统。

食化系统，是人生存、健康、寿命的基石。面对食化系统，至今我们还有许多未知的领域，如腹脑细胞、肠道菌群、整体机制等。进一步研究、认知这个系统，并主动掌握、顺应其内在的规律，是人类面临的重大课题，它直接关系到每一个个体的健康与寿期。

食化系统，是以人类的个体为单位的，每一个人就是一个完整的、天然的食化系统，今天地球上有76.3亿人，就有76.3亿个食化系统，未来有100亿人，就有100亿个食化系统。从微观的角度看，这76.3亿个食化系统没有一个完全相同，它们之间存在着明显的个体差异，而这种差异性正是打开每一个体健康寿期的一把钥匙。

## §1-2.1.9 食界三角

人类食为，是一种客观存在，要想把它研究透彻，首先要找到其存在的根基。食母系统、食化系统均属于自然界的运行机制，食为系统属于人类社会界的运行机制，如何正确认知三者之间的相互关系，是建立食学学科体系的重要支撑。

从历史的角度来看，显生宙生态系统的形成大约在 5.4 亿年前，其间经过了 5 次物种大灭绝，今天的食物母体系统形成于约 6500 万年前，食化系统的形成在 4000 万～5000 万年前，人类（猿人）的食为系统的形成大约在 550 万年前。也就是说，这 3 个系统的形成期的时间差距很大，人类食为系统的行成时间晚于食母系统、食化系统 10 倍以上。这是我们研究、认识这 3 个系统及其相互关系的一个前提（如图 1-10 所示）。

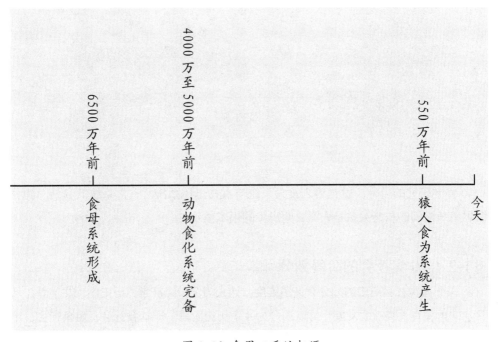

图 1-10 食界三系统起源

从形态的角度来看，食母系统和食化系统是客观系统，食为系统是主观系统。食母系统是一个大的"整系统"，食化系统是由 76.3 亿个小系统构成的"群系统"，食为系统是一个由少到多、由小到大的"层系统"。

从关系的角度来看，三系统之间的本质关系是，食为系统向食母系统索取食物，然后供给食化系统，食化系统将食物利用后，食废物及人的尸体又回归到食母系统内（如图1-11所示）。上述可以看出，76.3亿个食化系统通过食为系统共享一个食母系统。尽管我们的个人、家庭、地区、国家利益不同，但在食母系统面前我们的利益相同；尽管我们的家族、地区、国家、种族文化不同，但在食母系统面前我们的文化相通。可以这样说，正因为人类共享一个"食母系统"，所以"人类食物共同体"是"人类命运共同体"理论的底层基石。食母系统、食为系统、食化系统构成了食界三角，食母系统和食化系统是自然界属性，食为系统是社会界属性，三者之间相互影响，不可分离。

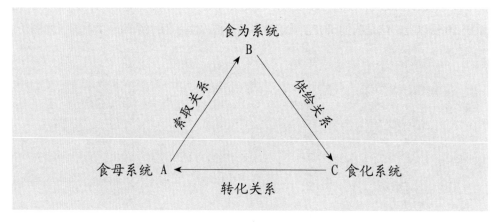

图 1-11 食界三角

食学研究的目标，就是追求食为系统与食物母体系统、食化系统的和谐。建立食界三角之间的和谐关系是人类文明进步的根本体现。

## §1-2.1.10 食社会的阶段划分

关于人类社会历史的划分有许多维度，如人类学、经济学、历史学、文学等。从食学的角度看人类社会发展，可以划分为4个历史阶段，即缺食社会、足食社会、丰食社会、优食社会。不同的社会阶段，有不同的食物态度，不同的食为方式，不同的食为秩序，不同的风俗文化，不同的平均寿命。这4个社会阶段没有清晰的时间分界点，相互之间具有一定的交叉和重叠（如图1-12所示）。

图 1-12 食社会阶段

在不同的食社会阶段中，缺食、足食、丰食、优食 4 个群体所占比例不同，其大概的比例划分为：缺食群占 70% 以上为缺食社会；足食群占 70% 以上为足食社会；丰食群占 70% 以上为丰食社会；优食群占 70% 以上为优食社会（如图 1-13、图 1-14、图 1-15、图 1-16 所示）。

图 1-13 缺食社会

图 1-14 足食社会

图 1-15 丰食社会

图 1-16 优食社会

这里所说的 4 个食社会阶段是以人类整体为视角认知并命名的，不是以政体国度为单位的。因为我们共有一个食物母体系统，哪个国家都不能独立于这个系统之外。今天的人类社会尚处在从足食社会阶段跨入丰食社会阶段的过程中，尚未跨入优食社会，未来的目标是人类整体走向优食社会。食社会阶段理论的提出，能够让我们更好地把握人类社会的发展趋势。下面我们就来进一步了解这 4 个食社会阶段的概念和主要特征。

缺食社会。缺食社会是由食物供给短缺的人群为主构成的社会形态，其特征主要体现在以下几个方面。社会行为方面：获取食物的效率低，食为是这个社会的主要行为，占社会总行为量的比重在 80% 以上。个体进食行为的特点是"饥不择食"，获取食物的方式以采摘、狩猎、捕捞等为主。个体体质方面：吃不饱，营养供给不足，由于长期缺食，而威胁健康，缺食病、污食病[8]流行，寿命在 30 岁至 55 岁之间。文化方面：礼仪缺失，社会矛盾突出，弱肉强食，冲突频发。

足食社会。足食社会是由食物供给充足的人群为主构成的社会形态，其特征主要体现在以下几个方面。社会行为方面：掌握了驯化食物的技能，获取食物的效率提高，食物供给有了基本保障。个体体质方面：食物充足，缺食病、污食病减少，寿命在 55 岁至 80 岁之间。文化方面：讲究礼节，所谓"衣食足则知荣辱，仓廪实则知礼节"，社会权力来源于食物的控制，许多食器具演化为礼器、政器。

丰食社会。丰食社会是由食物供给丰盛的人群为主构成的社会形态，其群体特征主要体现在以下几个方面。社会行为方面：由于工业文明的兴起，获取食物的效率大幅度提高，其中某些食物生产的单位效率进入超高阶段，化学添加因素过多，从而威胁到食物质量，出现了"超高效率"食物，食物数量丰盛，有大量的结余。个体进食行为的特点是"非平衡饮食"，常常表现为暴饮暴食和偏饮偏食，食物的铺张浪费现象严重，常常以丰盛为荣和以奇为荣。个体体质方面：过食病[9]流行，高峰期可占慢性疾病的 50% 左右，寿命在 80 岁至 100 岁之间。文化方面：因食物引起的社会冲突减少。

优食社会。优食社会是食为系统与食化系统更和谐、食为系统与食母系统更和谐的社会形态。其特征主要有，社会行为方面：获取食物的"劳动效率"进一步提高，植物性食物生产的单位"面积效率"（土地、水域）、动物性食物生产的生长"周

---

⑧　参见本书第 265、266 页。
⑨　参见本书第 267 页。

期效率"都控制在合理的范围之内，各种化学合成物的追加与添加，以确保食物的质量为前提。个体进食行为的特点是"对征而食"，即针对自己当时的体征需求而进食，这是人类进食行为的最高境界。个体体质方面：人们的身体更加健康，食病大幅度减少，平均寿命在 90 岁以上，以至达到 120 岁。人类的平均寿命成为哺乳动物的最高水平。文化方面：食权与食责任得到充分显示，社会更加和谐。不当的食为被有效约束，人与自然更友好，维持种群的可延续。

# §1-2.2 核心定义

给"食学"这个概念下一个准确的定义，首先要从"食"与"学"的汉字来源和汉语表义的角度来考察，才能更好地把握"食学"这个双音节词汇的概念，并从关系、功能、本质、发生 4 个维度展开讨论。

## §1-2.2.1 "食"的词义

"食"字在汉语的语境里，既是名词，又是动词。《说文》中"六谷之饭曰食"；《汉书·郦食其传》"民以食为天"中"食"是指粮食，后演变成与"吃"同义。"食"作为动词是"吃"，作为名词是"食物"。"食"在汉语里的这种动名词性质，表达吃或食物，可以涵盖内容更广。"食"的使用频率很高。

## §1-2.2.2 "学"的词义

"学"在汉语的语境里，也有动词和名词两种属性。作为动词是学习、效法，指获得知识。《广雅》："学，识也。"《尚书大传》："效也。"作为名词是指学问、学科。《广雅·释室》："学，官也。"《后汉书·列女传》："天机积学。"

## §1-2.2.3 "食学"的词义

由于"食"与"学"均有动词和名词两种组合，所以"食学"一词的含义，有 4 种组合，即 A. 动词 + 名词，表达的意思是食（吃）学；B. 名词 + 名词，表达的意思是食物学；C. 动词 + 动词，表达的意思是"吃学习"，没有现实意义；D. 名词 + 动词，表达的意思是"食物学习"，没有现实意义。其中 C 项、D 项不作考虑，我们只讨论 A 和 B。B 项的表达是食物学，局限于食物研究，范围太窄，不能对应食为系统。A 项表达是吃学，是动词，有扩展性。因此，我选择 A 项，以将其动词含义扩展到餐桌以外的所有与食物相关的动作（见表 1-1）。

表 1-1 食学词性分析表

| 类别 | 食 + 学 | | | | 含义 |
|---|---|---|---|---|---|
| | 动词 | 名词 | 动词 | 名词 | |
| A | √ | | | √ | 食（吃）学 |
| B | | √ | | √ | 食物学 |
| C | √ | | √ | | 吃学习 |
| D | | √ | √ | | 食物学习 |

## §1-2.2.4 "EATOLOGY" 的构建

在《食学概论》一书中，我构建了一个英语单词 EATOLOGY，用于对应汉语"食学"[⑩]。有人问我为什么要构建一个新词？为什么不直接用 Food Science 或 Eat-Science 等词汇呢？首先食学不是食物学，所以 Food Science 不合适。其次食学不仅是餐桌上的学问，而是包括所有食物生产、食物利用和食为秩序领域的学科，用 Eat-Science 会产生歧义。所以需要构建一个专门的词汇，更准确地表达食学的概念。

## §1-2.2.5 食学的定义

从上述语词的分析来看，食学不是食物学，不是吃学，也不是食文化学。那么，食学是什么呢？这就需要给"食学"这个名词作为学科概念下个定义，规定它的内涵与外延。也就是要用简明准确的词句，确定"食学"作为一门学科，它所研究的对象是什么。为了更准确地表述，我们可以从 4 个维度来讨论（如图 1-17 所示）。

从关系角度定义。食学，是一门研究人与食物之间相互关系的学科，或者说，是研究在人类饮食过程中，人与自然之间相互关系的学科。食学是研究人与食物之间关系及规律的学科[⑪]。食学是从食事角度出发，研究人与生态及之间关系规律的科学。

从功能角度定义。食学是研究解决人类食事问题的学科。食学因食事问题而生，既有老问题，又有新问题。既有小问题，又有大问题，更有大难题，更好地解决人类的食事问题，是食学存在的唯一理由。

---

⑩ 刘广伟、张振楣：《食学概论》，华夏出版社 2013 年版，第 2 页。
⑪ 刘广伟：《食学改变世界》，《中国食品报》2014 年 7 月 8 日。

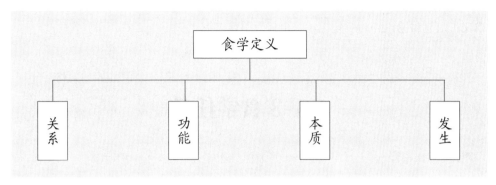

图 1-17 食学定义维度

从本质角度定义。食学是研究人类食事认识及其规律的学科。食学是由人类食事认识的一系列概念、判断构成的具有严密逻辑性的体系。食学是研究人与自然之间能量转换的学科。人的生存依赖能量的支持，食物是人与自然界能量转换的介质，食为是获取食物能量的方式。

从发生角度定义。食学是一个研究人类食行为发生、发展及其演变规律的学科。食学是人类所有食事认知的总称。

从以上 4 个角度来探讨食学定义，是为了让我们能更加准确地认识和把握食学概念。以上 4 个角度的定义，各有所见，各有所长。其中"食学是研究人与食物之间关系及规律的学科"，简明准确揭示了"食学"研究对象的本质内涵，比较符合当今学科定义常规。我更喜欢"食学是研究人类食为发生、发展及其演变规律的学科"这个定义。食学定义的确定，明确了学科的本质属性和学科性质，也明确了学科研究的方向、内容和任务。

# §1-3 食学任务

食学是为了解决现实中的食事问题而产生的，食事问题是食学研究的真正起点，食学的任务就是解决食事的问题，涵盖人类所有的食事问题。它既包括老问题和新问题，又包括局部的问题和全局的问题，也包括近期的问题和长远的问题，还包括显性问题和隐性问题，隐性问题又称为"食因问题"。

食学的基本任务，主要包括延长个体寿期、促进世界秩序进化和维持种群延续3个方面。通俗地说是"三个健康"：个体健康、秩序健康、社会种群健康。

## §1-3.1 食事问题

食事问题是人类文明进程中的重要内容，找到问题的本质，是解决问题的前提。在此之前，许多学者研究食事问题，一般着眼点是食物、食文化、食生活、食思想。我认为最重要的应该是食为，因为当今诸多食事问题均是由不当的食为带来的，它们之间是因果关系，食为是因，食事问题是果。食为系统的三大关系，即人与食物的关系、人与人的食关系、人与食母系统的关系，是认识食问题的核心。三大关系失衡是当今人类食问题的根源所在。

### §1-3.1.1 九类食事问题

人类食事问题多如牛毛，从整体上看，可以分为九类。它们是：食物数量类问题、食物质量类问题、食物可持续类问题、食用方法类问题、食物浪费类问题、食者食病类问题、食者寿期类问题、食者数量类问题、食者权利类问题。我们可以从空间和时间两个维度来认知这九类问题。

空间角度的食事问题。在此选择两种方法：一是从食学的二级学科来分析，二是从世界经济发展水平来分析。

依据食学的二级学科分类，我们可以把食事问题分为食物的生产问题、食物的利用问题、食为的秩序问题。从这 3 个方面来认识，有利于我们认清食问题的整体（如图 1-18 所示）。

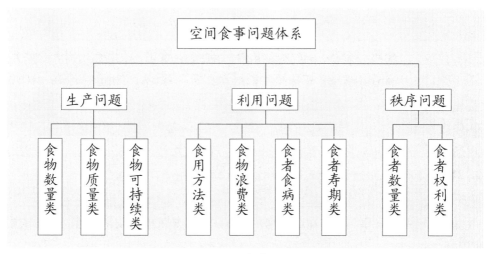

图 1-18 空间食事问题体系

食物生产领域的问题，主要体现在食物数量、食物质量和食物可持续 3 个方面。从全球的角度看，食物生产的问题表现不一，在非洲一些等地区，突出表现为食物数量不足；在另外一些地区，食物质量欠佳又成为亟需关注的主要问题。

食物利用领域的问题，主要体现在食用方法、食物浪费、食者食病和食者寿期4 个方面。其中食用方法的最大问题是对食法的认知不全面，没有依据 12 维进食法全面、科学进食；食物浪费表现在多个方面，发达国家在食物利用方面的浪费尤为严重；食病也是一种普遍存在的问题，在经济欠发达地区，主要表现为缺食病，在经济发达地区，过食成了威胁人们健康的首要病因；由于对食物利用研究的欠缺和实践的偏颇，迄今人类仍没有活到哺乳动物应有的寿期。

食为秩序领域的问题，主要体现在食者数量、食者权利 2 个方面。进入工业化社会以来，人口数量呈爆炸式增长，其食物消耗已经接近食物母体产能的"天花板"，但人类对此控制乏力；食者权利方面的问题主要有三个：食为秩序失衡，食权利关照不到每一个人类个体，因食物引发的争端与冲突不断。

依据世界经济发展水平。截至 2018 年，世界上共有 233 个国家和地区，其中国家有 195 个。这些国家按经济发展水平区分，可分为发达国家、发展中国家和欠

23

发达国家三类。这三类国家都存在着各种各样的食问题，其中食用方法、食物浪费、食者寿期、食者食病是各国都会面对的食问题，只是程度有别；在食物数量、食物质量、食者权利等问题上，三类国家则各有不同；而食物可持续、食者数量 2 个问题是全人类角度的问题（见表 1-2）。

表 1-2 九类食事问题分布表

| | 食物数量 | 食物质量 | 食物可持续 | 食用方法 | 食物浪费 | 食者食病 | 食者数量 | 食者寿期 | 食者权利 |
|---|---|---|---|---|---|---|---|---|---|
| 欠发达国家 | \*\*\* | \*\* | ○○ | \*\*\* | \* | \*\*\* | ○○ | \*\*\* | \*\*\* |
| 发展中国家 | \* | \*\*\* | ○○ | \*\* | \*\* | \*\* | ○○ | \*\* | \* |
| 发达国家 | | \* | ○○ | \* | \*\* | \* | ○○ | \* | |

注：①地区 \*\*\* 代表问题严重，\*\* 代表问题较重，\* 代表有问题
②人类 ○○○代表问题严重，○○代表问题较重，○代表有问题

　　时间角度的食事问题。在此选择两种方法：一是依据历史来分析，二是依据不同社会来分析。

　　依据历史分类，以 20 世纪元年为节点，可以分为两个阶段。第一个阶段的食事问题属于"食事老问题"；第二个阶段的食事问题属于"食事新问题"（如图 1-19 所示）。这样的区分，有利于我们看清食事问题的复杂性，有利于看清解决食事问题的艰巨性。

　　所谓老问题，是指那些一直伴随人类，至今没有解决的问题，例如食物数量方面的缺食（饥饿）问题，如从早期人类算起，已有数百万年了，但是今天依然有11%[12] 的人口处于生理饥饿状态，缺食带来的种种疾病威胁着健康与寿命。又如食者寿命也是老问题，从生理的角度看，人类还没有活到哺乳动物应有的寿期。

　　所谓新问题，是指 20 世纪以来新发生的食事问题，例如食物的质量问题日益突出。进入工业化社会以来，追求食物生产的超高效率，各种食物生产环节的化学添加技术的出现，严重威胁到食物的质量。再如食者数量的暴增，环境的污染，给食母系统带来的巨大压力。特别是人口数量暴增问题，已经是今天我们必须面对的问题，食物的产能是有限的，食物供给的可持续与否，直接威胁到种群的可持续。

　　我们应该深刻反思，为何这些老问题伴随我们数百万年依然没有解决？为何现代文明可以知宇宙、识量子，却依旧没有能力解决这些生存的基本问题？这恐怕不

⑫ 联合国粮食及农业组织（FAO）：2017 世界粮食安全和营养状况。

仅是因为这些老问题所具有的艰巨性，更重要的应该是我们对待这些问题的态度，导致我们把更多的智力与财力投向了其他领域。不仅如此，人类老的食事问题还没有彻底解决，为何又出现诸多新的食事问题？如此尴尬的局面在考问人类的智慧与文明。

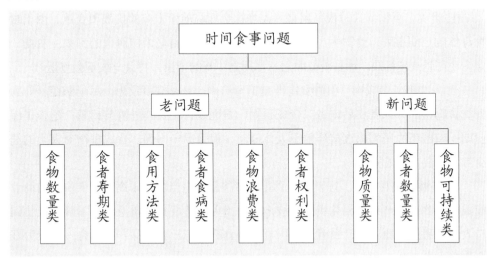

图 1-19 时间食事问题体系

依据社会划分，人类社会可划分为缺食社会、足食社会、丰食社会、优食社会四个阶段。不同的社会阶段，都会面对形形色色的食问题。其中食物可持续、食用方法、食物浪费、食者寿命、食者食病是前三个社会阶段都面临的食问题，但是具体内容有别。例如缺食社会的食者食病，多数是缺食病；丰食社会的食者食病，多数是过食病。在缺食社会，首当其冲的食问题是食物数量问题；在足食社会和丰食社会，食物数量是充足的，但食物质量得不到保障。在优食社会，上述食问题均得到有效解决（见表 1-3）。

表 1-3 人类社会食事问题分布表

| | 食物数量 | 食物质量 | 食物可持续 | 食用方法 | 食物浪费 | 食者食病 | 食者数量 | 食者寿期 | 食者权利 |
|---|---|---|---|---|---|---|---|---|---|
| 缺食社会 | ○○○ | ○○ | | ○○○ | | ○○○ | | ○○○ | ○○○ |
| 足食社会 | ○ | ○○ | | ○○ | ○○ | ○○ | | | ○○ |
| 丰食社会 | | ○ | ○○○ | ○ | ○○○ | ○○ | ○○○ | ○ | ○ |
| 优食社会 | | | | | | | | | |

注：○○○代表问题严重，○○代表问题较重，○代表有问题

## §1-3.1.2 21 世纪十大食问题

人类步入 21 世纪，食问题并没有因为新的文明而减少。相反，有许多食问题威胁着人类生存，必须引起我们的深刻反思。

1. 世界"食物稀缺时代"到来，人类社会面临前所未有的挑战和变革。由于食物母体的产能有限，食物生产的效率提升有限，随着百亿人口时代的到来，食物一定会变得越来越稀缺，那种貌似取之不尽用之不竭的情景，将会一去不会复返。

2. 人类把"合成物"引进食物链是把双刃剑，必须深度反思、尽早防范。作为人类食物链的外来者和后来者，合成食物一方面改善了食物外观与口感，延长了保质期，口服药片还可以直接作用于人体健康；但是另一方面，合成食物对人类的健康带来了很大的威胁。

3. 谷贱伤农且伤民，好食物是真正的奢侈品。在当代追求高效率低价格的商业模式下，食物生产者的利益受损，被迫减少投入，造成食物质量严重下降，威胁到广大消费者的健康。作为食者，应树立"好食物是第一奢侈品"的理念，勇于为好食物的成本买单，才能可持续的吃到好食物。

4. "食病"危及 40% 的人类健康，食事与健康的关系严重被低估。当今 76 亿人中，有 11 亿多人因吃不饱饭患有"缺食病"，同时还有 20 亿人因吃的过多患有"过食病"，两者相加达到人类总数的 40%，让人触目惊心。

5. 食在医前，充分发掘"食物性格"对人类健康的价值，让医疗、医保双减负。从人类健康的角度看，食是医的上游，如果会吃食物，就会少吃药物；如果不会吃食物，就会多吃药物。假如人类都会利用"食物性格"有针对性地进食，便会大大减轻医疗、医保的负担。

6. "膳食金字塔指南"过于片面。风行一时的"膳食金字塔指南"只有品种、数量 2 个维度，"膳食表盘指南"把其扩展到 12 个维度，将人类进食理论提升到科学、系统、全面的程度。当"膳食表盘指南"在地球村普及之际，76 亿不同年龄段的村民都能延长 3 至 5 年的寿期。

7. 当今人类"食事问题"此起彼伏，分段管控乏力，国家农业部应改为食业部。在当前食秩序领域，"盲人摸象"式的认知导致了"铁路警察各管一段"的政体设计，要改变这种状况，必须设置对食业整体管理的食业部，把行政考核指标从粮食产量改为国民寿期。

8. 食物浪费严重，损失了 1/4 的食物，亟需立法控制。发展中国家—发达国家食物浪费遍及食生产、食利用、食秩序领域，占比人类食物产量的1/4，对这种长久存在、数量巨大、影响严重的陋俗，软性的道德约束之外，必须要有硬性的法律规范，要尽快制定、实施《反食物浪费法》等法律、法规。

9.“食权”是人权的基础，76亿人的食权是“人类命运共同体”的基石。人类失去食物，生命都无法延续，何谈人权？食权是“人类食物共同体”的基础，“人类食物利益共同体”的建立，使人类迈入了“理想社会”（天下大同、理想国、乌托邦等）的大门槛。

10.亟需用人类“食事共识”凝聚巨大的“食事共力”，推动“食业文明”时代早日到来。人类食事的“共识”（人人需食，天天需食，食皆同源，食皆求寿，食皆求嗣）虽已提出，但是还没有普及。只有让“共识”成为每一个地球人的共识，才可以凝聚“共力”，去解决人类大大小小的食问题。

### §1-3.1.3 食事问题的根源是食识的“盲人摸象”

我们应该清楚地认识到，人类所有的食事问题，均来自于自身的食为失当。小的食事问题，来自小范围的食为失当；大的食事问题，来自大规模的食为失当；持久的食事问题，来自持续的食为失当。

从本质上看，食为的失当来自于食识的片面性。理论上的“盲人摸象”带来了实践上的“铁路警察各管一段”，从而带来了种种食问题。也可以这样说，食事认知的非整体性，是当今人类食事问题的温床（如图1-20所示）。

食学是食为的主观认知，食为是食学的认知客体，两者之间相互作用，相互规定。换句话说，食为是食学的研究对象，食学的所有讨论都是围绕着食为这个认识客体而展开的。人类只有整体认知食为系统的运动轨迹，主动调节食为系统的发展方向，才能把握住自己的命运。食为系统因为食学的作用而产生变化，世界会因此系统的积极变化而变得更加美好。

片面食识 ———→ 不当食为 ———→ 食事问题

图 1-20 食事问题的根源

食事问题既是每一个个体的生理问题，又是一个综合性的社会问题，更是一个种群延续的生存问题。要想彻底解决人类当今的食事问题，仅依靠农学、食品科学、营养学，不能得到全面、彻底地解决，要有新思路，要找到新方法。食学学科体系的确立，则为我们提供了全新的思路，它不仅是一个全新的学科体系，更是一个全新的思想体系。

# §1-3.2 基本任务

延长个体寿期，促进世界秩序进化、维持种群延续，是食学的三项基本任务。如何让世界每一个人都能吃饱、吃好、吃出健康、吃出寿期？如何让世界的食物资源分配更合理？如何减少因食物资源短缺而产生的争端与冲突？如何处理好人类不断增长的食物诉求与食母系统供给产能的关系？如何建设一个和谐的人类食为秩序，这些都是食学基本任务的课题。

## §1-3.2.1 延长个体寿期

欧洲生物学家巴封认为，哺乳动物的寿命约为生长期的 5-7 倍，人的生长期为 20~25 年，预计寿命为 100~175 年。我们还远远没有活到哺乳动物应有的寿期。追求寿期是每个人的诉求，个体寿期的延长，有利于人类智慧的叠加，也是人类文明的高度表现。食学的目标不仅与每个人的基本生存目标高度一致，也与人类的文明目标高度一致。

有人会问，食对于健康寿期有那么重要吗？首先需要说明的是这里的"食"，不仅是指食物，还指进食方法，简称食法。让我们来具体分析一下，众所周知，长寿需要两个方面的支撑：生存要素和健康要素（如图 1-21 所示）。

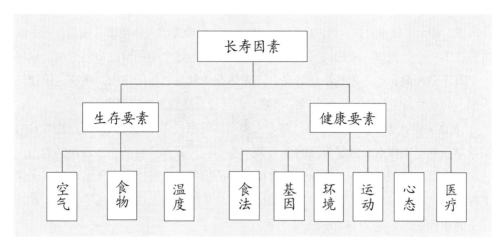

图 1-21 长寿因素

生存要素有 3 项：空气、食物和温度，缺少它们，生命便无法延续；健康要素有 6 项：食法、基因、环境、运动、心态和医疗。缺少它们，生命可以短期延续，但不会有身心健康。在生存三要素中，食物三分天下有其一；在健康六要素中，不仅包括科学的食用方法，医疗有一半也是依靠食物（本草、合成食物）。由此可见食物与食法对于人类长寿的重要性从世界的角度看，食物问题是发展中国家的问题，食法问题是全人类的问题。

凡是利用食物解决健康问题的，都属于食学范畴，因为它们的本质都属于食化系统与健康的关系。食物与健康的关系主要体现在 4 个方面，一是构成肌体，个体肌体的大小强弱均和食物密切相关；二是生命能量，人体活动所需能量来源于食物；三是调理失衡，疾病萌生期可用食物来调理肌体的亚衡状态；四是治疗疾病，食物可以治疗食病，也可以治疗部分非食病。另外，从更长的时间视角看，食物是决定物种基因的重要因素。

人体生存状态 3 段论。传统医学对人体健康的认识，最早是 2 个阶段，即疾病和健康。其后意识到在疾病和健康之间，还有一个过渡，于是提出了"治未病"的理论，可谓是 2.5 个阶段认知。现代医学在初始同样也是 2 个阶段的认知，后来提出了"亚健康"，由此进入了 2.5 个阶段认知。从概念表述分析，所谓"未病"，是以疾病为出发点的概念认知；所谓"亚健康"，是以健康为出发点的概念认知。它们虽然都意识到健康与疾病之间应该有一个过渡阶段，但是都没有一个中间阶段的独立概念，对人体生存状态的认知属于"2.5 段论"。

人体生存状态 3 段论，是指健康、亚衡、疾病三个阶段。亚衡是独立于健康和疾病的概念，它不同于"未病""亚健康"。由此把人的生存状态分为 A、B、C 三个阶段，即：A 健康，B 亚衡，C 疾病。本书一是明确提出人体健康 3 段论，把中间阶段作为一个和健康、疾病同等地位的阶段；二是给这个中间阶段命名亚衡。这是一个既不依托健康也不依托疾病的命名。人体健康就是肌体的平衡，疾病是肌体的失衡，而亚衡表明肌体的平衡出现了问题，但还没有达到失衡的地步。

人体生存状态 3 段论的提出，对于人类个体健康长寿具有重大意义，也为食物调疗学找到了支撑点。医学关注的是 C 段（疾病），人体生存状态 3 段论的提出，会增强人类对 B 段（亚衡）的研究。重视 B 段的价值，就可以大大压缩 C 段。人体生存状态 3 段论为预防疾病提供了重要抓手，从某种意义上讲，抓住了 B 段，就抓住了健康长寿的主动权（如图 1-22 所示）。

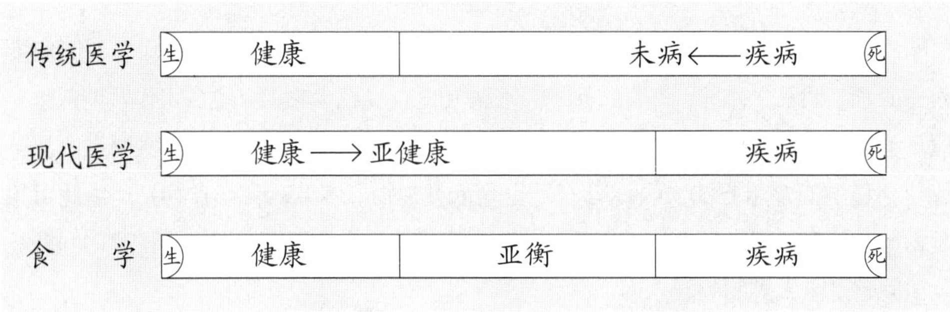

图 1-22 人体生存状态 3 阶段

延长个体寿期，需要保障食物数量供给。据联合国统计，2015 年全球粮食总产量为 25.27 亿吨，按当时全球总人口为 76.3 亿计算，人均已经达到 332.5 公斤，但由于贫富差异、食物浪费、食物他用，不平衡、不充分问题十分严重，仍有 8.15 亿人处于饥饿状态。[13]从全球的角度看，保障食物供给至今没有得到彻底解决，突出表现在非洲和亚洲部分地区，保障处于饥饿状态的 8.15 亿人的基本食物供给，仍然是迫在眉睫的大问题。食物数量供给的保障，有 2 个方面：第一是食物的生产数量，这是一个硬道理；第二是减少食物浪费，据联合国统计，人类每年有 1/3 的粮食被浪费掉了。任何动物都不浪费食物，唯独人类有此陋习。

延长个体寿期，需要食物的质量安全保障。现代食物生产中食物质量威胁主要来自 3 个方面：一是被污染，二是被添加，三是被转基因。食物在生产、加工、运

---

[13] 联合国粮食及农业组织（FAO）：2017 世界粮食安全和营养状况。

输等过程中的每一个环节都面临着质量安全威胁，特别是工业革命以来，在食物生产效率大幅提高的浪潮下，农药化肥、饲料激素、添加剂等大量化学制品的使用，使食物的质量受到前所未有的挑战，严重威胁人们的饮食安全。食物的原生性是食物品质的一个重要指标。食物的驯化与加工都是逆原生性的，且生产链条越来越长。保障食物品质，要倡导短链，控制长链。

延长个体寿期，需要选择科学的食用方法。有了充足的优质食物，还要有优良的食用方法，食用方法不当，人类依然不能活到应有的寿期。食学的任务是更好地指导人类科学进食，不仅要吃出哺乳动物应有的寿期，还应吃出哺乳动物的最高寿期，这样才配称为动物中的"万物之灵长"。在这个领域还有很大的空间可为。我认为，随着食学研究的深化并为民众广泛接受和应用，食学理论成熟期人类平均寿命会达到 100 岁，食学理论繁荣期人类平均寿命将达到 120 岁。食学将为人类寿而康做出巨大贡献。人类平均寿期的延长，推动人类智慧的积累与叠加，人类的智慧将因此而得到更大的释放。

## §1-3.2.2 促进世界秩序进化

人类社会，经历了一个由无序到有序，由小序到大序的发展过程，先后经历了3 个历史阶段，第一是以采摘、捕获食物为标志的世界秩序，时间段由人类诞生直至1 万年前，这一阶段的特征是世界秩序的点状化，人类只有族群内的小秩序，而在整体上并不联系。我将其称为世界秩序 1.0 阶段。第二是以农业文明为标志的世界秩序，时间段由 1 万年前至 300 年前，点与点之间因食物交流等因素联结起来，这一阶段的特点是片状化，但尚未形成区域化。我将其称为世界秩序 2.0 阶段。第三是以工业文明为标志的世界秩序，时间段由 300 年前的工业革命开始，直至今天，这一阶段的世界秩序特点是由区域化走向全球化。工业文明带来了交通的飞速发展，殖民主义带来区域秩序范式的输出，互联网等现代通信工具的出现，为世界秩序建设提供了有力的技术支撑，可称为世界秩序 3.0 阶段。这是一个以部分群体及国家利益为出发点的世界秩序，并不是关照世界每一个人利益的世界秩序。人类正在走向世界秩序的新阶段，其特点是世界形成了一个整体的运行机制。这是一个能够关照世界所有人的世界秩序，可称为世界秩序 4.0 阶段。

持续获得充足优质的食物，是个体生存的最基本诉求。通过约束与教化两种范式，构建一个关照世界上每一个人食物利益的食为秩序，是通向世界秩序 4.0 阶段的必经途径。让每一个人都有获得食物的保障，这就是食权；食权是人权的基础，是构建世界食为秩序的基础。换句话说,没有整体的世界的食为秩序就不会有世界秩序 4.0。随着人类科学与经济的发展,世界食为秩序的形成正在加速。如何积极主动地研究、控制这个系统,建立一个和谐公正的世界食为秩序,使食物的生产与分配更加均衡,从而减少各种因食物引起的争端与冲突,使人人都能吃饱、吃好、吃出健康寿命,是食学的一项基本任务。

世界食为秩序的建设,将掀起人类对食为系统的大反思、大变革,不仅会改变人们的食生活、食健康,还将改变全球经济格局、社会格局、文化格局和生态格局,从而推动世界秩序的正向变革与进化。

### §1-3.2.3 维持种群延续

食为与种群延续的关系有那么重要吗? 种群的延续是一个复杂的问题,由于远离个体的切身利益,所以不被人们所关注。

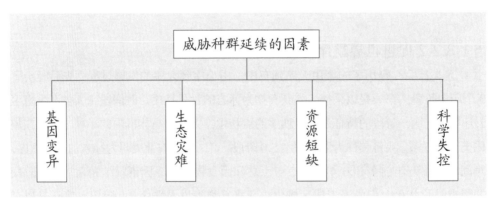

图 1-23 威胁种群延续的因素

威胁种群延续的因素有基因变异、生态灾难、资源短缺、科学失控 4 个方面(如图 1-23 所示)。基因包括退化和改变,其中食物起着至关重要的作用;生态灾难包括自然灾难和人为灾难,其中食为灾难是人为灾难的主要内容;资源短缺包括食物资源和非食物资源,从生存的角度看,食物资源远重要于其他资源。这个问题的另一个角度是人口膨胀问题,其本质依旧是食物资源问题;科学失控,是指在宏观和微观 2 个方向,科学的无限探索带来的不确定性和不可控性,威胁种群延续。上述分析可以看到,食为与种群延续的密切关系。

人类的食物来源于生态,形象地讲,大地、水域是食物的母亲,阳光是食物的父亲。从食学的角度看,人类对食物生态的干扰来自 2 个方面,一是食为干扰,二是非食为干扰。人类食为给食物生态带来的威胁，包括食物生产、加工环节的过度排放对土壤、水质、空气形成的污染和破坏，包括人类对食物的过度索取。这些正在截断自然界的食物链，威胁着生物多样性，是生态失衡的重要原因。

控制人口增长，是保障食物系统可持续的另一个方面。一直以来，人口数量和食物供给的关系是相互促进的，丰足的食物会促进人口的增加，而人口数量的增长又增强了食物生产的能力。人口问题，从来就不仅是社会学的就业与老龄化问题，控制人口的本质就是由于食物产能的有限性。当人口的数量达到食物系统所能承受的临界点时，就是极限，就是"天花板"。如何维持食物供给与人口数量的平衡，如何保障人类食物供给的充足与可持续，是种群延续的一个重要课题。

食物对于人类的种群延续是如此重要，它理所当然地得到世界各国和国际组织的关切。在 2015 年召开的联合国可持续发展峰会上，联合国 193 个成员国一致正式通过了 17 个可持续发展目标（SDGs），旨在从 2015 年到 2030 年间，以综合方式彻底治理社会、经济和环境三个维度的可持续发展问题。这 17 个目标中，有 12 个目标与食物相关（如图 1-24 所示），其中既有"零饥饿""清洁饮用水""保护海洋生态""保护陆地生态"这些与食相关的显性目标，也有"应对气候变化""产业、创新和基础设施""负责任消费和生产"这些与食相关的隐性目标。这之后，可持续发展一直是历年历届 G20 峰会的核心议题。科技再发展、再进步，人类也无法整体离开地球这个美好家园。不要轻信那些到其他星球寻求食物或移民的幻想。认真研究人类如何与食物系统更好地和谐相处，才是长治久安之道。

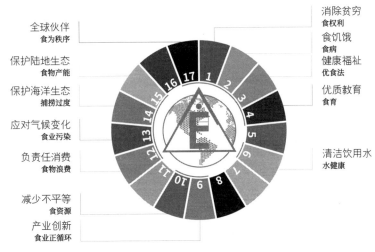

图 1-24 联合国可持续发展 17 个目标中有 12 个与食物、食为相关

# §1-4 食学体系

人类的食识源远流长，俯拾皆是，处处花开。经过 7000 年的文明积淀，当今人类食识的基本特点是海量化、碎片化、误区化和盲区化。要想彻底认知、把握人类的食为系统，就必须建立一个完整的认知体系，才能看清它的全貌。

构建一个庞大的体系，首先需要做结构的设计，结构是体系的内在框架，体系是结构的外部表现。

## §1-4.1 三角结构

中国有一个成语叫"纲举目张"，那么，构建食学体系的"纲"在哪里呢？我认为这个"纲"就是食学三角结构。

食学的三角结构，简称食学三角。这是一个非常形象的概念，是由食物生产、食物利用、食为秩序 3 个方面构成，它是我们认识、构建食学体系的基础，并由此形成食学的二级学科。

### §1-4.1.1 食学三角的建立

纵观人类庞大复杂的食事，人们常用饮食生活、饮食文化、饮食思想、美食艺术、食品科学等概念来描述，各有各的角度，各说各的观点。在几十年的思考与研究中，我发现，尽管历史阶段不同、种族文化不同，但人类的生存与社会功能都在围绕着食物的生产、食物的利用、食为的秩序这 3 个方面展开，其中食物利用是极为少用的概念，食为秩序是我提出的新概念。我为什么选择食物生产、食物利用、食为秩序 3 个概念，而没选其他概念？这是因为它们是人类食行为的本质因素。食物生产涉及食物的质与量，食物利用涉及人的生命质量与长度，食为秩序涉及人与生态、人与人的和谐相处。

为了准确表达三者之间的关系与功能，也为了便于记忆，我把食物生产、食物利用、食为秩序组成一个三角形，命名为"食学三角"（如图1-25所示）。自此，海量的碎片的食为认知，一片都不会落下，都可以纳入这三个领域，在这个结构下面，可以清晰方便地细化认知，派生分支。从食学理论的角度看，这个三角一经形成，再也不会分开，它将带领我们去探索更多的未知空间。

图 1-25 食学三角

图中的"用"是食物利用，指食物从入口到排泄的过程和效率。这是一条在人体内部旅行十几米的线，它虽然很短，但内涵非常丰富，蕴藏着无限奥秘，等待着我们去揭示、去享受。这是保障人类体质健康且长寿的领域。

图中的"产"是食物生产，指农业、食品工业、餐饮业等所有食物生产的领域。这是一条很长的线，从源头到餐桌，这是一个很大的产业，占世界 GDP 总量的 40%以上，是保障人类食物质量和数量的领域。

图中的"序"是食为秩序，主要是指两大矛盾的调节：一是调节食生产和食利用之间的矛盾与冲突；二是调节人类与生态之间的矛盾与冲突。食为秩序涉及行政、法律、教育、效率等多方面，是构建可持续的人类社会的食为规则，也是实现人类与生态、人群与人群、食生产与食利用之间和谐的保障。

从上图中我们可以看到，食物利用是根本，食物生产与食为秩序都是服务于食物利用的。

食物生产与食物利用的关系是手段与目的关系，即生产是为了利用，其根本是食物供给的质与量。

食为秩序与食物利用的关系是方式与服务的关系，是围绕着人人康而寿提供服务指导的。

食为秩序与食物生产的关系是环节与控制关系，约束、控制食物的生产紧紧围绕着"世代人人康而寿"这个总目标，调节人与人、人与社会、人与生态的和谐关系。

在食学三角提出之前，食产、食用、食序3个领域的研究是极不均衡的，食产领域最发达，食用和食序领域相对薄弱，这是当今人类诸多食问题的根源所在。开展深入、全面的食物利用领域的研究，是提升个体寿期的不二选择。开展深入、全面的食为秩序的研究，是解决人与人、种群与生态之间重大问题的法宝。

在此之前，三者之间是割裂分散的，各执一说，各行其是，各说各的，各做各的，都觉得自己很正确，而当三者连成三角形后，就会发现各自的不足，就会找到各自的定位，就会认清相互的关系，同时还可以让我们发现许多空白领域。

## §1-4.1.2 食学三角的转动

食学三角形是食为系统的本质结构。人类食为系统的内部变化，始终是围绕着"食学三角"的变化，只是迟迟未被我们发现而已。远古时代和农业文明时代食为系统是以"食用"为中心的，而近代工业文明的效率法则，促使食为系统以"食产"为中心。为了便于表达三者之间的关系，这里用三角形的顶角表示重要性。

食学三角第一次大转动。工业文明以追求高效率、高利润而行走天下，食物的生产环节毫无例外地"被高效"了，人类数千年形成的以食利用为中心的模式，在近300年间转向以食生产为中心（如图1-26所示）。

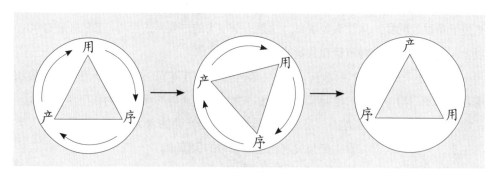

图 1-26 食学三角第一次转动

这次转动促使食物生产效率提高，从而带来了大量的食物，极大地缓解了人类食物供给的不足。然而，随着对食产效率的不断追求，其副作用开始凸显，食物生产登上了高效的快车，在商业逐利的规则中，生产者不愿刹车减速，消费者无知盲从。

食物生产的效率有一个度的问题，超越了这个度，适得其反。从食学的角度看，这是一个"伪高效"，因为在超高效率规则下所生产出的食物，质量出现了严重地下降，最终影响到了食物利用的效率。食物生产是为了食物利用，食物利用的效率是根本，食物生产的效率必须服从食物利用的效率，这才是人类正确的选择。

食学三角的第二次转动（回归）。从历史的角度讲，今天食学的任务，是要推动食学三角形的第二次转动，就是再转回到以食物利用为中心。这是一个回归的转动，一个正本清源的转动。以食物利用为根本就是以人类健康寿命为中心（如图1-27所示）。

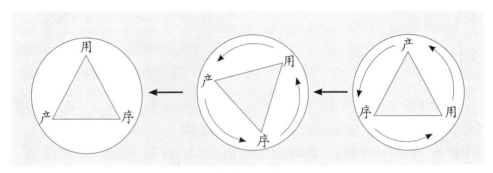

图 1-27 食学三角第二次转动

今天，我们这个理论模型的转动，将推动人类实践的伟大变革。要彻底转到以食物利用为中心，需要我们有更大的勇气和创新精神，因为这不是一个简单的机械的回归，它会挑战许多传统的理论和学科，它会否定许多固有的规则和习惯，它将带来一个全新的、互利的、可持续的社会模式。固有的知识体系难以支撑这次转动，食学学科体系的确立，则为我们提供了改变实践的理论力量。食学三角形第二次转动，将是人类社会 21 世纪的一场巨大变革。

## §1-4.1.3 食学三角价值

食学三角是食学学科的重要内容。它不仅是食学学科内在的核心结构，更是食学体系建设的基石。关于食学三角的价值，我们从以下四个方面来讨论。

食学三角的 3 边价值。食学三角不是一条边，也不是更多条边，而是 3 条边。也就是说，不是一个要素，也不是更多的要素，而是 3 个要素。这三个要素分别代表着食物生产、食物利用、食为秩序，3 边价值的重点是"三"，是确定了三要素。

食学三角的整体价值。食学三角 3 条边的位置，不是平行，也不是交叉，而是构成三角形，构成一个整体。这代表着食物生产、食物利用、食为秩序三者是相互联系的，是不可分割的，它们是一个整体。

食学三角的上角价值。食学三角有一个上角，这个上角代表三角形的重点。在三个角中只能有一个重点，不能有 2 个重点，这代表着食生产、食利用和食秩序中只能有一个重点，不能有多个重点，以此确定三者之间的权重关系。

食学三角的转动价值。从社会结构的角度看，食学三角是转动的，它的转动带来重点的变化。人类很长一段时间都是以食物利用为重点的，工业革命后逐渐演变为以食物生产为重点。只有从理论上认识到这个转动的本质，才能推动实践的变革。

# §1-4.2 基本体系

食学体系，分为基本体系和整体体系。食学的基本体系又称 3-32 体系，其中的 3 是指三门二级学科，其中的 32 是指 32 门三级学科。这是食学的基本体系，是人类食识首次聚合为一个整体。食学的整体体系还应该包括 4 级、5 级等多个学科层级，还需要厘清关系、深入研究、确定数量、填补空白。

食学体系的构建原则，就是与食为系统相对应，把与食事相关的所有认知都纳入进来，并形成一个有合理内在关系的整体。目的是力求让海量化的食为认知均能找到自己的位置，并构建起互相之间的合理关系。食学体系是所有食事相关认知形成的整体，是人与食物之间关系学科的全部。这个体系的本质特征是囊括所有与食相关的认知。

## §1-4.2.1 食学基本体系

食学的基本体系分为 3 门二级学科、32 门三级学科，展现了食学学科的基本面貌（如图 1-28 所示）。

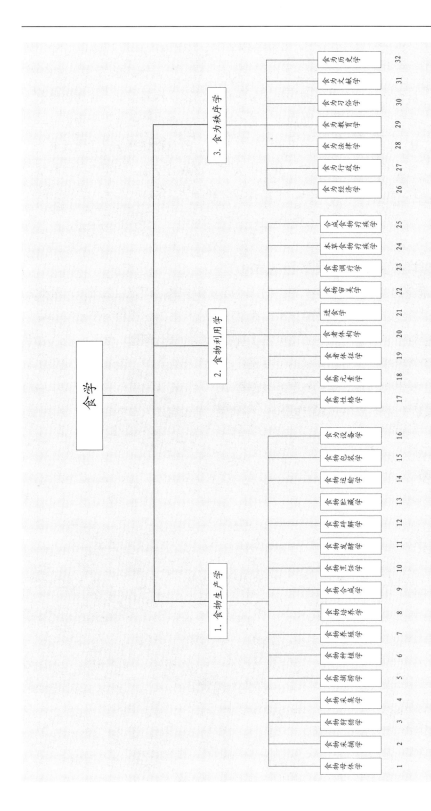

图 1-28 食学基本体系

食学基本体系的二级学科有3门，即食物生产学、食物利用学、食为秩序学。食学基本体系的三级学科有32门，食物生产学下面有16门，即食物母体学、食物采摘学、食物狩猎学、食物采集学、食物捕捞学、食物种植学、食物养殖学、食物培养学、食物合成学、食物烹饪学、食物发酵学、食物碎解学、食物贮藏学、食物运输学、食物包装学、食为设备学；食物利用学下面有9门，即食物性格学、食物元素学、食者体征学、食者体构学、进食学、食物审美学、食物调疗学、本草食物疗疾学、合成食物疗疾学；食为秩序学下面有7门，即食为经济学、食为行政学、食为法律学、食为教育学、食为习俗学、食为文献学、食为历史学。

## §1-4.2.2 食学与现有相关学科关系

食学与现有的食相关的学科关系，首先不是矛盾关系，而是包含关系，例如农学和食品科学被包含于食物生产学之中，医学中与食相关内容被包含于食物利用学之中。其次是厘清了各学科的本质，匡正了现有学科的概念问题。例如，现代农学所涵盖领域的宽度模糊；食品科学的设立是以产品为起点立学，而非以原理和本质为起点立学；医学中的营养学其问题是以偏概全，以元素认知替代整体；医学的口服药部分，虽然也是利用食化系统作用于人体健康，却没有纳入食物的认知（如图1-29所示）。

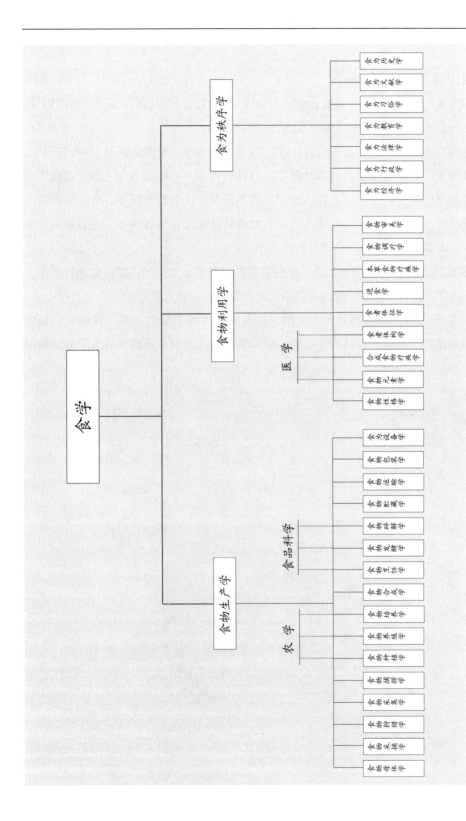

图 1-29 食学与现有相关学科关系体系

## §1-4.2.3 学科属性体系

食学是一门综合学科, 既有自然科学属性, 也有社会科学属性, 从这个角度划分, 可以让我们认清各个学科的本质 (如图 1-30 所示)。

食学中具有自然科学属性的有 24 门, 即食物母体学、食物采摘学、食物狩猎学、食物采集学、食物捕捞学、食物种植学、食物养殖学、食物培养学、食物合成学、食物包装学、食物贮藏学、食物运输学、食为设备学、食物烹饪学、食物发酵学、食物碎解学、食物性格学、食物元素学、食者体征学、食者体构学、进食学、食物调疗学、本草食物疗疾学、合成食物疗疾学。

具有社会科学属性的有 8 门, 分别是食物审美学、食为经济学、食为行政学、食为法律学、食为教育学、食为习俗学、食为文献学、食为历史学。

食学研究的主要内容是人、食物, 以及人与食物之间的关系, 其中专门研究食物和人体的学科属于自然科学范畴, 研究食物和人之间关系的学科属于社会科学范畴。

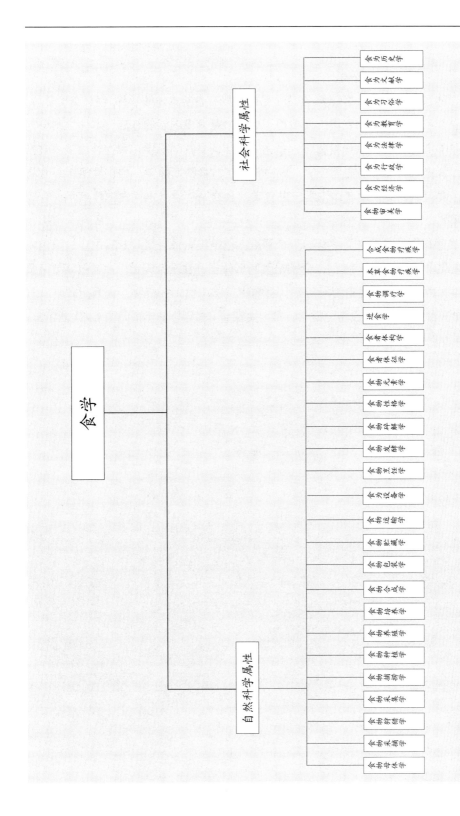

图 1-30 食学学科属性体系

## §1-4.2.4 学科结构体系

食学体系是一个庞大的系统, 在这个系统中既有食学本体的学科, 也有交叉学科。

本体学科, 相对独立发展, 大多趋于成熟, 是食事内涵的基础。本体学科分为18门, 即食物采摘学、食物狩猎学、食物采集学、食物捕捞学、食物种植学、食物养殖学、食物培养学、食物烹饪学、食物碎解学、食物发酵学、食物性格学、食物元素学、食者体征学、食者体构学、进食学、食物调疗学、本草食物疗疾学、合成食物疗疾学。

交叉学科往往是被交叉学科的一个领域, 但是没有系统化、专门化, 价值也就没有最大化。交叉学科有14门, 分别是食物母体学、食物合成学、食物包装学、食物贮藏学、食物运输学、食为设备学、食物审美学、食为经济学、食为行政学、食为法律学、食为教育学、食为习俗学、食为文献学、食为历史学 (如图 1-31 所示)。

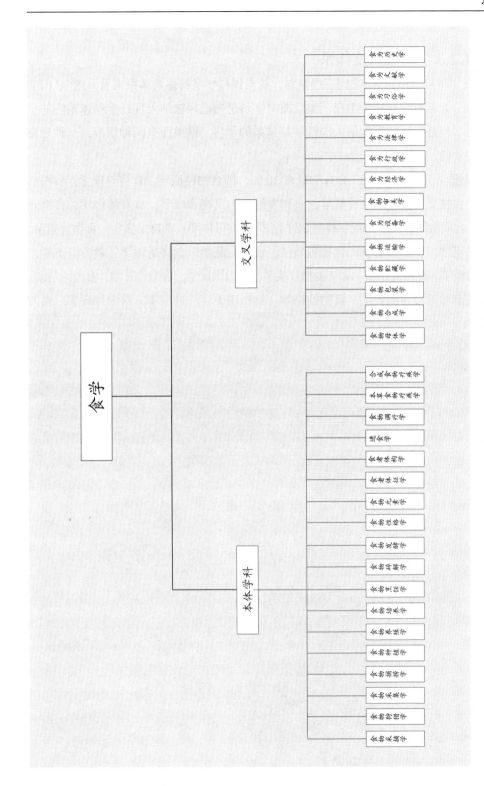

图 1-31 食学本体、交叉学科体系

## §1-4.2.5 学科成熟度体系

食学学科体系包含32门三级学科，从当代科学学科体系体系来看，这32门学科可以分为原有学科和新学科两类。原有学科是指已经被纳入现行学科体系内的学科。新学科是指还没有被纳入现行学科体系的学科，这里面有两种情况，一种是完全新的学科，一种是正在形成中的学科。

从图1-32可以看到，原有学科有10门，即食物种植学、食物养殖学、食物培养学、食物烹饪学、食物碎解学、食物发酵学、食物合成学、食者体构学、食物元素学、合成食物疗疾。新学科有22门，即食物母体学、食物采摘学、食物狩猎学、食物采集学、食物捕捞学、食物包装学、食物贮藏学、食物运输学、食为设备学、食者体征学、食物调疗学、本草食物疗疾学、食为法律学、食为教育学、食为习俗学、食为文献学、食为历史学、食物性格学、食物审美学、进食学、食为行政学、食为经济学。

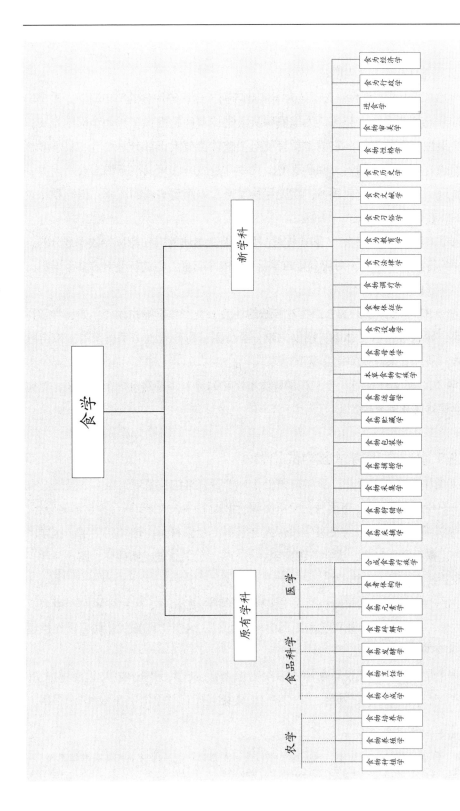

图 1-32 食学新老学科体系

## §1-4.2.6 食学体系价值

食学 3-32 基本体系的确立，让人类从此告别了食识碎片化的历史局面，人类的食为认知从此形成了一个整体，为彻底解决人类的食问题提供了一个全面的方案。这是一个聚散为整的过程，它的本质特征是"整体价值大于部分之和"。食学学科体系的价值还在于正本归元，明确食产、食序都是围绕食用而展开的，食用为本。再者是发现了许多理论空白领域，需要尽快填补，以满足实践的需求，提高整个食为系统的运转效率。

需要说明的是，食学 3-32 基本体系，是按照其本质的内在特征为依据划分的，与现实中的行业并不是一一对应，有的学科对应多个行业，有的行业对应多个学科，也有的学科还没有对应的行业。

食学 3-32 基本体系的确立，将对传统的社会分类产生影响和改变，如科学学科分类体系、教育学科分类体系、图书文献分类体系、行政管理分类体系等，都会随之而变化，从而带来巨大的社会变革。

食学 3-32 基本体系是一个三级学科体系，它的建立，是建设一个更多级、更完整的食学整体体系的基础。

## §1-4.2.7 食学在现有学科中的位置

在人类整个学科体系中，食学应该处于一个什么样的位置呢？至今人类还没有一个统一的科学学科体系，下面我们分析美国、德国、日本、中国和联合国学科的分类。

美国将学科分类划分为交叉学科、人文学科、社会科学、理学、工学、医学、工商管理、教育学、农学、法学、建筑学、艺术学、公共管理、新闻学、图书馆学、神学和职业技术 17 大门类。[14]

德国综合大学涉及的学科包括人文学科、法律学、经济学、社会科学、自然科学、医学、农学、林业学、营养科学和工程学十大类别，这些学科类别总共可以提供超过 9300 种不同的学位课程。[15]

日本大学的学科领域划分为人文科学、社会科学、工学、理学、农学、医疗看护学、家政生活科学、教育学、艺术学、综合学科、交叉学科 11 个领域，下设 47 个学科，

⑭ 刘少雪、程莹、杨颉、刘念才：《美国学科门类设置情况》，上海交通大学高教研究所。
⑮ 冯寿农：《欧盟的高等教育》，鹭江出版社 2006 年版，第 20-21 页。

278 个分学科。⑯

中国将学科分类为自然科学、农业科学、医药科学、工程与技术科学、人文与社会科学五大门类，下设 58 个一级学科，573 个二级学科，近 6000 个三级学科。⑰

联合国教科文组织制定的学科分类，将学科分为五大门类，分别是自然科学、工程与技术、医学科学、农业科学、社会科学和人文科学。

综上，我们可以得出四个结论。一是食学是一门关于食事认知整体的学科，在上述的学科体系中，均没有体现；二是食学的许多内容被散置于一些传统学科中，如在生态学、农学、医学等领域中；三是食学所涉及的许多子学科，在现代学科体系中没有踪迹；四是农学受到极大重视，在上述多个学科体系中，都位于学科分级的顶端，居于一级学科。

其实，食学是从食事的角度对农学的扩充。所以用食学替换农业科学的位置，把人类所有的食事认知都纳入进来，让食学成为一个一级学科，为更好地解决人类的食事问题做出应有的贡献。以联合国学科分类图为例（如图 1-33 所示）。

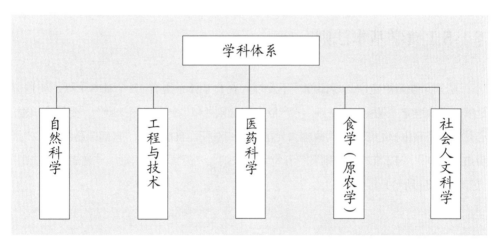

图 1-33 食学在联合国学科体系中应有的位置

⑯ 《日本 2003 年度科学基金将按新的学科分类受理申请》，《中国科学基金》2002 年第 3 期，第 189-190 页。
⑰ 百度文库，中国学科分类国家标准。

# §1-5 食学法则

作为一门学科体系，食学有其自己的法则与机制，这些法则与机制是食学学科体系的重要内容，认识这些法则与机制，既是我们研究食学理论的需要，又是我们解决食事问题的关键。以下介绍的法则与机制的内容研究尚不够充分，还需要做更进一步地深入研究。

## §1-5.1 食学基本法则

法则，强调规定性、规律性、不变性。在食学体系里有 12 个基本法则。要种群延续，必须遵守"双原生性法则""产能有限法则"和"食为二循法则"。要健康长寿，必须遵守"食化核心法则""腹脑为兄法则""对征而食法则""食前医后法则""五步进食法则""12 维进食法则""五觉审美法则""药食同理法则""逆恩格尔法则"（如图 1-34 所示）。

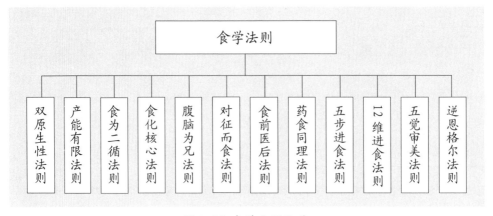

图 1-34 食学法则体系

### §1-5.1.1 双原生性法则

人是原生性的生物，亿万年来依靠原生性的食物来维持生存与健康。这就是两个原生性，又称双原生性。但随着合成食物的出现，各种化学添加物与添加剂，正在日益威胁着人类的健康。食物的生产是为了食物的利用，所以必须遵循"双原生性"的法则，人类只能依靠原生性的食物维持生存与延续。合成食物的出现，打破了传统的食物与食用的秩序，无论是初次生产环节的添加，还是再次生产环节的添加，都应该回归到这个法则中来。一句话，人类已经按照双原生性法则走过千百万年，如果违反这个法则，人类还能走多远，是个问号。

### §1-5.1.2 产能有限法则

食物母体的食物供给量不是无限的，而是有限的。这主要体现在三个方面：一是食物母体系统的总产量是有限的；二是土地、水域单位面积的产能是有限的；三是动物性食物的生长周期的压缩是有限的。人类应该有勇气正视这个事实，矫正我们今天的不当食为，不要过高地估计人类自己的能力，不要捅破这个"天花板"，更不要用地理大发现的思维，寄希望于到地球以外的空间索取食物。地球的食物母体系统，是宇宙唯一能够供给人类生存的食物系统。今天无论是谁，无论是哪个群体或政体，无论是有意还是无意，无论是何种理由，任何伤害了食物母体的行为，都将会威胁到地球上的每一个人和我们的子孙。

### §1-5.1.3 食为二循法则

人类的食为，是人类发展与成长的核心要素，是智慧、审美、礼仪、权力、秩序等文明之源头，其在人类发展史中的作用和地位，如何评价都不会为过。但是人类的食为不能任性，不能妄为，必须受到来自两个方面的约束。一是必须遵循食母系统的客观规律，以维持、延长人类种群的延续；二是必须遵循食化系统的客观规律，以维持、提高人类个体的健康寿期。这是因为，食母系统的形成已经有6500万年，食化系统的形成也有2500万年，所以人类7000年的食为文明是跳不出这两个以千万年为单位的运行机制的。尤其是近300年工业文明的食为，更是应该深度反思给食物母体系统和食化系统带来的压力。

## §1-5.1.4 食化核心法则

人之食是为了生存，如何生存得更好、更健康、更长寿，关键在食化系统。从这个角度看，在食界三系统中，食化系统是健康长寿的核心。不仅食用领域要围绕这个核心，食产、食序领域都应围绕这个核心而展开。食为系统与食化系统相生相存，食化系统与肌体系统相生相长。一切背离食化系统为核心的行为，都会丢失本来的目标。

## §1-5.1.5 腹脑为兄法则

腹脑，是指食物转化的智慧系统；头脑，是指大脑的智慧系统。我们常说的人类 7000 年文明，本质上是指人类头脑（大脑）发展、发达的过程。其实在头脑未发达之前，人类的腹脑就早已存在，腹脑为兄，头脑为弟。换个角度看，头脑（大脑）是在服务腹脑的过程中不断发展起来的。人类要想吃出健康长寿，就要进一步认知腹脑的运行规律。在食物转化这件事上，腹脑是"大当家"的。

## §1-5.1.6 对征而食法则

要想活得长寿，就必须"对征而食"，而不是追求名贵食物。世界上的每一个人，都是一个独特个体，而这个个体每天每时都是变化的。"对征"是指认识自己的肌体特征与需求，认识每天每餐前的肌体特征与需求。"而食"是指选择食物和食法，就是认识食物、掌握食法。世界上没有长生不老药，但有长寿的进食法则。一日三餐都应当做到针对自己当时的体征需要而选择适合的食物，并使用适合的食法，那么延长个体寿期是可以实现的。

对征而食有 3 个关注要点：一是体征是不断变化的，要注意察觉和把控它的规律；二是食物是多样的，要注意找到对征的食物；三是进食的方法有 12 个维度，要注意找到最佳的组合。只有坚持"对征而食"才是健康长寿之至理。

## §1-5.1.7 食前医后法则

从健康的角度看，食是医的上游，如果会吃食物，就会少吃药物，就会远离疾病。食物离着健康近，药物离着疾病近。掌握了好食物和好的食用方法，就会远离医院，减少痛苦，节省医疗费。人体状态由三个阶段组成：健康、亚衡、疾病，在亚衡阶段，食物的调理作用举足轻重。无论从生存的角度还是从健康的角度，食学都是医学的上游, 所以食前医后的顺序不可颠倒。认识了这个法则, 才能真正把握健康的主动权。

## §1-5.1.8 五步进食法则

五步进食法则, 不再把吃饭看作是一个孤立的事件, 而是强调要瞻前顾后。由辨体、辨食、进食、察废和察征 5 个步骤组成, 食前要"二辩": 辨别食者自己的身体状况, 辨别食物的成分特征; 食后要"二察", 察"食废"即身体的排泄物, 察"食后征"即食后的身体反应, 这才是进食的全过程。五步进食是一个循环的过程, "察征"后再次进入到辨体→辨食→进食→察废→察征, 如此反复, 不断循环。把一个孤立事件变成五个环节, 是吃出健康长寿的保障。

## §1-5.1.9 12 维进食法则

上世纪 90 年代初, 美国颁布的"膳食金字塔指南"风靡世界, 引起世界各国纷纷效仿, 这些膳食指南在指导国民饮食健康方面功不可没, 但是它们也有一个共同的不足: 它们都属于种类 + 数量 + 食者的 3 维认知, 还很不全面, 还有很多方面被排除在外。

食学中的"进食学", 将膳食金字塔式中的 3 个维度扩展成进食数量、食物质量、进食种类、进食频率、食物温度、进食速度、进食顺序、进食时节、食物性格、食物元素、食者心态、食者体征 12 个维度。这 12 个维度从类型角度可以分为辨体类、辨物类、控制类, 从权重角度可以分为首选类、次选类、关注类。从 12 个维度去吃饭, 是吃出健康长寿的不二法门。

## §1-5.1.10 五觉审美法则

传统的美学理论只承认人的视觉和听觉是高级感官, 具有审美功能, 能产生审美感受, 而其他感官都与人的生理本能相联系, 是低级感官, 并不能产生精神性的审美感受, 因此对食物的鉴赏一直未被纳入美学体系。五觉审美理论的提出, 打破了这一藩篱。

五觉食物审美理论认为, 食物品鉴是味觉、嗅觉、触觉、视觉、听觉共同参与的审美艺术, 食物的味道、气味、触感、形色和声响, 同时作用于食物品鉴, 共同形成人们对食物美的感受。五觉食审美理论认为, 美食鉴赏的反应是双元的, 在食物审美的过程中, 心理反应与生理反应不是对立的, 而是统一的, 因为健康的身体是一种大美。

五觉食物审美法则的提出,是对传统美学的发展与完善,其对生理反应的确认,最大的价值在于有利于每一个人的健康。

### §1-5.1.11 药食同理法则

中国传统文化中,有"药食同源"的观点,其实应该是"药源于食"。食物与药物之间还有一个一直被忽略本质的关系,这就是"药食同理"。这里所说的"药"专指口服药,不包括非口服药。

所谓药食同理,是说食物和药物(包括本草类药物和合成的药物),都是通过口腔进入体内作用于人体健康。从原理上说,它们都是在利用食化系统与健康之间的关系,所以食学把本草类口服药物和合成类口服药物都定义为食物。"医半为食"也是说的这个道理,医学里有 50% 以上的方法是用"入口"的方式治疗(如图 1-35 所示)。

药食同理法则,把口服药物放进食物的范畴内认知,更有利于我们认清事物的本质,进而减少错误的实践。药食同理法则,将对人类的健康发挥巨大作用。

图 1-35 食学与医学关系

### §1-5.1.12 逆恩格尔法则

19 世纪德国统计学家恩格尔在对消费结构研究后得出一个规律:一个家庭和社会越贫穷,用来购买食物的支出在总支出中所占的比例就越大。用食品支出占消费支出总额的比重来衡量经济发达与否,这就是著名的恩格尔系数。从食学的角度看这个问题,结果恰恰相反。

由于食物母体的食物供给总量有限，由于人口增长带来的食物需求持续增长的趋势，随着百亿人口时代的来临，食物将成为稀缺性资源。食物的这种稀缺性，决定了食物未来价格的上升趋势。虽然工业化大大提升了食物产量的效率，却也接近了极限。由于食物的稀缺性会不断的加剧，人类不得不将更多的人力、财力、智力投向于此，生产食物的成本将会不断增长，食物生产占 GDP 的比重势必增加，食物支出占消费总支出的比重势必增加，这是人类社会发展的一个重要标志。

# §1-5.2 食学的一般机制

食学体系基本机制包括食物生产 4+1 机制、食物加工三维机制、食为秩序五星机制、食为惯性机制等（如图 1-36 所示）。还有许多机制，需要今后不断地发现和研究。

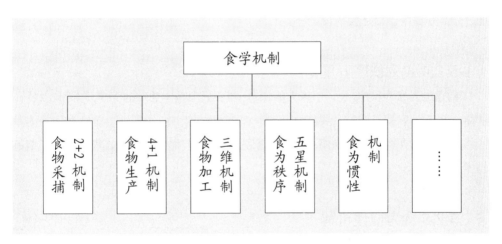

图 1-36 食学机制体系

## §1-5.2.1 食物采捕 2+2 机制

人类对天然食物的采捕有四种方式：采摘、狩猎、采集和捕捞。这四种方式可以分为 2 组，每组包括 2 个行业。第一组是食物的采摘和狩猎，第二组是食物的采集和捕捞。在人类漫长的发展过程中，采摘和狩猎曾是人类生存和延续的最重要的方式，但是随着农业革命的兴起，种植养殖业的发展，如今它们已经沦为人类获取食物的边缘行业。而采集和捕捞，却由于人类需求的扩大、生产能力的提升、食物资源的拓展，发展成欣欣向荣的两个行业。

## §1-5.2.2 食物生产4+1机制

食物生产4+1机制是指食物生产的五种基本方法，加号前面的4是指传统的四种食物生产方法，即采捕、种植、养殖、培养，其中培养有2000年的历史，其余三种方法人类已经使用了万年以上。加号后面的1是指工业革命以后出现的一种食物生产方法，即合成。这个机制里面的关键是加号后面的1，它既是人类已经使用的食物生产方法，又是一个应该积极控制的食物生产方法。

## §1-5.2.3 食物加工三维机制

食物的加工，也是食物的再次生产。食物的加工主要是从碎解、烹饪、发酵的三个维度展开的，对应的食物加工方法是物理、化学、微生物。人类几千年来的食物加工没有离开这三个维度，只是有手工和机械之分，低效和高效之分，原生和添加之分，家庭场景和社会场景之分。

## §1-5.2.4 食为秩序五星机制

构建世界食为秩序，是一个庞大的课题，需要五个基本要件的支撑，即行政、经济、法律、教育、习俗。这五个要件之间是一个五星结构，缺一不可，是食为秩序的基本结构。目前人类的食为秩序多是以国家为单位的，尚没有一个全球共享的和谐的世界食为秩序。

## §1-5.2.5 食为惯性机制

人在步入足食阶段之初，依然保持着缺食的行为习惯，不能一下转变，往往造成食物的过量摄入。这就是"食为惯性"，这种惯性的突出表现就是控制不住自己，不知不觉中过食、暴食，从而带来一系列疾病。这是一个不可避免的惯性，一个不可避免的食为阶段。食为惯性产生的原因，是由思维惯性带来的行为惯性，而行为惯性比思维惯性结束得要更迟，或者说行为惯性比思维惯性更长。人类经历了太漫长的缺食阶段，深刻的缺食体验、思维在影响人们的行为。个体食为惯性，带来因过食而产生的系列疾病；群体食为惯性，带来社会治理的缺食恐慌，过度生产，大量积存和浪费。

# §1-6 食学与食业

食学体系是对食为系统的认知，食为系统是客观存在的，在现实社会中，它是一个庞大的产业。我给这个产业起了一个名字叫"食业"。在此之前，这个产业是被拆分认知的，不仅体现在食物生产与食物利用的分离，即使在食物生产领域内也是割裂的，例如农业、渔业、牧业、水业、盐业、茶业、食品业、餐饮业等，从而导致目标分散，利益分散，整体效率降低。这种分散的行业概念，带来的直接危害就是"铁路警察各管一段"，由于缺少相互间的协调，只谋求各自的利益，忽视整体的利益。例如超高效的食物生产系统，以经济利益为驱动，以产量效率为核心，结果威胁到食物的质量，从而影响食物的利用。

由于缺少"食业"的概念，致使食物生产体系和食物利用分离，致使食物生产走上了追求超高效的歧途。我把这一现状称为"食业负循环"，食业的负循环是互害的，是不可持续的。食业正循环是指生产、消费食物的系统，以食物利用为核心，以可持续的食物利用为核心。

食学体系的一个重要意义，就是把与之相对应的行业，作为一个整体来研究。以理论的整体对应实践的整体，以食学对应食业，这既是一种客观的回归，也是一项理论的创新。

## §1-6.1 食业定义

食业，是指人类与食事相关的所有行业。包括食物生产行业、食物利用行业、食为秩序行业（如图1-37所示）。食业，涵盖了现代产业划分中的农业、食品工业、餐饮业、养生业等行业。

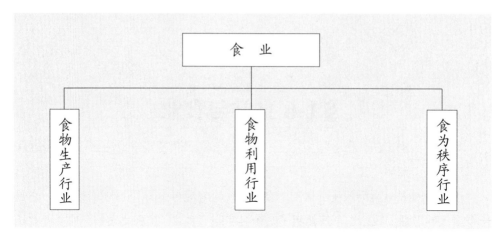

图 1-37 食业体系分类

食业概念的提出，具有划时代的历史性的重要意义，它不仅能够进一步推动产业的良性发展，在提高人类健康与寿限方面做出重要贡献，还将推动整个社会产业结构的调整与提升。

# §1-6.2 食业特点

食业，是一个庞大的以食为核心的产业链；食业，是所有具有食属性的经济活动的集合体。这个整体的内在性质决定了它有着许多与众不同的属性，从而形成了食业的独特之处，食业的特点包括：人类元业、无限持续性、规模最大、从业人数最多、产能有限等。

## §1-6.2.1 食业是人类元业

食物是人生存的基础，没有食物，就没有生命。谋取食物是人类的第一个行业，是历史最悠久的行业，是当之无愧的"元业"。它一直伴随着人类的成长而发展，每时每刻都未曾离开过我们。即使在当代，人类的文明与文化百花盛开、争相斗艳，新兴的行业层出不穷，从许多角度改变着我们的生活，但食业在人类社会中依旧占据着重中之重的地位。

## §1-6.2.2 食业的无限持续性

相对人类的存在而言，食业这个产业是无限持续的。它不会像某些产业有起有伏、有始有终。有的行业尽管各领风骚数十年、数百年，甚至数千年，但也不敢说是个永恒的产业。食业则不然，它是一个永远的朝阳产业。食业是一个值得长期投入和深入研究的领域，它的重要性常常被低估、被忽视，就如同长跑者不与短跑者比一时的速度，比一时的风光，知道自己的价值是持续。食业未来的发展还有很大的空间，如何既保障食物数量又保障食物质量，如何既提高人的健康寿期又维护种群的可延续，食业肩负着人类生存的重要使命。

## §1-6.2.3 食业的规模最大

据不完全统计，全世界的产业在 50 种以上，规模产业有 10 余种。这其中，食业的规模占世界 GDP 的 35% 以上。进入工业文明社会以来，食业的比例受到挤压，但在今天的社会产业结构中食业的规模依旧是最大的。进入 21 世纪以来，食业中的餐饮业为世界经济做出了很大贡献，据 Datamonitor 公司统计，2005 年全球 GDP 为 449 833.38 亿美元，餐饮业市场总价值达到 16 273 亿美元，占全球 GDP 的 3.6%。

从时间的角度看，食业的规模是缩小的趋势，特别是近 200 年来，一直在被其他行业的增长所挤压，这其中有些是负向的，例如医业规模在不断扩大。其实，从生存和健康的角度看，食业是医业的上游，是主要方面，且事半功倍。这一点长期被忽视，各干各的，各自追求各自的效率，结果是消耗、浪费了大量的社会资源，社会整体运营效率降低。食业与医业，孰长孰消，这是一个社会产业结构问题，"大医业小食业"不如"大食业小医业"。

## §1-6.2.4 食业从业人数最多

从全球的角度看，尽管人类文明发展到今天，但为了一张嘴而劳动的人，依旧是占据各个行业之首，也就是说，食业是从业人数最多的行业。各国之间有所不同，发达国家的产业人数相对少一些。整体上看，从事食生产领域的人数最多，从事食秩序领域的人数相对少一些，从事食利用领域的人数更少。

食业的从业人数在中国大约有 8 亿人（包括农民、食品工人、餐饮业者），占中国 13 亿人口的 61.5%。以此类推，全球 76 亿人口，至少有 50%~60% 的人口在从事食业，即 36 亿 ~43 亿人在从事食业。换句话说，两个人中，有一个人在为吃工作。1 : 2，这就是当代人类的食产者与食用者的比例。

## §1-6.2.5 食物产能有限

食物产能有限包括两个方面：一是食母系统的总产能是有限的；二是食物母体（土壤、水域）单位面积的产能是有限的。食物生产效率是为食物利用效率服务的，食物生产效率分为食物母体效率和劳动效率。其中食物母体效率是有限的。例如，单位土地、水域的产量是有"天花板"的。再如，养殖动物的生长周期是不可以无限缩短的。与之相反，劳动效率是可以不断提高的。由此，二者的效率要分别对待，当代的许多理论和实践混淆了它们的差异。这是目前许多超高效、低品质食物产生的根源所在。这是食物生产效率的"不同步定律"。

随着人类社会进步，任何一个行业的效率都在从低效走向高效，食业也在其中。工业革命以来，人类社会进入了超高效时代，行业的分工越来越细，效率越来越高，也为人类的生活带来了更多的便利与利益。这其中食物生产是个例外，食母生产效率的程度，可以分为低效、高效、超高效三个阶段。超高效的食物生产已经威胁到了人们的健康。例如种植业的土地、水域的生产效率，不是越高越好，超过了一定限度，就会适得其反，生产出来的食物质量就会下降。与此同时，这些土地、水域的再产能力严重下滑，直至绝产。例如养殖业，可食动物的生命周期越来越短，这里有一个"天花板"问题，其效率超过一个限度，便捅破了"天花板"，既威胁到人类的健康，又违背了动物的天性；例如食品工业，追求超高效率更是肆无忌惮，数千种化学食品添加剂由此进入食物体系，严重影响到食物质量，威胁到人类的肌体健康。

食物利用的高效率是食业之本，拒绝食物母体和食物本体方面的超高效，是为了维护食物利用的高效率。提高食物生产的劳动效率要以不破坏食物质量为原则，这就是食物母体效率的有限性。

## §1-6.3 食业的位置

从食业的 5 个突出特点，我们不难看出食业在社会结构中的重要位置。那么，在当代社会产业划分中，是否可以找到"食业"呢？

### §1-6.3.1 社会产业的 11 种划分

社会产业体系的划分起源于 20 世纪初叶，是人们认识社会经济结构的一种方式，着眼点不同，目的不同，划分的方法不同，结果也就不一样。目前比较有影响力的划分方法有 11 种。

1. 二部类划分法，马克思在研究社会再生产过程中，提出生产生产资料的部门和生产消费资料的部门的二部分类法。

2. 农轻重产业划分法，这种分类方法源于苏联，将社会生产划分为农业、轻工业、重工业，这种分类法是马克思"两大部类"划分法在实际工作中的应用[18]。

3. 三次产业划分法，由新西兰经济学家费希尔首先创立，按人类经济活动的发展阶段划分为一次产业、二次产业、三次产业，得到各国广泛认同。

4. 战略关联方式划分法，按照一国产业的战略地位划分的一种方法，如主导产业、先导产业、支柱产业、重点产业、先行产业。

5. 国家标准划分法，按照一国的产业统计口径划分，例如中国把经济划分为 20 个门类、95 个大类、396 个中类和 913 个小类。

6. 国际标准划分法（ISIC），是联合国经济和社会理事会隶属的统计委员会制定的，2008 年推出了 ISIC 4.0 版。

7. 资源密集度划分法，把社会产业划分为劳动密集型产业、资本密集型产业、技术密集型产业。

8. 增长率产业划分法，按照产业在一定时间内的增长速度划分，分成成长产业、成熟产业、发展产业、衰退产业。

9. 生产流程分类法，根据工艺技术生产流程的先后顺序分为上游产业、中游产业、下游产业。

10. 霍夫曼分类法，由德国经济学家霍夫曼提出，按产品用途分为消费资料产业、资本资料产业、其他产业。

11. 钱纳里-泰勒划分法，是由美国经济学家钱纳里和泰勒提出的，将不同经济发展时期对经济发展起主要作用的制造业部门分为初期产业、中期产业和后期产业。

在以上 11 种产业划分中，都没有看到"食业"的踪影。在苏联的"农轻重产业划分"里面，农业是食物生产，轻工业里面的食品工业是食物加工。在现在广为应用的"三

---

[18] 范金、郑庆武、梅娟：《应用产业经济学》，北京经济管理出版社 2004 年版，第 40-52 页。

次产业划分"中，一次产业、二次产业和三次产业的划分，把食业割裂为三段。

20世纪90年代，日本东京大学名誉教授、农业专家今村奈良臣，针对日本农业发展的窘境，提出了第六产业的概念。就是鼓励农户，不仅种植农作物（第一产业），而且从事农产品加工（第二产业），还要销售农产品、农产加工品（第三产业），以获得更多的增值价值。"第六产业"概念的由来，是三次产业相加或相乘的结果（1+2+3=6，$1 \times 2 \times 3=6$），非常牵强。其实，今村奈良臣先生想表达的意思就是食业。

由以上11种产业划分的结果看，20世纪以来，食产业被割裂化的问题一直存在，解决这个问题最根本的方法，首先要承认食业链的客观存在，其次要确认"食业"这个概念。考察分析上述11种社会产业划分方法，都没有找到食业的位置，这促使我不得不再来思考、研究社会产业划分的课题。

## §1-6.3.2 "生存性"产业分类法

食学体系的诞生推动了食业体系概念的形成。食业在社会产业结构中的位置在哪里？当今人类社会问题与产业结构理论之间的焦点在哪里？这促使我思考并提出一种新的社会产业划分方式：生存性产业分类法。

"生存性产业分类法"是按人类生存的需求来划分社会产业。它是一个3-9体系，第一层级把产业分为3类：一、生存必需类；二、生存非必需类；三、威胁生存类。第二层级可细分为11项。

生存必需产业。人类生存必需的要素有四个：阳光、空气、食物、温度。阳光与空气没有产业，生产、利用食物的食业是人类生存必需产业的A项。服装业、住房业关联人类生存的另一关键因素——温度，它们属于生存的必需产业的B项。此外，医疗业对人类生存也发挥着至关重要的作用，属于生存必需产业的C项。

生存非必需产业。生存需求与生活需求是两个不同的概念。按生活需求程度，生存非必需产业可以分为4个方面：A项是交通业和信息业，满足人与人之间的交往诉求；B项是服务业，满足提升生活质量的诉求；C项是娱乐业，满足闲暇时间的消遣诉求；D项是毒品业，这是一种地下行业，也有较为成熟的产业链。

威胁生存产业。威胁生存产业是指那些危及人类生存的产业。从缘由看可分为2个方面：A项是军火业，军火只是以往群体与国家利益的必需，而非人类的必需。相反，军火业威胁整个人类的生存。军火业还占用了巨大资源，让人类无法集中力量去发展生存必需产业。B项是科技失控，例如化学技术的合成物利用失控，生物技术的基因利用失控，物理技术的核能利用失控，人工智能技术的机器人利用失控。

今天看来，这些科学技术的"失控"是威胁人类生存的更大隐患（如图 1-38 所示）。

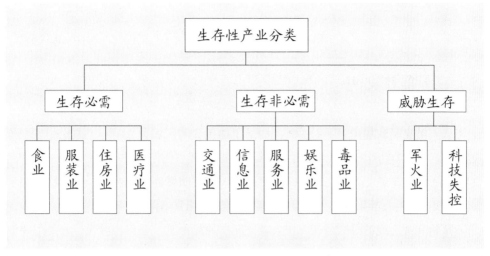

图 1-38 生存性产业分类体系示意图

"生存性产业分类法"的意义何在？一是为人类可持续发展提供了一个理论思想，找到了一个解决方案。即大力发展"生存必需产业"，有效控制"生存非必需产业"，逐步割除"危害生存产业"。二是可以节省大量的自然资源和社会资源，使人类的可持续有了可靠的保障。三是不仅为食业找到了位置，更确立了食业的核心地位。

"生存性产业分类法"从人类可持续角度着眼，不仅提出了生存必需产业、生存非必需产业、威胁生存产业的三种产业，同时还给出了发展、控制、割除三个应对方案，阐述了当代人类社会产业结构的本质属性，指明了未来人类社会产业结构的基本特征，为世界秩序 4.0 进化提供了一个有效的入径。

这种划分的一个作用就是，提示人类不忘初心，不要在追求生存非必需性要素的道路上走得太远，甚至走向自我毁灭。人类无限膨胀的需求与生态有限性供给的矛盾日益突出，我们应该紧紧抓住"生存必需"这个核心，有所为，有所不为。

20 世纪有太多的科技发明和创新行业，给人类带来了很多利益和诱惑，但缺少"生存必需""非生存必需"和"威胁生存"的认知，致使投入的财力、智力偏离人类生存需求的本质，并正在威胁地球资源的可持续供给。

如果说，世界食为秩序的建设是实现世界秩序 4.0 的一个途径，那么，控制压缩"生存非必需产业"，逐步革除"威胁生存产业"就是实现世界秩序 4.0 的一种方法。"生存性产业分类法"将推动人类社会结构的反思与变革，让人们生活的更美好。从种群延续的角度来看，人类需要控制欲望，有所为有所不为，简则长，繁则短。

关于"生存性产业分类法",我这里只提出一个理论模型,它的内涵与价值,它对世界秩序进化的作用,有待更深入的专题研究。

# §1-6.4 食业文明

从人类文明的递进关系看,人类经历了原始文明、农业文明、工业文明三个阶段。纵览人类文明的先进性,一直都是对文明的主体"人"更进一步的关怀。其中,食事问题不仅贯穿人类文明的始终,而且是人类文明发展的试金石,更彻底、更全面地解决人类的食事问题,一定是人类文明再进步的基本特征。

原始文明历经的时间最长,是人类文明的原始形式。在这一阶段,人类主要依靠采摘、狩猎、采集、捕捞食物为生,在还没有学会用火之前,一直过的是茹毛饮血的生活。有人曾形象地描绘这一阶段人与自然的关系是"人类匍匐在自然脚下",但这是与自然最和谐的文明。

农业文明亦称农耕文明,始于1万年前,突出的标志是对食物的驯化,即种植、养殖的兴起。农业文明是一种与自然共生的文明,是一种建立在以家庭为生产单位、分散耕作上的文明,食物生产效率得到提升,食物供给相对稳定。由于食物剩余的增加,具备了诞生其他职业的基本条件,社会结构日益多样,人们生活日渐方便。

工业文明从18世纪英国工业革命开始,是以工业化为重要标志的一种文明状态。它高举生产效率的大旗,追求劳动方式最优化、劳动分工精细化、劳动节奏同步化、劳动组织集中化、生产规模化和经济集权化,让人类的社会生产效率攀上一个前所未有的高峰,也带来人口暴增,让食物成为稀缺资源。与此同时,工业文明对地球资源的消耗与污染也是前所未有的。它对生产效率追求的无极限性,最终威胁到自人类自身的生存与延续。其实,社会生产效率不是人类文明的最终目标,个体生命效率和种群延续才是人类文明的目标。

食业文明是食物数量与食物质量、食物生产与食物利用(个体寿期)的统一,是食物生产与食物母体、种群延续与食物母体的统一。食业文明是继工业文明之后的一个文明时代,它有7个特征:

1. 世界每一个人的食权利都能得到保障。食权是人权的基础,在76亿人口的今天,尚有10多亿人处于饥饿中,这是工业文明的一个耻辱。食业文明强调落实人类每一个个体的获取食物的权利。

2. 人类的平均寿期名列哺乳动物前茅。食业文明关注人的生命效率，进入"优食社会"食物数量和食物质量得到保障，"5步12维"的优食方法普及，人的寿期达到甚至超过哺乳动物的平均寿期。

3. 人类"生存非必需产业"和威胁生存产业得到较好的控制与革除。食业文明是以食业等生存必需产业为核心的社会形态。食业文明发展"生存必需产业"，约束人类的过度欲望，压缩"生存非必需产业"，革除"威胁生存产业"，使人类社会产业结构与世界各族人民和平幸福生活相统一。人类文明的未来仅此一条出路，别无选择。

4. 人类与生态环境更加友好。食业文明是人类可持续的社会形态，食业文明强调控制人口，主张不要突破150亿世界人口红线。它强调食物供给的可持续是人类种群可持续的基础，强调从人类种群延续的角度与自然建立友好的和谐关系。

5. 世界食为秩序得到构建。食物资源的合理分配是人类文明的基础。食业文明改变了工业文明以生产效率为出发点的社会范式，食业文明以个体生命效率和种群持续效率为出发点，它强调构建关怀每一个人的世界食为新秩序。世界食为秩序的构建，为实现人类各种文化所憧憬的"美好世界"提供一个有效入径。

6. 人类食物成为稀缺资源。随着人口的不断增长，食物将变得越来越珍贵。食物稀缺的时代正式来临了，那种取之不尽、用之不竭的情景，一去不会复返。敬畏食物、珍惜食物成为所有人的共识和行为。食物成为一种"人类必需的奢侈品"。食物消费在人们总消费中占比会不断提高，"恩格尔系数"理论将失去市场。

7. 社会产业结构有了显著变化。依据"生存性产业分类法"，人类的社会产业可分为生存必需、生存非必需、威胁生存三种类型。在食业文明社会，以食业为首的生存必需产业得到大力发展，生存非必需产业得到有效控制，威胁生存产业得到有效割除。

食事是人类诸事之根本，是人类诸文明之根本，是人类生存和幸福之根本，是种群延续之根本。回望人类的食事问题，食物短缺、食物冲突、食法不优、寿期不充分等食事老问题，伴随我们数千年仍没有得到很好解决，食物生产超高效率带来的质量下降、人口数量暴增、环境的污染等新的食事问题又迎面而来。展望未来，食业文明是彻底解决上述种种食事问题的社会范式，是种群与自然和谐的可持续，是个体食物高效利用的寿期延长，是关怀每一个人食权利的文明新时代。

# §2 食物生产学

食物生产学，简称食产学，是食学的二级学科。食物生产作为一个社会概念存在已久，作为一个学科概念尚属首次提出。食物生产是一个古老的行业，它有四大范式：食物采捕、食物驯化、食物加工、食物合成。早期的传统农学，以种植、养殖为主要研究对象；后来的食品科学，以工业食品制作为研究对象，它包括了合成食物的生产。传统农学与食品科学都是食物的生产范畴，但不是食物生产的全部，还有许多方面的空白，这是我提出食物生产学的前提。

## §2-0.1 食物生产学的定义

食物生产学是研究人类获取与加工食物的学科。食物生产是指人类从自然中采捕、驯养、加工、合成食物的方法。食物生产学是研究食物生产并保障人类供应的学科。食物生产学是研究人与食物质量、数量之间关系的学科，是解决人类食物供给问题的学科。

## §2-0.2 食物生产学的任务

食物生产学的任务是保障人类食物数量，保障人类食物质量，保障食物可持续供给。食物生产学的任务旨在研究、缓解人类食物与生态之间的矛盾，揭示食物生产规律。减少养殖业的碳排放，减少农药、化肥、除草剂的使用，减少饲料中激素等的添加。食物生产学的基本任务，就是遵守"产能有限法则"，在遵守食母系统总产能有限、单位面积产能有限、动物生长期缩短有限的前提下，提高劳动效率，以此带动食物生产效率，保障食物利用效率。

## §2-0.3 食物生产学的体系

食物生产学体系包括食物的生产、加工、贮藏、运输等所有和食物生产相关的领域，它与传统的农学体系、食品科学体系不同，它既包含了食物生产的所有领域，又厘清了人类食物生产过程中相关学科的本质定位和相互之间的关系。

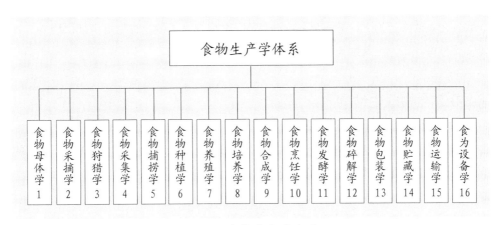

图 2-1  食物生产学体系

食物生产学是食学的二级学科，下分 16 个三级学科，分别是：食物母体学、食物采摘学、食物狩猎学、食物采集学、食物捕捞学、食物种植学、食物养殖学、食物培养学、食物合成学、食物烹饪学、食物发酵学、食物碎解学、食物包装学、食物贮藏学、食物运输学、食为设备学（如图 2—1 所示）。

构建这个体系，有五个创新点，一是确立了食物母体学，是为了强调食物产能的有限性，引起人类对生态的更多敬畏，从维护食物可持续的角度，设立这个学科非常必要；二是确立了食物合成学，作为合成食物的食品添加剂和口服西药的生产与人类的健康息息相关，有利作用和有害作用同时存在，需要从食物的角度立学研究；三是放弃了"农学"这一大而模糊的概念，选择了更具体、更准确的食物种植学、食物养殖学、食物培养学等；四是放弃了以工程角度、物品角度立学的"食品科学""食品工程学"的概念，选择了以原理角度立学的食物烹饪学、食物发酵学、食物碎解学等；五是确立了食物生产的四大范式：食物采捕、食物驯化、食物加工、食物合成。

## §2-0.4 食物生产学的结构

食物生产学的内部结构是由母体、捕获、驯化、加工四个要素组成。它们之间相互联系，食物母体为人类提供优质食物，但产能是有限的。食物捕获是人类取得天然食物的方法，驯化是人类对可食动植物的人工繁养。食物生产的数量要与当今人类的数量相匹配，食物的质量要与人类的健康诉求相匹配。食物加工是对食物的优化，使其更适口、更有利于人体健康。食物的供给要紧紧围绕着数量、质量和可持续这三个目标，从长远的角度看，这三个目标是一个整体，是不可分割的。

食物母体是食物生产的原点，她每天哺育的"子女"已经有76.3亿之众，人类获取食物需要好自为之。不顾及食物质量的"数量"，不顾及食物可持续供给的"数量"，是短视行为，其给人类带来的危害日益显现。

## §2-0.5 食物原生性的六次递减

食物的原生性是食物品质的一个重要指标，和人类的健康息息相关。从原生性的角度，可以将当代的食物分成六类，分别是天然的食物、驯化的食物、贮运的食物、工业加工的食物、再储运的食物、方便食品和手工烹饪的食物。其中，手工烹饪的食物是一个变量，它的加工次数是在所加工原料的基础上加1，例如天然的食物是一次食物，如若对其进行烹饪，那就变成了二次食物，这是原生性的递减顺序问题，加工工艺越多的食物，离原生性越远（如图2-2所示）。

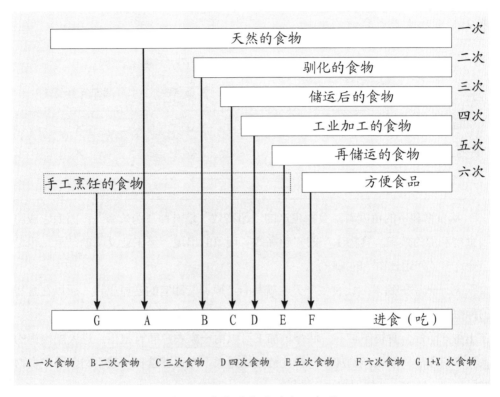

图 2-2 食物原生性递减示意图

## §2-0.6 食物生产的"三种效率"

食物生产的效率可以分为 3 个方面，一是食物母体的面积效率；二是食物本身的生长效率；三是食物生产的劳动效率。其中的面积效率和生长效率都不是可以无限提高的，都是有"天花板"的。一旦捅破了这个"天花板"，首先是食物的质量下降，其次是不可持续。我把捅破"天花板"的面积效率和生长效率叫"超高效率"，其生产方式叫"超高效生产"，所生产的食物叫"超高效食物"。超高效生产是不可持续的，超高效食物是威胁人体健康的。食物生产的劳动效率，从理论上讲是可以无限提高的，没有超高效率的问题，随着科技的发展，食物生产的劳动效率将会大幅提高。

表 2-1 食物生产效率结构

| 种类 | 级别 | | |
|---|---|---|---|
| | 低效率 | 高效率 | 超高效率 |
| 单位面积效率 | √ | √ | × |
| 生长时间效率 | √ | √ | × |
| 劳动效率 | √ | √ | √ |

从食物利用的角度看，食物生产的"超高效"是一种"伪效率"，因为它威胁到食物利用的效率。食物生产的"超高效"现象的出现，是工业文明的结果，也是当今许多"问题食物"的温床。

对于效率的追求，让食生产天生就具有"原罪"即它的逆原生性，所以在食物的种植、养殖、培养、加工过程中，一个重要的任务，就是尽量维护食物的原生性。在小生产阶段，食物的种养、储存、加工可以由一家农户同时担当，进入规模化的大生产阶段后，从生产到加工，产业链越拉越长。产业链越长，越不利于维护食物的原生性。所以，我提倡缩短产业链。

# 食物之源

本单元重点介绍食物母体学。从食学体系看，食物母体学属于交叉学科。从学科成熟度看，食物母体学属于新学科。

地球生态是人类食物的母体，食物母体系统的健康度决定天然食物和驯化食物的数量与质量。农业文明以来，人类所有的食行为都是对食物母体的干扰。

食母系统是食界三系统之一，指孕育食物的地球生态系统。地球诞生于46亿年前，当今的食母系统，形成于6500万年前。人类起源于550万年前，迄今为止，地球上共养育过1076亿人。人类食物的供给始终没有离开地球的生态系统，从这个意义上讲地球的生态系统就是人类食物供给的母体系统，在长达数千万年的时间里，人类的生存、成长、壮大，一天都离不开食物。食物母体和人类是一种无可替代的母子关系，因为没有地球的生态环境，就不会有食物。人类离不开食物母体系统的健康运转，食物母体的整体或局部失调，将会威胁到人类的生存和种群的可延续。食母系统可以分为两个方面，无机系统和有机系统，无机系统包括水、盐、空气、温度等；有机系统包括真菌（微生物）、植物、动物等构成的食物链（如图2-3所示）。

食物母体学面对的问题和任务是对地球生态环境的维护，对生物链的保护。食母系统健康了，食物供给才有可持续性。

人类食物生产的四大范式食物采捕、食物驯化、食物加工、食物合成，都与食物母体息息相关：天然食物采捕于食物母体，驯化食物种养于食物母体，加工食物的食源来自食物母体，合成食物看似人工合成，其原材料也是来自于食物母体。

　　食物母体的可贵之处，还在于它的不可替代性。人类只有一个地球母亲，她被毁坏了，人类将无处生存。人类脱离地球到别的星球生存，只是一种并不科学的幻想。与其寄托于无法实现的幻想，不如踏踏实实匍下身子，善待我们的地球母亲。

　　本单元的创新点在于从食物来源角度，确立了食物母体学。比较传统的生态学，食物母体学强调了食物资源的唯一性和有限性，强调了人类食物对地球生态的依赖关系，更容易唤起每一个人对地球生态的敬畏与爱护。

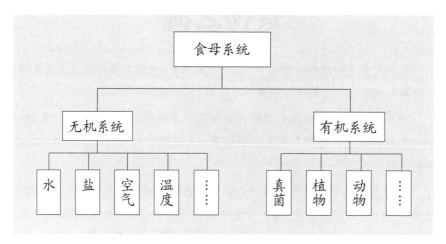

图 2-3 食母系统

# §2-1 食物母体学

食物母体学是食学的三级学科,属于食物生产学。它是食学和生态学的交叉学科,是研究人类食物供给系统及其规律的学科,是从人类食物的角度对生态的认知体系。

地球上有两个大生态系统,一个是地上生态系统,主要依靠太阳的能量转化而存在;另一个是深海生态系统,高压、低温、黑暗,没有光合作用的植物,也没有食植物的动物。人类的食物目前来源于地上生态系统。

从根源上讲,人类的一切食物都来源于自然界,来源于生态系统,生态与食物的关系,如同母亲与子女的关系。因此尊重生态就是尊重食物供给的母体,是每个地球人的义务与责任。

人类生存的可持续性,依赖于食物母体供给的可持续性。而要保证食物母体供给的可持续性,必须减少对生态的干扰。提高人类的生活水平,不能以破坏食物母体为代价。

人类过度的生存行为,大幅挤占其他物种的生存空间,破坏了生物链的完整性,也是对食物母体的一种破坏。

## §2-1.1 概述

地球上的生态,是人类生存和发展的基础,它的形成与发展,在亿万年中经历了多次的反复与再生,偶然产生了人类,并繁衍至今。

地球与生态。我们所处的星球已有46亿年的高龄,是唯一适合人类居住的星球。地球上的总面积约5.1亿平方千米,其中海洋面积约3.61亿平方千米,占全球总面积的71%;陆地面积约1.49亿平方千米,占全球总面积的29%。地球组成成分为大气圈、水圈、土壤圈、生物圈和岩石圈。在地球漫长的生命中,共经历了5次生物大灭绝。公元前 6500 万年的白垩纪末期发生了最后一次生物大灭绝，75%~80%的物种灭绝，侏罗纪以来长期统治地球的恐龙灭绝。已经发现 500 万年前人类双足直立行走的历史，这是早期人类的关键特征。[①]

生态与人类。人类在地球上生活了 500 多万年，其活动范围占据了地球陆地面积的 83.0%，其中耕地面积占陆地面积的 10.6%。人们在土地上生活、耕种、采矿或养鱼，只有少量的原始土地为野生动物的栖息地。由于人类对生态的过度开采，在 20 世纪的 100 年中，全世界共灭绝哺乳动物 23 种，大约每 4 年灭绝一种，这个速度较正常化石记录高 13~135 倍。

古人在长期农牧渔猎生产中积累了朴素的生态学知识，公元前后出现介绍农牧渔猎知识的专著，19 世纪初，现代生态学轮廓开始出现。1851 年达尔文在《物种起源》中提出自然选择学说，强调生物进化是生物与环境交互作用的产物，更促进了生态学的发展。19 世纪中叶到 20 世纪初，人类所关心的农业、渔猎和直接与人类健康有关的环境卫生等问题，推动了农业生态学的研究，也丰富了水生生物学和水域生态学的内容。20 世纪 50 年代以来，生态学依托现代科技，吸收其他科学成果，获得进一步发展。

## §2-1.2 食物母体学的定义和任务

### §2-1.2.1 食物母体学的定义

食物母体学是研究人类食物供给的生态系统及内在规律的学科，食物母体学是研究人类食物与生态之间关系的学科，食物母体学是解决人类食物来源问题的学科。

食物母体是指孕育食物的生态系统，是从人类食物来源的角度认知的地球生态系统，也可以理解为食源系统。食物母体能够给人类提供的食物是有限的。食物母体的整体或局部失调，将直接威胁到人类的生存和种群的延续。

### §2-1.2.2 食物母体学的任务

食物母体学的任务是指导人类维护生态食物产能可持续供给的最大化，从而满

---

[①]［美］康拉德·菲利普·科塔克：《人类学：人类多样性的探索（第 12 版）》，黄剑波、方静文等译，中国人民大学出版社 2012 年版，第 154 页。

足一定数量的人类食物需求，在把握食物产能的同时，把握人类食物需求的总量，正确地认识自然，合理地利用自然，避免供不应求的尴尬局面出现。

实现食物的可持续供给，就要求人类慎重择食，合理取食，尊重自然，善待自然，这不仅是为了当代人的利益，更是为了人类子孙后代的长远发展。维护食物生态的平衡，促进食物生态的可持续发展，是食物母体学的核心任务。

# §2-1.3 食物母体学的体系

食物母体学体系以食物生长基本元素为划分依据，包括土壤生态学、空气生态学、水生态学、种群生态学、生态灾害学5门四级子学科（如图2-4所示）。

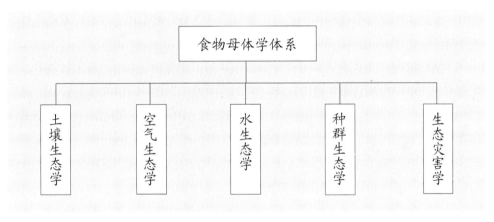

图 2-4 食物母体学体系

土壤生态学。食物与土壤生态学是食学的四级学科，是食物生态学的子学科，是研究与食相关的土壤与周围环境相互关系的一门学科。土壤生态系统由土壤、生物以及环境因素所构成，是一个为物质流和能量流所贯穿的开放系统。自人类诞生以来，土壤就是提供食物的主要来源，然而随着工业文明的发展，土壤的质量形势堪忧，每况愈下，对将来地球粮食供给、生态系统安全形成威胁。因此，维护土壤生态，减少土壤污染，科学合理可持续地使用土壤成为当下土壤生态学的最终目标。

空气生态学。食物与空气生态学是食学的四级学科，是食物生态学的子学科。绿色植物利用空气中的二氧化碳以及阳光和水合成营养物质，人类和其他动物用呼吸空气来获取氧气，只有在健康的空气条件下，才能种植、养殖出安全、营养、健康的动植物，供人们加工、食用、获取能量。因此，空气生态学与食物的构成息息相关。

水生态学。食物与水生态学是食学的四级学科，是食物生态学的子学科。水生态是指环境水因子对生物的影响和生物对各种水分条件的适应。生命起源于水中，水又是一切生物的重要组成。生物体不断地与环境进行水分交换，环境中水的质（盐度）和量是决定生物分布、种群的组成和数量，以及生活方式的重要因素。水生态学与食物的质量息息相关。

种群生态学。食物与种群生态学是食学的四级学科，是食物生态学的子学科。食物链是生态系统中贮存有机物中的化学能在生态系统中层层传导的过程。通俗地讲，是各种生物通过一系列吃与被吃的关系，彼此之间紧密地联系起来，这种生物之间以食物营养关系彼此联系起来的序列，在生态学上被称为食物链。人类是生物的一分子，是生物食物链中的一环，人类食源虽然只占全部物种的一小部分，但和整个生物圈的存在息息相关。人类择食的整体态势，是破坏生态，而不是维护；是负值，不是正值；是减分，不是加分。

生态灾害学。生态灾害学是食学的四级学科，是食物生态学的子学科。生态灾害是指生态系统平衡被破坏而给人类所带来的灾难。生态灾害的发生有破坏生态平衡的因素，也有自然因素和人为因素。自然因素如水灾、旱灾、地震、台风、山崩、海啸等。由自然因素引起的生态平衡破坏称为第一环境问题。由人为因素引起的生态平衡破坏称为第二环境问题。正视生态灾害、研究生态灾害、减轻生态灾害、消灭生态灾害，是生态灾害学面对的重大任务。

# §2-1.4 食物母体学面临的问题

食物母体学是实用学科，是为解决现实问题而创立的学科，当前它面临的主要问题不是学科自身发展，而是学科研究范围内的社会问题。任何生态环境问题，从根本上分析，无不源于利益关系的支配。生态的自救已经跟不上人类的欲望，所以只有人类做出改变、尊重、维护生态平衡，才能实现食物生态和人类的和谐共处。目前，食物母体学主要面临以下三个大问题：对食母系统干扰加剧、生态环境污染严重、食物链断裂和物种锐减。

## §2-1.4.1 对食母系统干扰加剧

生态系统有其自我调节能力，在遭到外界干扰因素的破坏后可以恢复到原状，但为了满足越来越多的人口饮食问题，人类加大了对自然的索取和干扰，包括食为干扰和非食为干扰，对生态系统造成的破坏超过了其自我调节的限度，使其无法恢复，因而现在人类面临的生态问题越来越多，主要表现在土壤、水体、空气、生物多样性等方面。据不完全统计，由于土地不合理利用而造成受沙化影响的土地总面积为 20 亿公顷，全球受水土流失和干旱危害的土地达 26 亿公顷。

## §2-1.4.2 生态环境污染严重

据统计，2015 年超过 390 万居民接触过含铅量超标的饮用水，每天有 1.5 万人死于饮用污染的水，全球 400 多座核电站产生 26 吨核废料，还有 1.2 万桶石油泻入海洋。空气的污染与升温导致森林和农作物大规模毁坏。工业、各种喷雾罐、冰箱、空调机等每天把 1500 多吨氯氟烃排入大气层，造成臭氧层空洞，温室效应加剧，致使冰川融化速度加快，海平面上升引发涝灾；温度的增高也会导致旱灾的发生，直接或间接降低食物产量。

## §2-1.4.3 食物链断裂物种锐减

由于人类活动的强烈干涉，生物多样性降低，物种减少，生物链断裂，有些物种消失，有些物种变异。据科学家估计，近代物种的丧失速度比自然灭绝速度快 1000 倍，比形成速度快 100 万倍，物种的丧失速度由大致每天 1 个物种加快到每小时 1 个物种。在国际自然保护联盟发布的"红色名录"中，将近 6 万个物种面临灭绝风险，其中将近 2 万种处于濒危状态。在过去的 5 个世纪内，约有 900 种动植物从地球消失，而濒临消亡的物种现在超过 10000 种。

食物母体养护业是维护人类食物可持续的行业。动植物的生长离不开符合标准的土地、水源和空气。在生态失衡、污染加重、食物链断裂的危机面前，食物母体学将是一个越来越重要的学科。生态是大自然经过了很长时间才建立起来的动态平衡，一旦受到破坏，有些平衡就无法恢复。食物母体学原理可以解决当前的实际问题，指导人类更好地维护生态平衡，把握种群的延续。

# 采捕食物

　　本单元包括食学的 4 门三级学科：食物采摘学、食物狩猎学、食物采集学和食物捕捞学。它们都是食物生产学的子学科。从食学体系看，它们都属于本体学科。从学科成熟度看，它们都属于新学科。

　　把食物采摘学、食物狩猎学、食物采集学和食物捕捞学放在同一单元论述，是因为它们都具有获取天然食物的共性。食物采摘学以获取天然植物性食物为对象，食物狩猎学以获取天然动物性食物为对象，食物采集学以获取天然矿物性食物为对象，食物捕捞学以获取水生食物为对象。

　　由于以上四门学科所对应的行业发展是不均衡的，所以也影响到了学科的自身发展。从发展看，这四门学科是一种 2+2 结构，食物采摘学和食物狩猎学是一组，食物采集学和食物捕捞学是一组。其中食物采摘学和食学狩猎学由于资源的萎缩和枯竭，其学科发展也日渐式微。食物采集学和食物捕捞学由于市场的旺盛需求，其学科发展不断进步。

　　食物采摘学、食物狩猎学、食物采集学和食物捕捞学共同面对的问题和任务是资源养护和利用的统一，即天然食物利用的可持续性。天然食物的优势是原生性，是人类优选级的食物。从人类食化系统对食物的接受和转化程度看，离原生性越近的食物，接收和转化的效率越高；离原生性越远的食物，接收和转化的效率越低。

　　天然食物的生长环境是有限的，生长周期是固定的，不可能像种植、养殖的食物那样，人为扩大种养地域，人工缩短种养周期。因此，天然食物的资源养护就显得十分重要。正确的做法是，在采摘、狩猎、采集、捕捞天然食物时，严格遵循天然食物的生长规律，切实保护天然食物的生长环境，科学采捕，确保天然食物的可持续。

本单元的创新点在于从天然食物来源角度，确立了获取食物的四个学科。人类应该认识到，下大力气涵养食物母体，增加天然食物的供给量，是人类走向美好社会的基础。

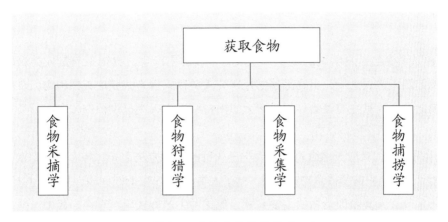

图 2-5 天然食物获取体系

# §2-2 食物采摘学

食物采摘学是食学的三级学科，隶属于食物生产学。食物采摘是人类获取天然食物的四大方式之一，食物采摘学是研究人类以采摘方式获取天然植物和食用菌类食物的学科。其主要社会作用是研究如何持续地为人类提供植物和食用菌类天然食物。

用采摘方式获取天然食物，是人类最久远的获食方法之一。与人类驯化食物的时间相比，依靠采摘获得食物的时间占据了人类进化 99% 的时间段。采摘天然植物，已经不是今天人类获取食物的主要方式，但这种生产方式延续至今，其中一些采摘对象，如野菜、野生食用菌、野生本草药物，仍是当今人类丰富食物种类、治疗疾病的座上嘉宾。

## §2-2.1 概述

食物采摘，伴随着人类的整个发展历程，在长达数百万年的时间里，人类依靠采摘和狩猎来获取食物，延续生命，支撑种群发展。人类的食物采摘，可以分成两个阶段：历史上的采摘阶段和当今的采摘阶段。

历史上的采摘阶段。就早期人类获取食物的方式来说，比较狩猎，以采摘获取食物，其食源更稳定，操作者也更安全，因此是一种更为普遍的获食方式。在很长一个时期，人类处于母系社会，这除了早期人类群居造成的知母不知父的原因之外，与这两种劳动分工也不无关联。在人类早期，男性主营狩猎，女性从事采摘和其他劳动。获取猎物的不确定性，造成了从事采摘的女性在家庭生活中的地位更加重要，更有发言权。以采摘获取天然食物还催生了早期人类的迁徙，以色列人类学家尤瓦尔·赫拉利所著的《人类简史》中这样描述：更先进的工具和技术产生了，狩猎采集的能力也因之增强，因此周边的可作为食物的动植物将逐渐被捕光、采光；于是，部落的确是壮大了，可是人类不得不跨越更远的距离去狩猎和采集，或者不得不进行更为频繁的部落迁徙。

在长期的采摘劳动中，在获取可供饱腹、延续生命的食物时，人们发现了一些植物性食物具有"偏性"，可以用来治疗疾病。《黄帝内经·太素》中的"空腹食之为食物，患者食之为药物"，就是对"药食同源"思想的阐述。其后，随着经验的积累，食物和药物开始分化，人们也摸索出一套区别于食物采摘的本草药物的采摘、加工方法。同样是在长期的采摘实践中，人们认识到菌类不同于一般植物，是一个独立的生物类群，进而总结出一套独特的野生食用菌辨识、采摘、加工、食用的体系，在食物采摘学中独树一帜，延传至今。

当代采摘阶段。1 万年前，人类进入农业文明时代，种植业迅速扩大，采摘业逐渐萎缩。工业文明以来的高生产效率，让种植食物的产量大增，更让古老的采摘业失去了往日的辉煌，成了一种食物生产的边缘行业。当今人类的采摘，已基本脱离了饱腹，转为寻求食物的多样性，以及追寻不同的风味、多种营养乃至因某些风俗而存在。

野生菌是生长在人迹罕至处、完全处于野生状态的食用菌。其中一些珍贵品种，如黑松露、白松露、羊肚菌、牛肝菌、松茸、鸡油菌、鸡枞菌、黑虎掌、松菇等，营养丰富，味道绝佳。例如松露，因含有大量的蛋白质、氨基酸、不饱和脂肪酸、多种维生素以及锌、锰、铁、钙、磷、硒等必需微量元素，具有多种营养保健价值，被誉为"餐桌上的钻石"。由于这些野生珍菌或无法人工培养，或人工培养后风味和营养成分远低于天然环境中生长的，因此只能依靠采摘获取。据统计，目前全球松露的年产量为 1000~2500 吨，上等的意大利白松露的售价可达每千克 5000 多欧元，黑松露在日本、欧美的售价也达到每千克 500~1000 美元，远远高出人工种植的食用菌。

同样，因风味独特，至今人们对野菜的采摘仍情有独钟。一些野菜具有种植蔬菜所没有的山野味道，如藿香的浓香，荠菜的鲜香，槐花的甜香，马兰头的清香……因此吸引了大批野菜采摘者。某些民间食俗也提升了野菜的地位，例如中国江南地区在清明节必吃一种名叫青团的食品，其主要原料就是糯米粉加上采摘来的艾草。从营养分析，许多野菜所含的营养并不比种植的蔬菜低，例如蕨菜所含的蛋白质比芹菜、青椒高三倍，比番茄高二倍，荠菜、紫萁、蒲公英的胡萝卜素含量都高于胡萝卜。至于采摘来的野生中草药，更由于上佳的疗效得到人们的青睐，例如野山参、野三七的药用价值，就大大高于人工栽种的人参和三七。总之，在当今世界，采摘的整体规模虽大为缩减，但是在一些领域，以采摘获取食物的方式仍无法替代。

# §2-2.2 食物采摘学的定义和任务

## §2-2.2.1 食物采摘学的定义

食物采摘学是研究人类持续获得植物和菌类天然食物的学科，是研究人类的采摘行为与植物和菌类天然食物之间关系及规律的学科，是研究解决在利用植物和菌类天然食物过程中出现的种种问题的学科。食物采摘学是根据采摘对象的种类、数量及其分布环境特点，研究、指导和设计采摘环境、采摘工具和采摘技术，以达到采摘目的的学科。

## §2-2.2.2 食物采摘学的任务

食物采摘学的任务是在保护生态环境、保证人类可持续发展的前提下，强化对采摘环境、采摘品类、采摘方法、采摘设备的研究，以达到人类对天然食物资源的合理利用，人类与食母系统和谐发展的目标。食物采摘学的具体任务包括如何提高采摘效率，如何合理加工以保证采摘食物的质量，如何避免误采、误食有毒、有害天然物，如何在采摘的同时保护野生食物资源的可持续，如何保护生态环境不受破坏等等。

# §2-2.3 食物采摘学的体系

食物采摘学的体系以采摘对象分类，包括野生植物采摘学、野生食用菌采摘学、本草食物采摘学、采摘加工学等 4 个四级子学科（如图 2-6 所示）。

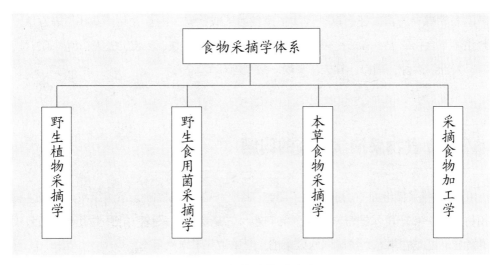

图 2-6 食物采摘学体系

野生植物采摘学。野生植物采摘学是食学的四级学科，食物采摘学的子学科。野生植物性是一种宝贵的天然食物资源，具有品种多、分布广的特点，可食部分主要有叶芽、果实、根茎等，在气候温暖的地域四季皆生，可随时随地采摘食用。从食用价值看，可以分为全菜类、叶菜类、花果菜类、根茎菜类四种，可以采用看、摸、嗅、尝的方法综合判断，准确辨认，正确采摘。

野生食用菌采摘学。野生食用菌采摘学是食学的四级学科，食物采摘学的子学科。野生食用菌味道鲜美，具有丰富的营养价值。当今世界上发现的食用菌约有 2000 种，人工培养的不足百种，商业化栽培的仅有 30 多品种，所以直到今天，野生食用菌仍是一种难以替代的天然食物。野生食用菌生长在人迹不易到达处，质地柔嫩，储存难度大，有些品种有毒，采摘不当，会对人体健康甚至生命造成威胁。因此，野生食用菌采摘学是一门实用性极强的学科。

本草食物采摘学。本草食物采摘学是食学的四级学科，食物采摘学的子学科。本草食物又称中草药，是一种特殊的偏性食物，生长的地点、采摘的时间、加工的方式的区别，让成品具有截然不同的品质和疗效，正如民谣所言，"春为茵陈夏为蒿，秋季拔了当草烧"。野生本草类食物的择地、因时、合理采摘，以及正确的加工、贮藏，对保证中药材的质量、保护和扩大药源，维护采摘地的生态平衡，具有重大意义。

采摘食物加工学。采摘食物加工学是食学的四级学科，食物采摘学的子学科。食物采摘的对象不同，加工方法也有较大的区别。对于野生植物性食物和野生食用菌来说，加工方法主要有炒、蒸、汤、馅、凉拌的鲜食法，干制、腌制、速冻、罐藏的长期保存方法，还有以现代加工设备加工成饮料、即食食品、调味品等方法；野生本草食物的加工方法比较复杂，主要有拣、洗、切块、去皮、去壳、蒸、煮、烫、熏、发汗、火燎、撞皮、揉搓、干燥、炮制等环节。

# §2-2.4 食物采摘学面临的问题

食用菌采摘学面对的问题，主要有三个，一是对采摘缺乏系统组织，给野生食用资源保护和环境保护带来一系列的问题；二是掠夺性采挖，给野生资源带来毁灭性危害；三是在生态系统脆弱地区采挖，严重破坏了自然生态。

## §2-2.4.1 对采摘缺乏系统组织

当今对野生植物食物、野生食用菌和野生本草的采摘，多属于采摘者的个体行为，多处于缺乏管理、缺乏组织、各自为政的状态。这种零散无序的采摘方式，加上商业诱惑，势必助长乱采滥采行为，给天然食物资源带来严重威胁。此外，这种零散无序的采摘，也会给后期加工带来困难，造成损失型浪费。

## §2-2.4.2 掠夺性采挖天然食物资源

野生菌、野生药材资源有限，更新能力缓慢。对它们的采挖必须坚持不超过"最大持续产量"的原则，即持续地利用某一种资源时，不能超过它的最大更新限度和最大更新能力。但是实际上，某些采摘人员受商业利益驱使，面对既珍稀又更新能力缓慢的本草或野生食用菌时，往往不顾国家和国际上相应法规，不顾行业道德规范进行掠夺性采挖，致使野生类食物资源枯竭。

## §2-2.4.3 在生态系统脆弱地区采挖

许多野生食用菌类和野生中草药，生长于生态系统脆弱区。例如野生黄芪、甘草，高山药用植物川木香、红景天，根须发达，深挖刨根必将造成生态灾难。又如搂取发菜对草场的破坏极大，每获取 75~125 克发菜，需要搂 10 亩草场，而破坏了的草场要过 10 年才能恢复。虽然政府对上述采摘行为多次明令禁止，但是一些采摘者仍明知故犯，在生态系统脆弱区偷采滥挖，严重破坏了自然生态。

在人类食物极为丰富的今天，一方面采摘而来的天然食物仍有难以替代的价值；另一方面，对天然食物的无序过度采摘，又会造成资源枯竭和自然生态的破坏。在这种态势面前，食物采摘学任重道远。

# §2-3 食物狩猎学

食物狩猎学是食学的三级学科，属于食物生产学。狩猎是人类获取天然食物的四大方式之一，食物狩猎学是研究人类以狩猎方式获取天然大型陆生动物性食物的学科，今天的主要社会作用是通过狩猎维护食母系统的生态平衡，持续地为人类提供天然大型陆生动物性食物。

狩猎，在古代仅指冬季打猎，现在已成为捕猎、打猎的专有名词。与人类驯化食物的时间相比，依靠狩猎获得食物的时间占据了人类进化 99% 的时间段。

狩猎野生动物，已经不是当今人类获取食物的主要方式，但在一些地区和族群中，仍然保留着以狩猎获取食物的传统。当今，在野生动物资源调查的基础上，进行有计划的、适度的狩猎，可以起到控制野生动物种群，维持自然生态平衡的作用。

## §2-3.1 概述

用狩猎的方式获取天然食物，和整个人类的成长历史一样长。从时间维度划分，食物狩猎可以分为远古狩猎、中近古狩猎和当代狩猎三个阶段。

远古狩猎阶段。在远古，绝大部分人类的都是狩猎采摘者。据人类学者理查德·李和欧文·德沃尔推测，在地球上生存过的所有人中，90% 是狩猎采集者，6% 是农业生产者，作为工业社会成员的只有 4%。中国学者王大有先生认为，中国大陆在 170 万年间，曾经生存过近 200 亿名猎人。考古学更清晰地证明了远古狩猎的兴盛，出土于英格兰西苏塞克斯博客的一块马骨上，留有早期人类使用石器的划痕；在对距今 3 万年的山顶洞人遗迹考古中，发现了大量的食器、火堆和兽骨，包括变种狼、中华缟鬣狗、中华剑齿虎、上丁氏鼢鼠、拟布氏田鼠、拉氏豪猪、三门马、梅氏犀、葛氏斑鹿、扁角肿骨鹿、德氏水牛和硕猕猴等等。狩猎和狩猎对象也是早期人类艺术创作的重要内容。在旧石器时代的法国拉斯科克斯洞穴的壁画上，绘有一只栩栩如生的牡鹿。在法国玛德莱娜洞穴里，曾经发现了一个成型于 15000 年前的鹿角雕塑。创作于公元前 8000 年至公元前 6000 的西班牙阿瓜阿马加壁画上，描绘了一名猎人正在追捕一头野猪的场景。这说明，狩猎是人类历史上一种不可或缺不可替代的获取食物手段。没有狩猎，就没有人类的生存和延续。

中近古狩猎阶段。1 万年前农业革命兴起，让人类生活发生了巨变，定居取代了流浪，兴盛了数百万年的采摘和狩猎，被收获更为稳定、产量更高的种植、养殖业所超越。在这一阶段，狩猎虽未消失，但其在人类的食物版图上的地盘逐渐萎缩，重要性逐渐下降。美国人类学家斯塔夫里阿诺斯推算，在旧石器文化初期从事狩猎的人口数大约为 125000 人，而到公元前 10000 年时，游牧人口约 532 万，比前者增长约 42 倍。[②]

在这一阶段，以获取天然食物为主要目标的食物狩猎规模虽然逐渐缩小，但是并没有消失。据记载，16 世纪之前，狩猎是北美洲早期移民谋取生计的手段。在非洲许多部落，常年依赖捕捉鼠类、蛇类、蜥蜴、蝙蝠、鳄鱼、青蛙、昆虫作为蛋白质来源。加拿大的爱斯基摩人、中国的鄂伦春人，更是将捕猎作为重要的生存手段。值得注意的是，在这一阶段，保护野生动物、维护生态平衡的思想已初露头角。《吕氏春秋·士容论·上农》中载有这样的法律条文：在生物繁育时期，不准砍伐山中树木，不准在泽中割草烧灰，不准用网具捕捉鸟兽，不准用网下水捕鱼。在 13 世纪末的中国元代，朝廷曾下令保护鹤类；17 世纪的倭马亚王朝，还曾下令保护鼹鼠和箭猪。原因是狩猎者发现它们有益于杀死害虫。而不打三春鸟，不射杀带着幼崽的母兽，更是一种民间的狩猎共识。

当代狩猎阶段。进入工业化社会，野生动物的急速减少，食物生产效率的快速提升，让狩猎在国计民生中的地位快速滑落，萎缩为旅游业或体育业下属的一个行业，其定位和内容也发生了很大变化，从获取食物，变为运动和娱乐。一些专业狩猎组织的建立，一些与狩猎相关的法律的制定，让人类的狩猎活动开始步入规范。1887 年，美国 Boone and Crockett 俱乐部的建立，标志着狩猎管理探索的开始。随后国际狩猎俱乐部 SCI-Safari Club In temational 和北美野羊基金会 NAFWS 相继成立，让狩猎真正进入了规范阶段。2011 年，美国有 1370 万 16 岁以上公民参加了狩猎活动，狩猎费用总计 337 亿美元。狩猎在澳大利亚也是一项重要的娱乐方式，约 90 万猎人参与其中，约占当地居民总数的 5%。1999 年欧洲的注册猎人有 650 万之多。

②斯塔夫里阿诺斯，《全球通史》，上海科学院出版社，1999 年 5 月

有 23 个非洲国家开展了狩猎运动，给经济落后的非洲国家带来不小的经济收益。

表 2-2 部分欧洲国家猎人数量

| 国家 | 猎人数量 | 占总人口百分比 |
|------|----------|----------------|
| 爱尔兰 | 350 000 | 8.9 |
| 塞浦路斯 | 45 000 | 6.4 |
| 芬兰 | 290 000 | 5.8 |
| 挪威 | 190 000 | 4.75 |
| 西班牙 | 980 000 | 2.3 |
| 法国 | 1313 000 | 2.1 |
| 英国 | 800 000 | 1.3 |
| 意大利 | 750 000 | 1.2 |
| 德国 | 340 000 | 0.4 |
| 波兰 | 100 000 | 0.3 |
| 荷兰 | 30 000 | 0.2 |

# §2-3.2 食物狩猎学的定义和任务

## §2-3.2.1 食物狩猎学的定义

食物狩猎学是研究人类持续获得天然大型陆生动物性食物的学科，是研究人类的狩猎行为与天然大型陆生动物性食物之间关系及规律的学科，是研究解决利用天然大型陆生动物性食物过程中出现的种种问题的学科。食物狩猎学是出于保护生态平衡的目的，根据当地生态环境和动物资源情况，研究、指导狩猎活动，以达到狩猎目的的学科。

凡是使用套、夹、笼、网、窖、夹剪、压木、猎枪、猎犬等各种猎具，或以其它方法猎取野生动物，开发野生动物资源的，都属于食物狩猎学的范畴。

## §2-3.2.2 食物狩猎学的任务

食物狩猎学的首要任务是保护生态环境、保证人类和自然的可持续发展，其次才是对野生动物性食物的合理猎取利用。食物狩猎学的具体任务包括对野生动物资源的研究，对猎场、猎期的研究，对猎具的研究，对猎法的研究，并通过这些研究，达到控制野生动物种群数量、保护生态环境、保证人类和自然的可持续发展的目标。

## §2-3.3 食物狩猎学的体系

食物狩猎学的体系以狩猎涉及的区分，包括动物资源学、动物保护利用学、狩猎法规学、狩猎器具学、狩猎方法学 5 个四级子学科（如图 2-7 所示）。

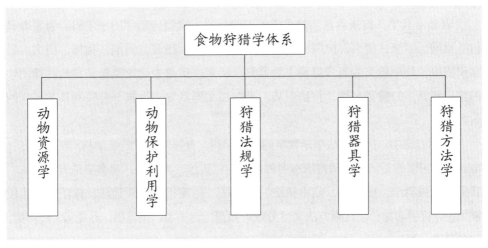

图 2-7 食物狩猎学体系

动物资源学。动物资源学是食学的四级学科，食物狩猎学的子学科。动物资源学的学术对象包括三个方面：一是动物的生长环境，包括草原环境、森林环境、水域环境和荒山荒地环境等，也包括野生动物的食物条件；二是对野生动物种类的调查，包括兽类、禽类、水生动物类、昆虫类等；三是野生动物价值的调查，包括经济价值、科学价值、游乐价值、文化价值。其中经济价值又分为食用价值、药用价值、毛皮价值、毛羽价值等。

动物保护利用学。动物保护利用学是食学的四级学科，食物狩猎学的子学科。动物的保护和利用，看似矛盾，实际上是一个统一体。对于濒危动物不仅要禁猎，更要保护它们赖以生存的自然环境，才能让它们健康发展。对非濒危动物适当的猎取，可以让剩下的动物得到更丰富的食物和更宽广的生活环境，减少种群过于密集下疾病传染机会，这不仅对野生动物是一种保护，人类也可借此获得食物、毛皮、药材等生产生活资料，一举多得。

狩猎法规学。狩猎法规学是食学的四级学科，食物狩猎学的子学科。狩猎法规分为法律和法规两个类型，国家、地方制定的法律、法规多为强制性，世界范围的法律、法规则多为约定性，以公约、名录、标准、宣言等形式出现。其中比较著名的有：世界自然保护联盟红皮书、世界自然保护联盟红色名录、生物多样性相关公约、保护野生动物迁徙物种公约、关于特别是水禽栖息地的国际重要湿地公约、濒危野生动植物种国际贸易公约、濒危物种等级标准、梅斯 - 兰德物种濒危等级标准、卡塔赫纳生物安全议定书、环境与发展宣言（联合国）、食品法典（世卫组织）、野生动物保护区体系管理法（英国）、野生动物保护法（中国）等。

狩猎器具学。狩猎器具学是食学的四级学科，食物狩猎学的子学科。狩猎器具包括猎网、猎套、猎夹、陷阱、猎窖、猎圈、猎箱、猎笼、猎洞、猎撑、猎犬、猎禽和猎枪。其中枪支为当今狩猎主要器具，猎犬、猎禽为动物类狩猎器具。辅助性的狩猎器具，如狩猎车辆、狩猎服装、猎物加工器具等，也属于狩猎器具学研究的内容。

狩猎方法学。狩猎方法学是食学的四级学科，食物狩猎学的子学科。根据地区、地貌、和习惯的不同，狩猎方法有多种，其中枪猎法、犬猎法、猎禽猎法、网猎法、套猎法、夹猎法、压猎法、陷阱猎法、圈猎法、箱笼猎法、洞猎法、撑子猎法比较常见。以狩猎对象分，狩猎方法又可分成野猪猎、狍子猎、黄羊猎、野兔猎、野鸡猎、游禽猎等多种。

# §2-3.4 食物狩猎学面临的问题

食物狩猎学面对的问题主要有两个：偷猎盗猎问题严重，滥食带来滥捕。

## §2-3.4.1 偷猎盗猎问题严重

针对野生动物保护，虽然国际社会和许多国家都制定、颁布了有关野生动物的保护法法规，但由于难以监控等问题，偷猎、盗猎现象仍屡禁不绝。大量的偷猎盗猎，造成了野生动物中"三少"现象，即经济价值高的减少，对人类有益的减少，大型动物减少。偷猎盗猎和滥捕滥猎的泛滥，还带来了较严重的生态问题，例如猛禽和食肉兽类的大量消失，导致鼠害猖獗。

## §2-3.4.2 滥食带来滥捕

没有买卖就没有杀害，对野生动物的滥猎滥捕，很大一部分是由于滥食引起的。从人类当今食物的种类、数量和营养看，已经可以满足需求，没有必要再去捕猎野生动物充作食物，可是一些人出于吃偏吃奇的心理，仍以吃到野生动物为荣。要制止对野生动物的无端杀害，必须从需求端抓起，不仅从道义上声讨这种不当行为，还要通过立法、执法，对滥食野生动物的人给予法律上的规范和制裁。

食物狩猎曾经是人类获取天然食物的重大生产活动。今天的狩猎虽然已经不是人类获取食物的主要手段，但依然可以发挥开发野生动物资源、控制野生动物种群数量、维持自然生态平衡等作用。食物狩猎学将指导人类的狩猎行为，走向更科学、更规范、更有计划性、人与动物更和谐的明天。

# §2-4 食物采集学

食物采集学是食学的三级学科，隶属于食物生产学。食物采集是人类获取天然食物的四大方式之一，食物采集学是研究人类以采集方式获取饮水、食盐类天然食物的学科，其主要社会作用是研究如何持续地为人类提供饮水、食盐等天然食物。

与采摘、狩猎等获取天然食物的方式相比，当代的食物采集非但没有趋于弱化，反倒因人类生活质量提升和资源紧缺而崛起，成为当今人类社会的不可或缺的行业，如饮水业和食盐业的兴旺发达。

## §2-4.1 概述

人类采集食物的历史可以分为三个阶段：原始采集阶段、古代采集阶段和当代采集阶段。

原始采集阶段。在人类进化的数百万年间，对水这种特殊食物的需求，要比对植物、动物类食物的需求还迫切。因为没有食物，人还可以挨上 7~10 天，没有水，生命只能维持 3~4 天。所以，人类的生存足迹总是逐水而居，靠近江河湖泊。远古时代生产力低下，盛水、饮水的器具多为木、竹、兽角、海螺、葫芦等天然材料稍作加工而成。距今约 9000~10000 年左右，人工烧制的陶器开始进入人类生活，考古证明，有相当多的出土陶器是汲器和饮器，和水相关。

对盐的采集要比对水的采集晚得多。这是因为在人类以狩猎为生的年代，动物血肉里面含有足够人体所需的盐分，不需要额外的盐分补充。只有当农业文明取代了原始文明后，因为种植出的谷物本身不含盐分，吃盐的需求才得以发生。据考证，公元前 6050 年，新石器时代的人们就开始用一种叫 briquetage 的陶器煮盐泉水制盐了。在罗马尼亚一个盐泉水旁边的考古遗迹中，曾发现一个非常古老的制盐厂。公元前 8 世纪，由凯尔特人组成的哈尔施塔特文化在中欧留下开采盐矿的痕迹。在中国福建出土的文物中发现有煎盐器具，证明了在公元前 5000 年～前 3000 年的仰韶时期，古代中国人已学会煎煮海盐。在这一时期，古人们不仅发现和利用自然盐，还把它作为引诱、驯养动物的手段。

古代采集阶段。伴随着生产工具的进步和生产力的提高，人类对盐的获取也从对海盐的煮晒扩大为对湖盐、井盐、岩盐的采集。盐不仅是人类生产和生活的必需品，还成就了帝国的统治。罗马人曾统治了西方世界几个世纪，盐成了他们强盛的助推剂。罗马人的城市都建在盐厂附近，其中最宽阔的大道也叫盐路。至今很多英文单词都来自罗马语中的 sal（盐），例如 salt（盐）、salary（工资）、sodier（士兵）。在一些地区一些时段，盐还成了薪资报酬乃至商业交易中的通用媒介。社会需求量大，获取成本小，让盐成了统治者攫取暴利的工具。在中国古代社会，盐是实行专卖时间最长、范围最广、造成经济影响最大的品种。在盐专卖制度下，盐的生产、销售和定价都由官府组织执行，在唐朝，朝廷的一半收入来自盐的销售。

世界上最早的饮水工程分别由罗马人和中国人建造。2300 年前，罗马人开始修建城市供水工程，他们用一个世纪的时间修建起第一条渠道，之后又用 500 年的时间修了 11 条渠道，每条水渠的长度在 16 公里至 80 公里之间，断面积为 0.7~5 平方米不等。水渠送来的水，一部分用铅管直接送入贵族家里，市民则用牛车拉着盛水器到配水站买水。同样是 2300 年前，地处东方的中国人也开始建造自己的饮用水供水工程。为了解决城市供水问题，中国古代的阳城人从山的北面把河水引入输水管道。输水管道是陶制的，埋在地下，其中还设有调压进气装置，止水、放水的阀门，储水池，存水的陶缸。以当时的生产能力，能设计、制作出这样的自来水系统设备，确实令人惊叹。

当代采集阶段。在很长的一段时间内，水和空气、阳光一样，是大自然赐予的生存必需品，并不具有商品性质。但进入工业化社会后，水的性质发生了变化，起码在饮用水领域，它演变成一种名副其实的商品。1852 年，世界上第一座自来水厂在美国建成，1897 年，世界上第一座污水处理厂在英国建成，至此，人类进入了饮用水的当代采集阶段，而瓶装水的出现，更让饮用水的采集和销售登上了一个新的台阶。瓶装水是指密封于塑料、玻璃等容器中可直接饮用的水，包括天然矿泉水、天然泉水、纯净水、矿物质水以及其他饮用水等。早在 1767 年，就有瓶装水在美国销售的记录，但落后的包装给运输和销售带来困难，瓶装水并没有形成气候。直到19 世纪初，更便宜、更容易批量生产的浸渍玻璃瓶子问世，才让这一行业重现生机。20 世纪 70 年代和 80 年代是瓶装水行业的真正转折点，这一阶段，可以承受碳酸饮料的压力，又比玻璃轻的 PET 瓶问世，加上人们对管道饮用水卫生安全的疑虑，推动了瓶装水行业的大规模发展。至 2017 年，瓶装水在美国的销量为 518.6 亿升，比上一年销量增长了 7%，产值达到 185 亿美元。即使在中国这样的发展中国家，瓶装水也从高高在上的天使演化为大众饮料。据中商产业研究院提供的数据，2018 年 1–2 月，中国包装饮用水产量为 1197 万吨，同比增加 3.02%（如图 2-8 所示）。

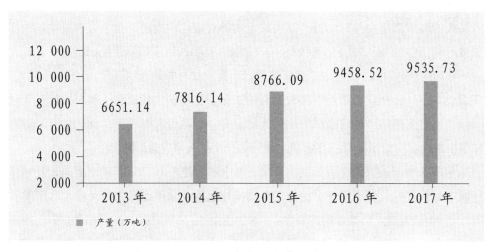

图 2-8 2013–2017 年中国瓶装水产量增长

进入当代社会以来，盐的产量一直稳步增长，但是用途却发生了很大变化，原因是工业革命推动了化学工业的崛起。2015 年全球化学工业的用盐量达到当年盐产总量的 57%，在西欧和中国，这一比例更高达 66% 和 73%，而同年的食用盐消费，只分别占到 23%、7% 和 16%（如图 2-9 所示）。

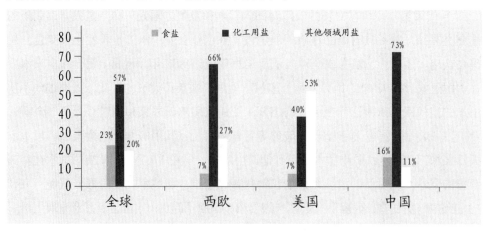

图 2-9 2015 年全球盐消费结构百分比①

据统计，2016 年盐生产量排在前五位的国家是中国、美国、印度、德国和加拿大。这五个国家的生产量占世界生产总量的 60% 以上，其中排名第一的中国占 27%。紧随其后的五个国家是澳大利亚、墨西哥、智利、荷兰和巴西。前十位国家盐生产总量约占世界生产总量的 75%。

# §2-4.2 食物采集学的定义和任务

## §2-4.2.1 食物采集学的定义

食物采集学是研究人类持续获得天然矿物性食物的学科，是研究人类的采集行为与饮水、食盐等天然矿物性食物之间关系及规律的学科，是研究解决采集天然矿物性食物过程中出现的种种问题的学科。食物采集学是根据采集对象的种类、数量及其分布的环境特点，研究、指导和设计采集规划、采集工具和采集技术，以达到采集目的的学科。

## §2-4.2.2 食物采集学的任务

食物采集学的任务是在保护采集区域生态环境、保证人类可持续发展的前提下，完成对天然食物的采集。食物采集学具体任务是通过对采集资源的研究，对采集环境的研究，对采集方法的研究，对采集技术的研究，对采集设备的研究，达到人类对矿物质资源和水资源的合理利用、人类和食母系统和谐发展的采集目标。

# §2-4.3 食物采集学的体系

食物采集学的体系按照被采集对象分类，分为食盐采集学、饮用水采集学 2 个四级子学科（如图 2-10 所示）。

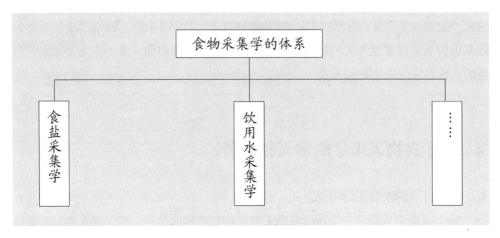

图 2-10 食物采集学的体系

食盐采集学。食盐采集学是食学的四级学科，食物采集学的子学科。食用盐是当今人类厨房中一种极为普通的调料，又是一种人类维持生命必不可少的矿物质，每个健康的成年人体内，都含有大约250克盐。人类的呼吸、消化都需要盐，如果没有盐，人体就不能运送营养和氧气，也不能传递神经脉冲。盐如此重要，难怪古希腊盲诗人荷马将其称为"神赐之物"。食盐采集学，就是研究对这种"神赐之物"采集、加工的学科。

饮用水采集学。饮用水采集学是食学的四级学科，食物采集学的子学科。水是人体的重要组成部分，也是新陈代谢的必要媒介。人体每天消耗的水分中，约有一半需要直接喝饮用水来补充，成人每天大约需要补充1200毫升左右的水分。人类的饮用水包括干净的天然泉水、井水、河水和湖水，也包括经过加工处理过的矿泉水、纯净水等。从容器区分，加工过的饮用水有瓶装水、桶装水、管道直饮水等。饮用水采集学是研究上述水的采集与加工的学科。

## §2-4.4 食物采集学面临的问题

食物采集学面对的问题有两个：一是开采过度＋人口激增引爆淡水危机；二是40％的河流被污染，数千万人饮用污水死亡。

### §2-4.4.1 人口激增＋开采过度引爆淡水危机

地球 70% 以上的面积被水覆盖，表面看是个最不缺水的"水球"，但是实际上，这 13.6 亿立方千米的总储水量中，97% 是苦涩的海洋咸水，可供人类利用和饮用的淡水只占 3% 左右。而这 3% 的淡水中，有 2.66% 是难以开发利用的两极冰川和永冻带的冰雪，可供人类利用的淡水资源只占地球淡水资源总量的 0.34%。而与此同时，人口的数量却以爆炸式增长着，人类对淡水的需求量以每年 6% 的速度增加。人口的增加带来过度开采，地下水位急速下降，当今全世界 200 多个国家和地区中，有 70 个国家和地区严重缺水。联合国曾针对这一问题发出警告：石油危机之后的下一个危机便是水。

### §2-4.4.2 40% 的河流被污染，数千万人饮用污水死亡

由于人类对森林资源破坏性的砍伐，工业废水的大量排放，人口数量的不断增多，水污染问题日益严重，可供人类饮用的水源大量减少。据统计，如今全世界每年大约有 400 亿立方米的污水排入江河，仅此一项就占世界总淡水量的 14%；工业废水的排放，已使全世界河流稳定量的 40% 受到严重污染，让世界上 10 亿人口得不到符合标准的饮用水。据国际自来水协会公布的资料，当今每年有 2500 万 5 岁以下的儿童因饮用污染的水生病致死。在发展中国家，每年因缺乏清洁卫生的饮用水造成的死亡人数，高达 1240 万人以上，实在触目惊心！

食盐和饮用水，是人类每天都需要的天然食物，普通却不平凡。食物采集学将指导人类对它们科学采集，合理利用，在采集的同时保护天然食物资源，保护食生态环境，确保它们的可持续发展。

# §2-5 食物捕捞学

　　食物捕捞学是食学的三级学科，隶属于食物生产学。食物捕捞是人类获取天然食物的四大方式之一，食物捕捞学是研究人类以捕捞方式获取天然水生食物的学科，其主要社会作用是研究如何持续地为人类提供水生动物类天然食物。

　　用捕捞方式获取天然食物，是人类最久远的获食方法之一。同食物采集一样，随着科技水平的进步和捕捞器具的发展，它非但没有走向弱化，反倒成为当今人类社会中日渐壮大的行业，尤其是远洋捕捞。

## §2-5.1 概述

　　从时间维度划分，食物捕捞学可以分为原始捕捞、工业社会捕捞和当代捕捞三个阶段。

　　原始捕捞阶段。捕捞天然鱼类和其他水生经济动物，是人类最早获取得食物的手段之一。公元前 3200 年流行于两河流域的楔形文字中，已经有了象形的"鱼"字。著名的希腊阿克罗蒂里"西屋"壁画中，有一幅名为年轻渔夫的壁画，表现的就是公元 1600 年前一位渔夫双手各持一串捕获的鱼的场景。在距今 1~2 万年的北京周口店山顶洞文化遗迹中，有很多当时人类食用后的鱼骨。在中国陕西半坡遗址中，发现过骨制的鱼叉和鱼钩。

　　种植业和养殖业诞生之后，捕捞仍是一项重要的食物获取方式。中国春秋战国时代（公元前 770~ 前 220 年）撰写的《易经》中，有渔具和渔法的记载。汉代（公元前 206~ 公元 220 年）成书的《尔雅》中，记载了"九罭""罛"等多种复杂的渔具和渔法。

　　工业社会捕捞阶段。从 18 世纪后期起，人类进入工业化社会。随着生产技术的不断发展，捕捞作业逐步由沿岸向外海或深水发展，规模也逐步扩大。19 世纪末渔船使用蒸汽机为动力，20 世纪初渔船的蒸汽机为柴油机所代替，引起捕捞业的巨大变化。第二次世界大战后，海洋捕捞业进入大发展时期。1960 年世界渔获量达 3394 万吨。其后发展更为迅速，不但渔船大型化，在助渔导航仪表、渔具、渔法、渔获物保鲜和加工等方面，都日益完善，捕捞活动迅速向深海、远洋发展。在这一阶段，捕捞业为人类提供了大量动物性蛋白质。但是有些海域因捕捞过度，损害了渔业资源的再生能力，导致资源衰退。

当代捕捞阶段。进入 21 世纪，人类的捕捞业也翻开了新的一页。2014 年，全球捕捞渔业总产量为 9340 万吨，其中 8150 万吨来自海洋水域，1190 万吨来自内陆水域；2014 年世界渔船总数估计约为 460 万艘；2014 年共有 5660 万人在捕捞渔业和水产养殖业初级部门就业，包括全职就业和兼职就业。据统计，半个世纪以来，食用水产品的全球供应量增速已超过人口增速，1961-2013 年间年均增幅为 3.2%，比人口增速高一倍。世界人均水产品消费量已从 20 世纪 60 年代的 9.9 千克提高到 2013 年的 19.7 千克。水产品成了世界食品贸易中最大宗商品之一。

为了保护和合理利用渔业资源，许多国家已经根据渔业资源调查，利用数学模型、电子计算机技术评估资源量，确定许可渔获量，并采取规定禁渔区、禁渔期，限制捕捞力量、品种和规格等措施，对渔业资源给予保护。2015 年 9 月，联合国各成员国通过了《2030 年可持续发展议程》，对全球经济、社会和环境各方面的可持续发展做出了史无前例的承诺。该议程为水产捕捞业对粮食安全和营养所做的贡献及其在自然资源利用方面的行为规范设定了目标。

# §2-5.2 食物捕捞学的定义和任务

## §2-5.2.1 食物捕捞学的定义

食物捕捞学是研究人类持续获得天然水生食物的学科，是研究人类的捕捞行为与天然水生食物之间关系及规律的学科，是研究解决捕捞天然水生食物过程中的种种问题的学科。食物捕捞学是根据捕捞对象的种类、数量及其分布习性和渔场环境特点，指导、研究和设计捕捞工具和捕捞技术，以达到捕捞目的的学科。

## §2-5.2.2 食物捕捞学的任务

食物捕捞学的任务是在保护水域生态环境、保证人类可持续发展的前提下，研究天然水生食物的利用。食物捕捞学的具体任务是通过对渔业资源、渔场、渔期和环境条件的研究，对渔法的研究，对渔船和捕捞设备、仪器的研究，达到人类对水生食物资源的合理利用。

# §2-5.3 食物捕捞学的体系

食物捕捞学的体系按照捕捞作业的水域和捕捞器具划分，分为内陆捕捞学、沿岸捕捞学、近海捕捞学、外海捕捞学、远洋捕捞学和捕捞器具学等 6 个四级子学科（如图 2-11 所示）。

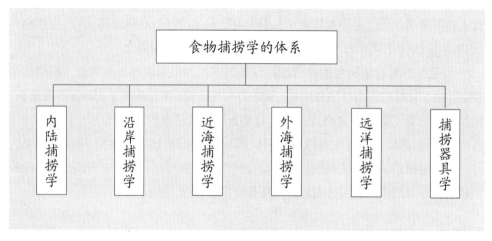

图 2-11 食物捕捞学的体系

内陆捕捞学。内陆捕捞学是食学的四级学科，食物捕捞学的子学科。内陆捕捞又叫内陆水域大水面捕捞，是指对江、湖、水库等大水面的捕捞作业。由于水面宽广，水深较深，库容较大，这些水域有较多自然生长的鱼类和其他经济水产动物可供捕捞利用。这些水面环境条件多样，渔业资源多样，捕捞渔具和渔法也多种多样，常用的有刺网、拖网和地拉网等，在水深百米的水库，还可以用环围网、浮拖网、变水层拖网等。渔法可采用拦、赶、刺、张等联合渔法，在寒冷地区冬季水面，还可采用冰下大拉网作业。

沿岸捕捞学。沿岸捕捞学是食学的四级学科，食物捕捞学的子学科。沿岸捕捞又叫沿海水域捕捞，指从潮间带起到水深 40 米以内海域的捕捞作业。这一海域既是各种主要经济鱼类、虾类、蟹类的产卵、育肥场所，又是广阔的潮间带区域，是人类捕捞的传统渔场。主要捕捞渔具有刺网、围网、拖网、地拉网、张网、建网、插网、敷网、掩网以及钓具等。

近海捕捞学。近海捕捞学是食学的四级学科，食物捕捞学的子学科。近海捕捞又叫近海水域捕捞，是指水深 40~100 米范围里的捕捞作业。这一海域是各种主要经济鱼类、虾类、蟹类的洄游、索饵和越冬的场所，渔业资源比较丰富，是海洋捕捞作业的主要渔场。主要渔具有刺网、围网、拖网、钓具等。随着沿海水域捕捞强度增大渔业资源减少，控制捕捞强度，合理利用资源是近海捕捞的当务之急。

外海捕捞学。外海捕捞学是食学的四级学科，食物捕捞学的子学科。外海捕捞又叫外海水域捕捞，是指在水深 100 米以上的外海海域的捕捞作业。外海海域渔业资源比较丰富，主要渔具有刺网、围网、拖网和钓具等。外海海域离陆岸较远，对渔船、渔具装备要求较高，捕捞成本较大，但外海捕捞可以充分利用海洋渔业资源，在沿岸和近海海域资源减少的情况下，应该提倡和发展。

远洋捕捞学。远洋捕捞学是食学的四级学科，食物捕捞学的子学科。远洋捕捞有两个概念，一是指远离本国大陆 200 海里以外远洋海域的捕捞作业，包括水深超过 200 米以上的深海和公海海域的捕捞作业。二是指远离本国大陆，到其他国家和地区的沿海和近海海域捕捞作业。后一种被称为过洋性远洋捕捞。由于这种捕捞是在其他国家和地区的沿海和近海海域，需要与其签订渔业协定，缴纳捕捞税或资源使用费，使用的渔船和渔具都要符合当地标准。

捕捞器具学。捕捞器具学是食学的四级学科，食物捕捞学的子学科。捕捞器具分为渔船和渔具两大部分。渔船是进行鱼类捕捞、加工、运输、辅助作业的船舶统称，按作业水域分为海洋渔船和淡水渔船，海洋渔船又分为沿岸、近海、远洋渔船；按船体材料分为为木质、钢质、玻璃钢质、铝合金质、钢丝网水泥渔船以及混合结构渔船；按推进方式分为机动、风帆、手动渔船；按渔船所担负的任务可分为捕捞渔船和渔业辅助船。渔具一般分为刺网、围网、拖网、地拉网、张网、敷网、抄网、掩罩、陷阱、钓具、耙刺、笼壶等 12 类。

# §2-5.4 食物捕捞学面临的问题

作为人类最为久远的天然食物获取方式之一，捕捞业在发展壮大的同时，也面临着诸多困惑和问题，表现突出的有三个：过度捕捞造成渔业资源巨减，对捕捞器具的管控不够，浪费现象严重。

## §2-5.4.1 过度捕捞造成资源萎缩

环境污染加上人类多年的过度捕捞，造成了渔业资源尤其是内陆、沿岸、近海天然渔业资源逐渐萎缩，有些地方接近枯竭。2012 年联合国一份报告中指出，多年来的过度捕捞和沿海地区管理不当，已导致全球 32% 的渔业资源枯竭，大约 90% 的野生鱼类正面临过度捕捞，全世界 17 个重点海洋渔业海区中，已有 13 个处于资源枯竭或产量急剧下降状态。据联合国粮农组织对受评估的商品化水产种群的分析，处于生物学可持续状态的水产种群所占比例已从 1974 年的 90% 降至 2013 年的 68.6%，估计有 31.4% 的种群遭到过度捕捞，处于生物学不可持续状态。要改变这种状况，仍任重道远。

## §2-5.4.2 对资源破坏型渔具渔法管制不够

由于管理不严，一些严重破坏渔业资源的渔具渔法依然存在。部分从业者为了追求捕获效益，私自增加携带和使用的渔具数量，采用捕捞能力更强的渔具，拖网作业船的功率越来越大，网目越做越小，使用禁用网具进行掠夺性捕捞。要改变这种状况，只靠制定相关法律法规是不够的，必须严厉执法，加强对资源破坏型渔具渔法管制，才能在根本上保护渔业生态环境。

## §2-5.4.3 浪费现象严重

出于经济效益考虑，将渔获物丢弃是捕捞业一个长期存在的问题。针对这一问题，联合国粮农组织曾经委托相关部门就渔业兼捕和丢弃物开展过两次全球性评估。其中 1994 年全球每年平均丢弃量为 2700 万吨，2014 年全球每年平均丢弃量估计为 730 万吨。丢弃量虽大幅减少，但仍是一个巨大的数字。在食物将成为稀缺品的今天，这种将已经到手的食物又丢弃的浪费，实在触目惊心。

食物是人类必需的奢侈品，野生水产品是人类天然食物的重要组成部分，捕捞业是人类自古至今的重要行业。食物捕捞学将指导政府部门、行业组织和捕捞企业，制定相关法规，强化监管力度，强化行业自律，制定科学合理的生产计划，保护食生态环境，确保捕捞行业的可持续发展。

# 驯化食物

　　本单元包含食学的 3 个三级学科：食物种植学、食物养殖学和食物培养学。从食学体系看，食物种植学、食物养殖学和食物培养学都属于本体学科。从学科成熟度看，它们都属于老学科。

　　把食物种植学、食物养殖学和食物培养学归于同一单元论述，因为它们的本质都是人类对天然食物的一种驯化。其中食物种植是人类对可食性植物的驯化，目的是为人类提供优质的可食性植物食源。食物养殖是人类对可食性动物的驯化，目的是为人类提供优质的可食性动物食源。食物培养学是对可食性真菌的驯化，目的是为人类提供优质的菌类食物。

　　驯化食物始于 1 万年前，今天已是人类获取食物的主要方式。从采撷野生植物到种植植物，从捕获野生动物到养殖动物，从采摘天然菌类食物到培养菌类食物，都是一种人类对自然物种驯化的行为。食物的驯化使人类的食物来源趋于稳定和充实。

　　人类驯化食物经历了如下几个阶段：驯化阶段、高效驯化阶段、超高效驯化阶段、适度效率阶段。这是在不同的社会条件、科技基础上形成的。如今，在不同的地域空间，所处的阶段不同。一些经济欠发达的地区，正在努力从第二阶段向第三阶段进军。一些发达国家正在从第三阶段向第四阶段迈进。

　　植物驯化领域规模巨大，在全球 1.3 亿平方千米的陆地面积中，耕地面积接近 14 亿公顷，约占全球陆地面积的 11%。2012 年，在世界 71.3 亿人口中，有 26.2 亿是农业人口，占 36.7%；年生产粮食 25 亿吨，油料种子 4.5

亿吨，糖料 1.6 亿吨，蔬菜 9.5 亿吨，贡献了人类食物生产总量的近 80%。人类已经大规模驯养了四五十种陆地动物和许多水生动物，以及几十种菌类食物，为种群延续提供了丰富的食物。2010 年，世界肉类产量为 28155 万吨，2014 年世界水产鱼类养殖量为 7380 万吨②。2010 年，全球菌类食物年产量超过 10 万吨以上的国家已有 9 个，其中中国更是高达 2261 万吨。

当今，在驯化食物领域，在效率快速提升的同时，也带来了许多问题。主要表现在这几个方面：一是触碰到了生态的"天花板"，食物生产过程造成了环境污染和生态破坏；二是过度追求食物生产效率，在产量上升的同时，食物质量却呈下滑趋势；三是为了追求食物生产效率，对化肥和药物超量、不当使用，给人类的健康造成了危害。食物生产的效率，是人类智慧的结晶，是文明的重要内容。食物生产的超高效率，是工业文明的结果，也是当今"问题食物"的温床。什么样的食效率才能与人类生存与发展合拍，人类应该追求什么样的食效率，这应该引起我们的极大重视。

本单元的学术创新点在于提出"超高效""伪高效"的概念，揭示了超高效即伪高效的本质，指出超高效生产的食物，威胁到食物利用的效率，所以是一种伪高效。

---

②联合国粮食及农业组织（FAO）：《2016 年世界渔业和水产养殖状况》。

# §2-6 食物种植学

食物种植学是食学的三级学科，食物种植是人类四大食物生产范式之一。食物种植是人类对可食性植物的栽培，食物种植学在食学体系里的主要作用是研究如何为人类提供优质的植物性食物。

食物种植学是食产学体系里形成最早的学科，和农学的狭义概念一致。食物种植的缺陷是，单一品种大面积驯化，短期循环，碳汇远低于林业。

食物种植是当代人类社会的重要食物之源，是一个政体的经济基础。"手中有粮，心中不慌"，食物种植业的稳定发展对人类具有重要意义，食物种植业的发展历史，也是人类利用自然、改造自然的历史。尽管现代科学的发展十分迅速，我们还将长期依赖食物种植来维持自身的生存和发展。

食物种植有三种模式：生态种植，化学种植，有机种植（如图 2-12 所示）。生态种植的特点是低效、食物质量优、环境污染少、可持续性强。化学种植（又称石油种植、高效种植）的特点是高效、食物质量差、环境污染严重。有机种植介于二者之间。

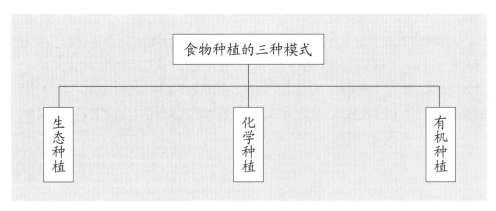

图 2-12 食物种植的三种模式

# §2-6.1 概述

食物种植，是人类一个古老的行业。诞生于1万年前，发展至今，人类食物生产总量的近80%都是食物种植业所贡献的。进入21世纪后，许多国家、地区的种植业已经实现了从生态种植向化学种植的转化，种植业在经济全球化和现代科技进步等大背景下发生了深刻的变化与发展。传统的生态种植，效率低、污染少、质量优且可持续性强。当代的化学种植效率高、污染多、质量差且可持续性差。但无论如何发展，种植业都始终是最基础的物质生产部门。截至2014年，全世界可耕土地的总面积约为14亿公顷。

生态种植阶段。关于食物种植的起源，美国人文与科学院院士康拉德·菲利普·科塔克在所著的《人类学》中指出："中东地处四种食物环境的交界处，就在这个特殊的地方，人类首先开始了食物生产……食物生产帮助游牧民族结束了四处流浪、为了寻找食物到处奔波的处境，开始稳定下来，在种植粮食的土地和水源附近建造村庄，过上了定居的生活。"③

早期的食物种植诞生于距今10000年至4000年的新石器时代，人类用石头、木材、骨头等制成工具进入"刀耕火种"时期，种植技术原始粗放。而后，随着生产力发展，随着生产工具和技术的改善，食物种植业不断进步，出现了金属工具，以及育种、栽培、耕作、养殖等观念，进入一个新的发展时期。种植不仅提高了食源的稳定性，还推动了人类定居和部落化的进程，并提供了间接的动物性食物——饲料。

对种植学的研究很早之前就已经存在。世界最早的种植学专著是成书于西汉的《氾胜之书》，总结了黄河流域人们的劳动经验，记载了耕作原则和作物栽培技术；《齐民要术》则有"顺天时，量地力，则用力少而成功多""任情返道，劳而无获"的著名论述。此后《农书》《农政全书》等一系列影响深远的种植类著作相继问世。

---

③［美］康拉德·菲利普·科塔克：《人类学》，庄孔韶译，中国人民大学出版社2008年版，第213、第217页。

表 2-3 世界早期主要作物类型举例[④]

| 地区 | 世界早期主要作物类型 | | | | |
| --- | --- | --- | --- | --- | --- |
| | 谷物 其他禾本科 植物 | 豆类 | 纤维 | 根 块茎 | 瓜类 |
| 新月沃地 | 二粒小麦、单粒小麦、大麦 | 豌豆、兵豆、鹰嘴豆 | 亚麻 | — | 甜瓜 |
| 中国 | 粟、蜀黍、稻米 | 大豆、赤豆、绿豆 | 大麻 | — | 甜瓜 |
| 中美洲 | 玉米 | 菜豆、宽叶菜豆、红花菜豆 | 棉花 (G.hirsutum)、丝兰、龙舌兰 | 豆薯 | 南瓜属植物(C. pepo, etc.) |
| 安第斯山脉、亚马孙河流域 | 昆诺阿藜、玉米 | 利马豆、菜豆、花生 | 棉花 (G.barbadense) | 木薯、甘薯、马铃薯、园齿酢浆草的块茎 | 南瓜属植物 (C. maxima, etc.) |
| 西非和萨赫勒地带 | 高粱、珍珠稗、非洲稻米 | 豇豆、野豆 | 棉花 (G.herbaceum) | 非洲薯蓣 | 西瓜、葫芦 |
| 印度 | 小麦、大麦、稻米、高粱、小米 | 风信子豆、黑绿豆、绿豆 | 棉花 (G.arboreum)、亚麻 | — | 黄瓜 |
| 埃塞俄比亚 | 画眉草、小米、小麦、大麦 | 豌豆、兵豆 | 亚麻 | — | — |
| 美国东部 | 五月草、小大麦、篇蓄、藜科植物 | — | — | 菊芋 | 南瓜属植物 (C. pepo) |
| 新几内亚 | 甘蔗 | — | — | 薯蓣、芋艿 | |

化学种植阶段。1815 年英国的泰尔（A.B.Thear）出版了《合理农业原理》一书，

---

[④] ［美］贾雷德·戴蒙德：《枪炮、病菌与钢铁》，谢延光译，上海译文出版社 2014 年版，第 118-119 页。

倡导创立以种植业为对象的农学。也有人认为，1840 年李比希《有机化学在农业和生理学上的应用》的出版，标志着化学种植阶段的开始。

这一阶段的特色是随着大机械的进入，种植业开始进入集约化时代，同时人工合成的添加物也开始进入种植业，并呈愈演愈烈的趋势，极大地提升了生产效率，同时也对农作物的质量和生态环境带来危机。2018 年全球化肥使用量超过 2 亿吨，比 2008 年增加 25%。1980 年前后至 2008 年，世界农业灌溉面积由 2.1 亿公顷增至 2.9 亿公顷，增长 38.7%。2005 年，全球劳动力总数高达 32 亿人，其中从事农业的劳动力有 13 亿人，占比高达 40%。总体来看，随着劳动生产率的提升，从事种植业的人数呈逐渐下降的趋势。200 年前，世界农业人口占总人口 80% 以上，2000 年占 51%，现在已经低于 40%。发达国家的农业人口比例已经降到 10% 以下[5]，其中美国只占 1%~2%。每个农业劳动力实现的农业增加值，世界平均为 695 美元，发达国家为 5680 美元，发展中国家为 558 美元，中国为 349 美元。凝聚在劳动者身上的知识、技能和综合能力，对生产率的提高起到了显著的促进作用。

另外，为了发展种植业，不同国家根据国情纷纷采取不同的政策。法国的"理性农业"发展模式让其实现了由传统农业向现代化农业的转变，一举成为能够和美国比肩的世界农产品和食品出口量第二的农业大国。在 2012 年加入世贸组织后，农业被俄罗斯视为受到冲击较强的重点保护领域，政府及金融机构在世贸规则允许的范围内，不断完善对农业的扶持补贴政策，希望尽快提高俄国农业竞争力。农业信息化代表着信息经济与知识经济时代农业生产力发展的最新要求。美国农业信息化起步早，信息化设施完善、职能化和个性化服务质量高、组织化程度高。正是农业信息化，推动了美国精准农业的发展。

# §2-6.2 食物种植学的定义和任务

## §2-6.2.1 食物种植学的定义

食物种植学是研究人类驯化可食性植物生长规律的学科。食物种植学是研究人

---

[5] 任玉岭：《"三农"与城市化 现代化战略必须突破的一个问题的两方面》，《现代化的机遇与挑战—第八期中国现代化研究论坛论文集》，2010 年。

类种植行为与食物之间关系的学科。食物种植学是解决人类食物种植过程中的种种问题的学科。

食物种植学是研究以获取食物为目的，通过人工对植物的栽培，取得粮食、蔬菜、水果、饲料等产品的学科。食物种植学是研究把光能转化为化学能，贮存到植物体中并通过食物供给人体的学科。

## §2-6.2.2 食物种植学的任务

食物种植学的任务是指导人类可持续地驯化可食性植物，从而保障人类植物性食物的数量与质量。种植业是现代社会最重要的生产方式，具有不可替代的作用。食物种植学的任务是：尽可能减少对环境的负面影响，使种植业的开发程度限定在生态可接受的范围之内。这是现代种植业的发展方向，同时也是食物种植学面对的主要任务。

食物种植学的具体任务是探索作物生长发育、产量和品质形成规律及其与环境条件的关系，探索通过栽培管理、生长调控和优化决策等途径，实现作物高产、优质及可持续发展的理论、方法与技术，为解决全球粮食安全问题做出贡献。

## §2-6.3 食物种植学的体系

食物种植学是食学的三级学科，下辖 8 个四级子学科，分别是种植土壤学、种植育种学、种植栽培学、种植肥料学、病虫害防治学、种植药物学、种植设备学、水域种植学。这一体系着眼于食物种植学大系统，力求突出系统性、综合性，便于我们厘清食物与种植学的关系，有利于我们发现食物种植学面临的问题，并以解决问题为导向，实现食物种植的良性发展（如图 2-13 所示）。

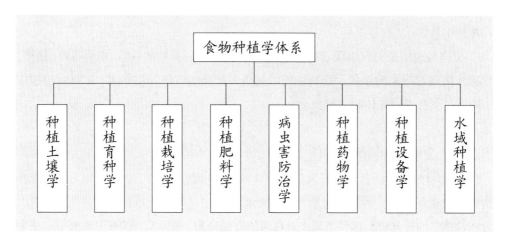

图 2-13 食物种植学体系

种植土壤学。种植土壤学是食学的四级学科，是食物种植学的子学科。土壤是指覆盖在地球陆地表面，能够生长植物的疏松层。它是农业生产的基本生产资料。土壤就是农作物的生长基地。土壤在整个地球的厚度恰如人类人体的表皮，但正是这一极薄的层次承载着人类文明的产生、保护和发展。在种植学领域，土壤主要是用于植物的种植、培育，所谓"万物土中生，有土斯有粮"。土壤最根本的作用是为作物提供养分和水分，同时也作为作物根系伸展、固持的介质。土壤不仅能储存、供应养分，而且在土壤中各种养分都进行着一系列生物的、化学的和物理的转化作用。

种植育种学。种植育种学是食学的四级学科，是食物种植学的子学科。在本学科中，育种学强调植物育种，以此为前提，食物育种学是指选育和繁殖植物优良品种的理论和方法的学科。作物育种是运用遗传变异规律，通过改良作物的遗传素质和群体的遗传结构，选育出符合人类需要的优良品种的技术措施。当下国际形势，还存在粮种被控制、粮价攀升的问题，以及种子的生产方法受专利保护的问题，让农民失去了种粮的主动权。食物育种学的一个主要目的是提高农作物的营养价值、安全性和口感。种植育种学的任务就是通过筛选和技术处理，将种子不断优化，以产出质优量足且成本低的种子，从而提高农作物产量和品质。

种植栽培学。种植栽培学是食学的四级学科，是食物种植学的子学科。食物栽培学是农学的一个分支，以研究作物的生长发育规律与环境条件的关系、有关的调节控制技术及其原理为主要任务，是一门综合性的技术学科。它的研究和应用，对于提高作物产品的数量和质量、降低生产成本、提高劳动效率和经济效益具有重要意义。种植栽培学的内容极其丰富且综合性强，又密切联系生产实际，旨在在尊重植物生长规律的基础上，提出相应的栽培技术措施。

种植肥料学。种植肥料学是食学的四级学科，是食物种植学的子学科。肥料是指提供一种或一种以上植物必需的营养元素，能够改善土壤性质、提高土壤肥力水平的一类物质，是农业生产的物质基础之一。主要包括磷酸铵类肥料、大量元素水溶性肥料、中量元素肥料、生物肥料、有机肥料、多维场能浓缩有机肥等。为适应农业现代化发展的需要，化学肥料正朝着高效复合化方向发展，同时伴随施肥机械化、运肥管道化、水肥喷灌仪表化。种植肥料学则在研究肥料与植物的关系、提高植物产量的同时，将避免土壤性质恶化和环境污染、保持农业生态平衡作为主要研究目标。

病虫害防治学。病虫害防治学是食学的四级学科，是食物种植学的子学科。病虫害主要是指作物受到病原物侵袭，造成形态、生理和组织上的病变，影响作物正常生长发育，甚至发生局部坏死或全部死亡的病害。寄主和病原体是形成病害的两个因素。由于种类不同，诱发的病因也大不相同，因此病虫害的形式也就多种多样，诸如烟草花叶病、水稻萎缩病、玉米黑粉病等。病虫害学的主要任务是预防、避免、控制、解决病虫害，最终达到为人类提供优质、充足食物的目的。

种植药物学。种植药物学是食学的四级学科，是食物种植学的子学科。种植药物学在食物种植领域即食物农药学，是一门研究农药化学、农药毒理学、农药与环境相互作用以及农药加工与应用技术的学科，是植物保护学的重要组成部分。种植药物学是以农药开发与应用为目标的应用基础理论学科，形成时期较晚。它是在农药化学、农药毒理学、植物化学保护、农药加工、农药环境毒理学的基础上形成的新兴学科。种植药物学原称农药学，因为农药（pesticides）的含义和范围，在不同的时代、不同的国家和地区有所差异，本书将其命名为更为准确全面的种植药物学。

种植设备学。种植设备学是食学的四级学科，是食物种植学的子学科。种植设备是指在作物种植中，能够代替人力和畜力的机械设备。种植设备的出现以及大型种植设备的普及标志着食物种植进入了机械化阶段。种植设备的出现标志着传统农业向现代农业转变，适应了大规模的农业生产模式，极大地解放了劳动力，提高了农作效率和农作物产量。所以，种植设备学是以实现低投入、低成本为目的，在规模化、专业化、产业化、高档化、智能化的基础上，最终实现农作物可持续的高产出、高质量。

水域种植学。水域种植学是食学的四级学科，是食物种植学的子学科。水域种植是指在无土的情况下，在水中培育，大多是通过叶绿素进行光合作用，以产生可供人类食用的植物。按照含盐量分为可食淡水植物和可食咸水植物。可食淡水植物像菱角、茭白、鸡头米、蒲菜等；可食咸水植物像海带、裙带菜、海白菜、紫菜等。2014 年世界水产养殖的鱼和植物总产量（活体重量）达 1.011 亿吨，其中养殖的水生植物约为 2730 万吨，占总量的四分之一。在土地资源紧张的情况下，水域种植的意义显得尤为突出。

# §2-6.4 食物种植学面临的问题

放眼世界，食物种植业始终是社会稳定的基础，满足了人类 60% 以上的食物供给。种植业的碳排放主要来源于化肥、农药、地膜、种植机械和灌溉等。目前食物种植学仍然面临着四大问题：一是可种植土地的减少与污染；二是种植用水的减少与污染；三是追求超高效造成食物质量下降；四是转基因食物污染日趋严重。

## §2-6.4.1 可种植土地的减少与污染

作为种植业发展的基础，土地是不可再生资源，健康的土壤才能生产出质优量足的食物。而现在土地承载力过大的形势越发严峻。随着人口的增加，基础设施建设用地量增大，以及生态退耕、退耕还林、退耕还草、退耕还湿、退耕还湖等农业产业结构调整，也导致可种植农作物的土地面积减少。可利用土地的污染问题，从种植业自身的引发原因来看，由于人们过分使用农药化肥，残留的有害物质导致土壤质量下降。从外界环境的引发原因来看，由于工业和生活废水、大气污染物等有害物质进入土壤，也大大降低了土壤的质量。

## §2-6.4.2 种植用水的减少与污染

种植用水的减少，原因是多方面的：农业水利设施的不健全，储水系统的不完善，水资源的不合理利用；生活用水、工业用水大量挤占种植业用水；毁林开荒、围湖造田等人为措施切断水源，土壤的蓄水能力下降等。这些问题都直接或间接导致可利用水的减少。种植用水的污染问题按照其原因，同样可以从内部（自身导致）和外部（人为导致）两个方面来分析。从种植业自身引发的问题来看，在种植过程中，直接喷洒农药或者残留的化肥农药渗入地下水、流入河流中，造成水污染，对植物的生长产生不良影响。从种植业的外部问题来看，生活用水、工业用水中污染物的排放同样是水体污染的重要原因。

## §2-6.4.3 追求超高效造成食物质量下降

追求量足质优的食物以满足人类需要，是食物种植学的主要目标，而目前世界种植食物的数量与质量间存在着严重的矛盾。矛盾主要表现为为了追求食物生产的超高效，过度使用化肥等添加剂，过度使用农药，导致植物的生长周期和条件不达标，尽管在数量上满足了人口需要，但质量却不达标。过分追求食物数量，质量不达标，同时也破坏了生态环境，给持续高产、稳产带来了隐患。

## §2-6.4.4 转基因粮食污染日趋严重

转基因粮食就是利用现代分子生物技术，将某些生物的基因转移到其他物种中去，改造生物的遗传物质，使其在性状、营养品质、消费品质等方面向人们所需要的目标转变。直接食用的转基因生物，或者作为加工原料生产的食品，统称为"转基因粮食"。转基因粮食很大程度上解决了全球性粮食短缺问题，提高了农产品质量，同时保障了农业的可持续发展，然而也给粮食安全带来了巨大的风险。比如，研发出的转基因粮食被动物食用之后，可能会改变后者的基因结构，增强害虫的抗药性，从而形成恶性循环。

食物种植学是一个年代久远的学科，也是一个为了解决现实问题而创立的、与人类的食实践息息相关的学科。因此，一方面其学科体系相对发达完备；另一方面又面临着许多新生的重大挑战，如上述列举的四大问题。食物种植学要想继续以往的辉煌，必须面对这些新的重大问题，提出切实可行的解决方案。四大问题之外，食物种植学还面临着一个学术方向问题。食物种植学创建于饥食时代，以往的研究多拘囿于解决学科内的具象问题，着眼于如何优质增产，而缺乏将食物种植学置于食学体系下，从宏观角度整体、全面地研究种植效率，研究种植与食环境的关系，以及食物与人体的关系。只有上升到这一高度，食物种植学才能历久弥新，真正成为食学体系中必不可少的一环。

# §2-7 食物养殖学

食物养殖学是食学的三级学科。这是一门古老的学科，它在食学体系里的作用是为人类提供优质的动物性食物，是人类四大食物生产范式之一。

原始养殖是旧石器时代从狩猎中发展起来的，原始畜牧业的出现和发展，使人类的食物来源趋于稳定，肉食、乳类、油脂等食物的供给有了相对可靠的保障，还有皮、毛、骨等副产品可以利用，大大地提高了生存能力，有些动物还可以当作役畜来驱使，所以恩格斯把畜牧业看作人类解放的新手段。但养殖业的迅速发展也带来了弊病：养殖动物数量的剧增，占用了许多农业用地；4：1以上的料肉比，对种植业的发展产生沉重影响；此外，养殖动物排放了大量的二氧化碳、甲烷、氧化亚氮，也给自然环境带来了巨大的伤害。

食物养殖有两种模式：散养和集约化养殖（如图2-14所示）。散养的特点是食物转化率低效、生产尊重自然规律；集约化养殖的特点是食物转化率高效、食物质量平衡性差。二者对生态环境都会造成破坏和污染。

图 2-14 食物养殖的两种模式

# §2-7.1 概述

养殖业诞生于约 1 万年前的第一次农业革命时期。从原始养殖业出现至今，人类已经大规模驯养了四五十种陆地动物和许多水生动物，为人类提供了丰富的食物。散养和集约化养殖是两种完全不同的方式，它们各有所长，散养的特点是低效、质优、污染少、可持续性强。集约化养殖的特点是高效、质差、污染多、可持续性差。

散养阶段。早期养殖产生于距今约 1 万年前，由于气候剧烈变动，打破了人类采捕时期与自然的平衡，饥饿迫使人类寻求新的取食方式。欧洲和中亚的大草原、阿拉伯地区北部的天然草场就成为早期牲畜养殖的大本营。[⑥] 人类最早驯化的动物是易于驯化、以草为食的动物，欧洲盘羊被驯化成了绵羊，而后，人类陆续驯化了山羊、猪、牛、鸡、马等动物。养殖的动物不仅为人类提供了更多的食物，更是稳定的肉、奶、蛋等食物的来源，牛、马等驯养动物，还成为人类劳动力的一部分，将人类从部分重体力劳动领域解放出来。

早期人类对动物的养殖方式是散养，最初只有在亚非大陆的几个特定地点有人工养殖的绵羊、牛、山羊、野猪和鸡，总数大约几百万只。散养阶段的动物多数以天然的草、虫、谷物为食，而后随着食物种植业的发展，喂养牲畜的饲料大幅度增加，促进了牲畜的养殖生产。此后，除了陆地牲畜养殖，水产养殖也开始出现。

集约化养殖阶段。工业革命后，养殖行业逐渐使用先进机械和设施，向集约化养殖发展，养殖场规模扩大。与此同时，养殖场数量减少，整个养殖生产效益提高。现在全球的人工养殖动物有大约 10 亿只绵羊、10 亿头猪、超过 10 亿头牛，更有超过 250 亿只鸡遍布全球各地。2010 年，世界肉类产量为 28 155 万吨，比 1980 年增长一倍多。2017 年世界猪肉产量达到 11 103 万吨，世界猪肉贸易量为 787.9 万吨。畜牧业对全球农业总产值的贡献达到 40%[⑧]，为数十亿人提供生计和粮食安全。

---

⑥ ［美］威廉·麦克尼尔：《西方的兴起》，中信出版社 2015 年版，第 18 页。
⑦ ［美］贾雷德·戴蒙德：《枪炮、病菌与钢铁》，谢延光译，上海译文出版社 2014 年版，第 161 页。
⑧ 联合国粮食及农业组织（FAO）：粮农组织在动物生产中的作用。

表 2-4　大型哺乳动物驯化得到证明的大致年代[⑦]

| 动物 | 年代（公元前） | 地点 |
|---|---|---|
| 狗 | 10 000 | 西南亚、中国、北美 |
| 绵羊 | 8000 | 西南亚 |
| 山羊 | 8000 | 西南亚 |
| 猪 | 8000 | 中国、西南亚 |
| 牛 | 6000 | 西南亚、印度、北非 |
| 马 | 4000 | 乌克兰 |
| 驴 | 4000 | 埃及 |
| 水牛 | 4000 | 中国 |
| 美洲驼 / 羊驼 | 3500 | 安第斯山脉 |
| 中亚双峰驼 | 2500 | 中亚 |
| 阿拉伯单峰驼 | 2500 | 阿拉伯半岛 |

20 世纪 70 年代以来，世界水产养殖产量也迅速增长，在水产业中的比重日益提高，近年来水产养殖提供给人类的水产品数量逐渐追赶并超过捕捞提供的野生水产食物。目前世界各地养殖的水生种类大约有 567 种，显示出丰富的种内和种间遗产多样性[⑨]。随着捕捞渔业产量在 20 世纪 80 年代末出现相对停滞，水产养殖成了促进食用水产供应量大幅增长的主要动力。2014 年世界水产鱼类养殖量为 7380 万吨，估计首次销售价值为 1602 亿美元，几乎所有养殖的鱼都以食用为目的。据估计，2014 年共有 1867.8 万人在水产养殖业初级部门就业（如图 2-15 所示）。

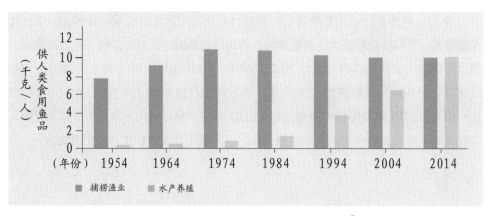

图 2-15　世界捕捞渔业和水产养殖状况[⑩]

⑨ 联合国粮食及农业组织（FAO）：粮农组织在水产养殖领域的作用。
⑩ 联合国粮食及农业组织（FAO）：《2016 年世界渔业和水产养殖状况》。

世界上许多发达国家，无论国土面积大小和人口密度如何，养殖业都很发达，除日本外，养殖业产值均占农业总产值的 50% 以上，如美国为 60%，英国为 70%，北欧一些国家甚至高达 80%~90%。

在集约化养殖阶段，随着养殖规模的扩大，人类对畜产品的需求量增加，养殖行业对饲料的要求也逐渐提高，大量的粮食被用作饲料，且开始大规模使用添加剂，使用能够缩短动物生长期、提高生产效益的激素、抗生素等。2006 年，联合国粮食及农业组织公布报告《牲畜的巨大阴影：环境问题与选择》，表明畜牧业是造成全球变暖的头号因素，"无论是从地方还是全球的角度而言，畜牧业都是造成严重环境危机前三名最主要的元凶之一"。畜牧业的二氧化碳排放量约占全球总排放量的 9%，排放的甲烷占全球 37%，排放氧化亚氮占全球 65%[①]。畜牧业是世界上最大的陆地资源用户，牧场和用于饲料生产的耕地占所有农业用地的近 80%，饲料作物生产占全部耕地的 1/3，而放牧占用的土地相当于无冰陆地面积的 26%。在人类活动引起的温室气体排放量中，畜牧业占 14.5%，是自然资源的一大用户。据 2015 世界抗生素现状调查显示，动物蛋白的需求和农业集约化发展导致美国畜牧业上的抗生素用量占美国抗生素年使用量的近 80%。2010 年全球抗生素在畜牧业上的保守估计是 6.32 万吨，占全球年产抗生素 10 万吨的近 2/3。[②] 2015 年全球饲料添加剂市场需求达 140 亿美元。全球饲料添加剂种类无人统计过，但仅中国列出名目的饲料添加剂就有 22 类, 1960 多种。

# §2-7.2 食物养殖学的定义和任务

## §2-7.2.1 食物养殖学的定义

食物养殖学是研究人类驯化可食性动物生长规律的学科。食物养殖学是研究人类养殖行为与食物之间关系的学科。食物养殖学是解决人类食物养殖过程中的各种问题的学科。

食物养殖学研究人类对可食性陆地动物和海洋动物的繁殖和培育，以获取食

---

① 联合国粮食及农业组织（FAO）：《牲畜的巨大阴影：环境问题与选择》报告，2006 年 11 月 29 日。
② AMR：截至 2021 年，全球饲料添加剂市场产值增加将超过 70 亿美金，饲料与畜牧，2016 年第 4 期。

物为目的。即通过人工饲养、繁殖动物，将牧草和饲料等植物能转变为动物能，以取得肉、蛋、奶等畜产品和水产品，为人类提供营养价值更高的动物性蛋白质。

### §2-7.2.2 食物养殖学的任务

食物养殖学的任务是指导人类可持续地驯养可食性动物，从而保障人类动物性食物的供给。

人类对可食性动物的繁殖和培育首先应保证食物的质量和安全，其次必须遵循维护生态可持续的原则，控制养殖动物的数量，减少对土地、水体和空气造成破坏。

食物养殖学的具体任务包含指导人类在繁殖和培育可食性动物的过程中减少激素、抗生素等各种添加剂的种类和使用数量；减少对环境造成破坏和污染，例如劣质动物粪便对土地和水体的污染，家畜碳排放致使温室效应加剧；研究最符合动物生长规律的繁殖、培育方式，控制养殖数量和规模，保证动物的健康；减少饲料、水的浪费。

## §2-7.3 食物养殖学的体系

食物养殖学体系以动物的生长要素为依据，将食物养殖学研究的各方面内容划分为合理的结构。食物养殖学包括养殖育种学、饲料学、饲养学、动物医学、水域养殖学 5 个四级子学科（如图 2-16 所示）。

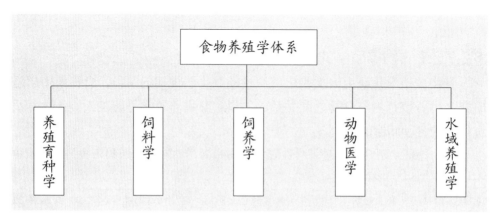

图 2-16 食物养殖学体系

养殖育种学。养殖育种学是食学的四级学科，是食物养殖学的子学科。养殖育种学是研究用有关遗传理论和选育技术来控制和改造驯养动物的遗传种性，提高这些家养动物生长性能的学科。育种是动物养殖过程中极为重要的一个环节，品种的好坏直接决定了养殖的经济效益和食物的食用价值。因此，对品种进行研究，开发新品种，指导养殖从业者选择最优品种是非常必要的。

饲料学。饲料学是食学的四级学科，是食物养殖学的子学科。它是研究动物营养、饲料生产、饲料配合、人畜卫生、畜产品品质以及环境保护等的一门学科，其目的在于揭示饲料的化学组成及其规律、饲料的化学组成与动物营养需要之间的关系。饲料学的任务是指导人类根据养殖动物的特点，选择和搭配饲料，满足动物的生长需求。饲料是动物的食物，只有饲料安全、健康，能满足动物生长的需求，动物才能为人类提供优质的肉、奶、蛋等食物。当下的动物饲料中加入了大量的各类添加剂，以缩短动物的生长周期，提高动物产品食用时的口感，这些行为破坏了动物食物的原生性，对人类健康产生了负作用。

饲养学。饲养学是食学的四级学科，是食物养殖学的子学科。饲养学研究人类如何根据动物的特点，合理、高效地进行培养。当前世界的饲养主要分为放牧、舍饲、半舍饲三种方式。畜牧业中最早的饲养方式是完全利用天然饲料的放牧。放牧适合牲畜在自然环境中生活的习性，天然饲料又是地球上分布最广的植被，且能自然更新，因此在牲畜稀少的古代，放牧曾是最重要的饲养方式。舍饲一开始是作为放牧的补充，由于放牧受到天然饲料的限制，舍饲逐渐变为主要饲养方式，工厂化饲养是舍饲的现代化。半舍饲有的是由于放牧不能满足饲料需求，有的是为了利用可供放牧的饲料资源而产生的。

动物医学。动物医学是食学的四级学科，是食物养殖学的子学科。它以生物学为基础，含有动物解剖学、动物生理学、动物遗传学、动物病理学、动物药理学、动物内科学、动物外科学等多门相关子学科。动物医学研究动物疾病的发生发展规律，并在此基础上对疾病进行诊断、预防和治疗，保障动物健康。动物医学的基本任务是有效地防治养殖动物疾病的发生。

水域养殖学。水域养殖学是食学的四级学科，是食物养殖学的子学科。水域养殖学是研究人为控制下繁殖、培育和收获水生动物的生产活动，一般包括在人工饲养管理下从苗种养成水产品的全过程。水产品养殖是缓解粮食供求紧张的重要手段，根据养殖水域、养殖方式和养殖目的的不同，可以分为 4 类：内陆水产养殖、海岸水产养殖、集约化水产养殖、增养殖保护型水产养殖。水域养殖有粗养、精养和高密度精养等方式。

# §2-7.4 食物养殖学面临的问题

养殖业的发展为人类提供了稳定持续的食物来源，将人类从与野兽搏斗的困境中解放出来。但养殖业在给我们带来福利的同时，也带来了一系列的危害。最突出的就是有害气体排放，其中饲料生产和加工占45%，动物排放占39%，粪便腐解占10%。食物养殖学面临的问题主要有四个：滥用添加剂、加剧温室效应、对生态造成破坏、加剧粮食供应危机。

## §2-7.4.1 滥用添加剂

现代养殖业中到处充斥着添加剂的身影，添加剂使用的数量和种类大大超出了应有的范围。一方面，高密度饲养使疾病更容易在动物之间传播，养殖业为防治动物疾病，使用了许多饲料添加剂和大剂量的抗生素；另一方面，为了加快畜禽生长速度，缩短其生长周期，提高饲料转化率和经济效益，人们在饲料中非法使用含铜、砷和催眠物质的药物，添加各种激素、瘦肉精、抗生素产品，这不但不利于动物健康，也使产出的食物质量下降，对人体健康产生危害。

## §2-7.4.2 加剧温室效应

养殖业对环境造成了严重的污染。养殖业的不合理发展污染大气，畜牧业排放出大量温室气体，极大地加剧了温室效应，使全球气候加速恶化。2006年联合国粮农组织发布报告指出："由于人类对肉类和奶类的需求不断上升，畜牧业快速发展，畜牧业造成温室气体排放量占全球总量的18%，超过全球交通运输的排放量。"如今地球土地面积的30%被牲畜饲养业占用，可调节气候的森林面积减少，从而进一步加剧了气候变暖。据FAO估计，动物呼吸年温室气体排放86.69亿吨二氧化碳当量，占世界总排放量的13.7%。

## §2-7.4.3 对生态造成破坏

高密度饲养养殖业发展引发了严重的生态问题，当代放牧型养殖业，由于只重视存栏数增长，不注重保护环境，过度放牧，造成草场退化、土地沙漠化、生态恶化。

目前约有 20% 的牧场用地因过度放牧、密集饲养牲畜与遭受侵蚀，地力被破坏殆尽。非洲 36 个国家草场退化面积达 5000 万平方千米，中国草原面积虽有 3.6 亿公顷，但退化已占 1/3。此外，现代畜禽遗传育种理论与技术的发展，催生了许多专门化品种，比如 30 天育成的鸭子，40 天上市的肉鸡，半年出栏的育肥猪。尽管它们满足了市场对数量和价格的需求，但一些正常生长相对低产的地方品种逐步被淘汰、处于濒临灭绝甚至已经绝种的状况。品种多样性的减少，将影响养殖业的可持续发展。同时，速生产品的质量堪忧。

## §2-7.4.4 加剧粮食供应危机

随着食物养殖业的集约化、现代化，饲料工业发展很快，世界饲料粮占粮食总产量的比例增长很快。目前牲畜养殖就占用了地球 30% 的土地，而且有更多的土地与水资源被用于种植牲畜的饲料，大大缩减了食物种植面积。欧美畜牧业多用粮食来喂养禽畜，若使用牧草或废弃食品加工饲料喂养，则节省的用于喂养牲畜的谷物可以多养活数十亿人口。食物养殖业耗水量惊人，以 1 千克为单位，牛肉耗水 15 000 升，而小麦只需 500~2000 升。[13]养猪的料肉比为 4:1，养牛的料肉比为 7~8:1，也就是说生产一千克猪肉需要四千克粮食，生产 1 千克牛肉需要 7~8 千克粮食。从这一现状来说，食物养殖业的高速发展加剧了粮食供应不足。

在食学体系中，食物养殖学占据了非常重要的位置。一方面，在它的指导下，人类的肉、奶、蛋等食物的供应趋于稳定，大大地提高了人类的生存能力；另一方面，动物养殖进入集约化养殖阶段后，随着养殖动物数量剧增，不仅出现了大量占用种植业用地、大量占用粮食饲料、污染自然环境等诸多问题，仅就食物养殖方法自身来说，滥用添加剂和各种抗生药物，就给人类食品安全带来重大影响。如何从整个食物链的角度看待这些问题，如何有效地解决这些问题，是食物养殖学今后重点研究的课题。

---

[13] 冯汝涵：《畜牧业与温室气体排放》，草业与畜牧，2010 年第 8 期，第 50 页。

# §2-8 食物培养学

　　食物培养学是食学的三级学科，是食物生产学的子学科。食物栽培是指对菌类食物进行栽种培养。食物培养学是研究对菌类食物栽种培养的学科。是人类四大食物生产范式之一。

　　人类对生物界的划分，经历了从二界（动物、植物）到六界的变化，如今世界学术界一般以美国生物学家魏特克于 1969 年提出的五界划分作为标准。这五界是原核生物界、原生生物界、植物界、真菌界和动物界。菌类食物属于真菌界。在五界说提出之前，人们多把真菌划入植物界。其实，真菌与植物有很大区别。植物的特征是自养，即通过自身的光合作用获取营养；动物的特征是异养，即通过进食其他生物获取营养；真菌类的特征是腐生异养，也就是说，真菌的生长方式类似植物，营养摄取方式类似动物，是有别于植物、动物的另一界别。这就是食物培养学确立的学理基础。

　　生物界别不同，决定了菌类食物的种养方式也有所不同。为了区别于植物性食物的种植和动物性食物的养殖，我给菌类食物生产规定了一个专业术语：培养。

## §2-8.1 概述

　　菌类食物味道鲜美，质地柔软，含有丰富的营养物质，是人类理想的健康食品。迄今为止，全世界记录在案的大型真菌多达 1.5 万种，其中可食用的约 2700 种。人类对菌类食物的采集已有数百万年的历史。但菌类食物的人工栽培史则短得多，进入工业化大规模生产，更是近几十年的事。菌类食物栽培历史可以分为两个阶段：小规模手工栽培阶段、现代化生产阶段。

　　人工培养阶段。中国是认识和利用菌类食物最早的国家，其历史可以追溯到公元前 4000 年到公元前 3000 年的仰韶文化时期。成书于公元前 235 年的《吕氏春秋》，其《本味篇》中，就有"味之美者，越骆之菌"的记载。在古希腊的传说中，也有英雄 Perseus 偶遇蘑菇，取其汁液解渴的故事。

表 2-5 菌类食物主要种类的首次栽培表[14]

| 拉丁名<br>Latin name | 中文名<br>Chinese name | 首次栽培记载时间<br>First cultivated time | 栽培发源地<br>Origin |
|---|---|---|---|
| Ganoderma spp. | 灵芝属 4 种 | 27~97 年 | 中国 China |
| Auricularia heimuer | 黑木耳 | 581~600 年 | 中国 China |
| Flammulina velutipes | 金针菇 | 800 年 | 中国 China |
| Wolfiporia cocos | 茯苓 | 1232 年 | 中国 China |
| Lentinula edodes | 香菇 | 1000 年 | 中国 China |
| Agaricus bisporus | 双孢蘑菇 | 1600 年 | 法国 France |
| Volvariella volvacea | 草菇 | 1700 年 | 中国 China |
| Tremella fuciformis | 银耳 | 1800 年 | 中国 China |
| Pleurotus ostreatus | 糙皮侧耳 | 1900 年 | 美国 USA |
| Pleurotus eryngii var. ferulae | 阿魏侧耳（阿魏菇） | 1958 年 | 法国 France |
| Pleurotus eryngii | 刺芹侧耳（杏鲍菇） | 1958 年 | 法国 France |
| Pholiota microspora | 小孢鳞伞（滑子蘑） | 1958 年 | 日本 Japan |
| Hericium erinaceus | 猴头 | 1960 年 | 中国 China |
| Agaricus bitorquis | 大肥蘑菇（大肥菇） | 1968 年 | 荷兰 The Netherlands |
| Pleurotus cystidiosus | 泡囊侧耳（鲍鱼菇） | 1969 年 | 中国 China |
| Agaricus blazei | 巴氏蘑菇 | 1970 年 | 日本 Japan |
| Hypsizygus marmoreus | 斑玉蕈 | 1973 年 | 日本 Japan |
| Pleurotus pulmonarius | 肺形侧耳 | 1974 年 | 印度 India |
| Auricularia cornea | 毛木耳 | 1975 年 | 中国 China |
| Coprinus comatus | 毛头鬼伞（鸡腿菇） | 1978 年 | 欧洲 Europe |

[14]《食用菌产业发展历史、现状与趋势》，张金霞等，《菌物学报》2015年第4期，第526、527页。

（续表）

| 拉丁名<br>Latin name | 中文名<br>Chinese name | 首次栽培记载时间<br>First cultivated time | 栽培发源地<br>Origin |
|---|---|---|---|
| Macrolepiota procera | 高大环柄菇 | 1979 年 | 印度 India |
| Clitocybe maxima | 大杯伞 | 1980 年 | 中国 China |
| Pleurotus citrinopileatus | 金顶侧耳（榆黄蘑） | 1981 年 | 中国 China |
| Dictyophora spp. | 竹荪 3 种 | 1982 年 | 中国 China |
| Hohenbuehelia serotina | 晚季亚侧耳（元蘑） | 1982 年 | 中国 China |
| Oudemansiella radicata | 长根小奥德蘑（长根菇） | 1982 年 | 中国 China |
| Grifola frondosa | 灰树花 | 1983 年 | 中国 China |
| Armillaria mellea | 蜜环菌 | 1983 年 | 中国 China |
| Sparassis crispa | 绣球菌 | 1985 年 | 中国 China |
| Morchella spp. | 羊肚菌 | 1986 年 | 美国 USA |
| Pleurotus eryngii var. tuoliensis | 白灵侧耳（白灵菇） | 1987 年 | 中国 China |
| Cordyceps militaris | 蛹虫草 | 1987 年 | 中国 China |
| Gloeostereum incarnatum | 榆耳 | 1988 年 | 中国 China |
| Polyporus umbellatus | 猪苓多孔菌（猪苓） | 1989 年 | 中国 China |
| Leucocalocybe mongolicum | 蒙古白丽蘑 | 1990 年 | 中国 China |
| Tricholoma giganteum | 巨大口蘑（洛巴伊口蘑） | 1999 年 | 中国 China |
| Schizophyllum commune | 裂褶菌 | 2000 年 | 中国 China |
| Phlebopus portentosus | 暗褐网柄牛肝菌 | 2011 年 | 中国 China |
| Morchella conica | 尖顶羊肚菌 | 2014 年 | 中国 China |

最早记载菌类食物培养的著作是公元一世纪王充的《论衡》，中国唐代韩鄂所著的《四时纂要》中，更提及了基质、菌种、温湿度控制等菌类食物培养的基本要素；公元七世纪，中国人已懂得了木耳的人工接种和培养方法；香菇培养起源于宋代；清同治四年（1865年）已经大规模人工培养银耳。在世界范围，1600年法国首次实现了双孢蘑菇的人工培养。在这一时期，菌类食物尽管进入了人工培养阶段，但总体规模不大，品种有限，技术也不稳定。供人类食用的菌类来源，绝大部分还是靠野生采集。

现代化培养阶段。进入20世纪，伴随当代科技发展，食物培养跨入了一个新时代。1905年，双孢蘑菇的菌种纯培养方法问世；1932年，发明了双孢蘑菇谷粒种的菌种制作技术；在此基础上，20世纪30年代末，标准化菇房在美国诞生，极大地促进了双孢蘑菇产量的提高；20世纪60年代中后期，欧美双孢蘑菇生产形成了菌种和培养的专业分工，实现了工业化培养。与此同时，亚洲的食物培养业也在突飞猛进。日本以香菇段木培养技术为先导，打开了人工纯菌种技术、人工接种技术和科学培养管理的大门；20世纪70年代初，日本完成瓶栽模式的木腐菌工厂化培养技术的研发并投入生产，工厂化菌类食物生产规模稳步扩大，种类从只有金针菇一种，逐渐发展到滑菇、灰树花、杏鲍菇、白灵菇、斑玉蕈、离褶伞、香菇等数种。中国的菌类食物培养虽然开展较早，但多年一直沿用砍树砍花的自然接种法，对生态影响较大，也无法规模化量产，从20世纪六七十年代起，开始采用现代生产技术，促进了菌类食物培养种类的扩大和产量的增加。尤其是改革开放后，更是发生了翻天覆地的变化，菌类食物产量从1978年的5.8万吨增长到2013年的3169.7万吨，占到世界产量的70%。

发展至今，人类对于菌类食物培养的研究不断深化，菌类食物带来的经济效益和社会效益也不断提升。在近年出现的大农业理论中，菌类食物培养业被称为"白色农业"，与被称为"绿色农业"的种植业，被称为"蓝色农业"的海水养殖业并驾齐驱。

# §2-8.2 食物培养学的定义和任务

## §2-8.2.1 食物培养学的定义

食物培养学是研究可食性真菌的培养及其规律的学科，研究人类培养行为与食物之间关系的学科，是解决人类食物培养过程中种种问题的学科。

菌类食物又称食用真菌，有广义、狭义两种含义。广义的是指一切可以食用的真菌；狭义的仅指可供人类食用的大型真菌，即被人们称为菇、菌、蕈、蘑、耳的大型可食用真菌。本书对菌类食物的界定是狭义的。

从人类对真菌的特征认识看，菌类食物具有与植物、动物不同的特征。植物的特征是自养，即通过自身的光合作用获取营养；动物的特征是异养，即通过食用其他生命体获取营养；真菌类的特征是腐生（少数种类寄生、共生）异养，有别于植物和动物。因此，过去一些学者把食用菌划入种植业是错误的。在食学体系中，食物培养业是和食物种植业、食物养殖业平行并列的一个行业。虽然从行业规模说，这一行业比种植、养殖两个行业小得多。

## §2-8.2.2 食物培养学的任务

食物培养学的任务是指导人类可持续地培养可食性真菌，从而保障人类菌类食物的供给。近年来，食物培养业发展迅速，菌类食物已经成了继粮、棉、油、果、菜之后第六大农产品。人类对菌类食物不断增加的需求，对食物培养学提出了更高的要求。食物培养学的任务可以分为理论和实践两部分：在理论上研究菌类食物生长发展的规律、量质形成规律以及与环境条件的关系；在实践上探讨、解决菌类食物高产、稳产、优质、高效的培养技术措施。

食物培养学的具体任务，可以用六个"指导发展"来概括：一是指导行业由较少品种向较多品种发展；二是指导行业由单一生产模式向立体培养、菌粮兼作、菌菜兼作的多种培养方式发展；三是指导行业由传统的以木材、秸秆粪草为主的培养原料向替代性、多样化原料发展；四是指导行业由零散化培养向集约化、工厂化、规模化生产发展；五是指导行业由手工操作向机械化、自动化的操作发展；六是指导行业由初级加工向深加工发展。

## §2-8.3 食物培养学的体系

食物培养学是一个完整的体系。它以食物培养的生产工序分类，包括食用菌种学、食用菌培养学、工业化培养学、食用菌病害学、食用菌加工学5个四级子学科（如图2-17所示）。

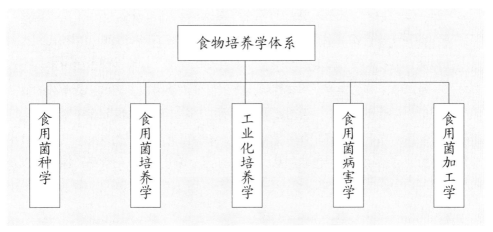

图 2-17 食物培养学体系

食用菌种学。菌类食物种学是食学的四级学科，食物培养学的子学科。菌类食物种学是以菌类食物菌种为研究对象的学科。菌类食物菌种指人工培养的、保存在一定基质内、供繁殖用的菌类食物纯菌丝体。它就像植物的种子，在菌类食物生产中起着决定性的作用。菌类食物种分为母种、原种、培养种三级，优质的菌种应该具备高产、优质、纯度高、抗逆性强等特性。

食用菌培养学。食用菌培养学是食学的四级学科，食物培养学的子学科。食用菌培养学是一门技术性和实践性都很强的学科。食用菌类别丰富，培养技术也多种多样，以大类分，主要有木腐型食用菌的培养、草腐型食用菌的培养、珍稀型食用菌的培养、药用型食用菌的培养、其他型食用菌的培养等几类。不同的食用菌，其培养程序、质量标准、环境要求、技术要求都有差异。

工业化培养学。工业化培养学是食学的四级学科，食物培养学的子学科。菌类食物工厂化生产起源于 1947 年的荷兰，距今已有 70 余年的历史。菌类食物的工厂化生产是利用现代工程技术和当代科技设备设施，人工控制菌类食物生长发育所需要的温、湿、光、气等环境条件，使生产集约化、工艺流程化、技术规范化、管理精准化、产品均衡化、供应周年化。当今菌类食物工厂化生产主要有欧美草腐式、日韩木腐式和中国的半机械化半自动化三种模式。

食用菌病害学。食用菌病害学是食学的四级学科，食物培养学的子学科。在食用菌培养过程中，会遭遇到许多病虫危害，轻者影响食用菌的品质和产量，重者造成绝产绝收。食用菌病害学是研究食用菌病害的形态特征、发生规律、危害症状、应对措施的学科。按照发病原因，食用菌的病害分为侵染病害、生理病害和虫害等三种。针对不同病因，可以采取物理、化学、生物等不同方式予以防治。

食用菌加工学。食用菌加工学是食学的四级学科，食物培养学的子学科。食用菌含水量高，组织脆嫩，采摘后在常温下极易腐烂变质，从产地到销售市场一般需要较长一段运输距离，且生产季节性强，难以保证均衡供应，因此，食用菌的储藏加工就变得十分重要。过去，食用菌多以初加工产品出现，如脱水烘干制品、盐糖渍品、膨化品、冻干食用菌、食用菌罐头等，如今已向精深加工发展，例如以食用菌为原料的速冻制品、真空包装制品、饮料制品、调味品、方便食品、保健品以及药品。

# §2-8.4 食物培养学面临的问题

菌类食物培养有着 2000 年的发展历史，但成为一个学科和行业，大步迈进人们的生活，还只是近几十年的事情。行业发展现状和人们的需求，还存在着一些不相匹配的地方。食物培养业主要问题有两个：一是生产规模偏小，二是缺少有效管控。

## §2-8.4.1 生产规模偏小

伴随工业革命兴起，种植业和养殖业已经走上集约化生产之路，但是在许多地区，尤其是发展中国家，食物培养业还是处于手工作坊、个体生产的状态。这种一家一户的生产规模，不仅不利于机械在生产环节的使用，也不利于菌类食物的深加工。如今，不少菌类食物个体农户在进行产品的初加工时，仍然停留在烘干、腌渍等初级阶段，造成质量不稳定，产品增值小，无法适应民众对菌类食物越来越高的消费要求。

## §2-8.4.2 缺少相关标准和有效管控

缺少有效管控，主要表现在菌类食物的管控机构不健全和标准建设滞后两个方面。以中国为例，对食物培养业的管控职权，分别挂在农业、工商、卫生等部门名下，至今没有一个对菌类食物进行专门管理的部门。在标准建设上，中国现有食用菌国家标准、行业标准 52 项，而与此同时，仅在农药残存一项指标上，国际食品法典有 2572 项标准，欧盟有 22 289 项标准，美国有 8669 项标准，日本有 9052 项标准，中国标准与国际标准相比存在着很大差距和空白，造成了一些细节管控无法可依。

伴随当代科技的发展，食物培养学正面临着一个广阔的天地。标准化固定设施培养、工厂化培养、机械化培养、智能自动控制培养等新的生产方式的普及，遗传学、生理学、真菌学、菌物化学等跨学科合作，会让食物培养学如虎添翼。食物培养学的研究会更加深入，产业规模会更加宏大，专业技术会更加完善。

# 合成食物

　　本单元重点介绍食物合成学。从食学学科体系看，食物合成学属于交叉学科。从学科成熟度看，食物合成学属于原有学科。

　　为什么要设此单元专门论述食物合成学呢？这是基于如下四个原因：其一，相比有数百万年历史的食物采捕以及上万年历史的食物种植、养殖，两千年历史的食物培养，食物合成只有一百多年的历史，它与其他食物获取方式在时间维度上相距甚远；其二，合成食物是食物链的外来者，是建立在化学学科基础上的；其三，作用于人类肌体的合成食物即西药药片，在传统观念上被归类于药物，而在食学分类上它首次被界定为食物；其四，合成食物种类繁多、应用广泛，但其中未知因素也多，比较其他自然食物，更需要深入研究。

　　尽管从时间上看，合成食物只有一百多年的历史，但是从使用上看，它已经大范围的进入人类的食物链，从食物转化入径和过程看，合成食物与天然食物没有什么不同，都要经过人体器官而发挥作用。因为它符合"入口"和"作用于肌体健康"这两个条件，符合"食物"的定义，因此将其纳入食物的范畴。合成食物的来源不是天然的，合成食物的功能不是充饥。它的功能有两个方面：一是用来改善食品的外观和适口性；二是调理人的肌体健康。

　　合成食物主要分为三类。第一类是调节食品类，即各种化学食用添加剂。这类合成食物的主要功能是改善天然食物的适口性；第二类是调理肌体类，即各种入口的化学药品。这类合成食物的主要功能是改善人体状况的不适性，调理人的肌体健康。此外，第三类合成物，它们并不直接针对人体，而是面向人类种植和养殖，例如农药、兽药和各种激素。它们虽然不直接为人类食用，但其残留物仍可经人类食用谷物、肉类、蔬菜后进入人体，我们将其称为被动食入类（如图2-18所示）。本单元论述的是前两类合成食物。

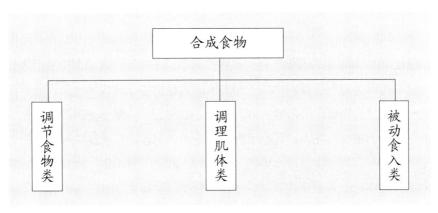

图 2-18 合成食物

对人类来说，合成食物是一把"双刃剑"。食品添加剂这类的合成物，其价值是满足人的口腹之欲，其本质就像春晚上的刘谦，是个魔术师，他可以欺骗你的口舌等感官系统，但欺骗不了你的肠胃等食化系统。调节肌体类的合成食物，在调疾治病的同时，也会产生一定的副作用，对肌体的其他器官造成危害。

合成食物是食物链的外来者，是食物圈的后来者。由于这"两者"的特征，合成食物的出现对人类健康和种群延续的整体利弊，还有待于时间考验。食物合成学主要面临三个问题：一是副作用大，二是超标滥用，三是产生污染。

本单元的学术创新点在于"合成食物学"的确立，在于揭示了调节食物、调理肌体两类合成食物的共性，把调理肌体类合成食物（西药片）归于食物范畴。

# §2-9 食物合成学

食物合成学是食学的三级学科，食物生产学的子学科。合成食物是指用化学手段人工合成的具有食物特征的物质，是人类四大食物生产范式之一。合成食物是合成物的一种，合成物是现代化学学科的产物。20世纪初，量子论的发展使化学和物理学有了共同的语言，使人们对原子内部结构的认识无论在深度和广度上都达到了前所未有的水平，各种功能的合成物，如塑料、玻璃、钢铁等，给人类生活带来极大便利。与此同时，人类开始尝试生产合成食物。发展至今，在人类的生活中，合成食物几乎无处不在，有数十万计的化学食品添加剂和口服化学药品让人眼花缭乱。合成食物是"双刃剑"，看眼前利大于弊，看长远弊大于利。如何生产、把控和使用这些合成食物，是摆在人类面前的重大课题。

## §2-9.1 概述

近一二百年，随着现代化学的发展，出现了口服化学药品和化学食品添加剂，进入人体内的化学物质也越多。

合成食物的诞生。19世纪初人们从煤焦油中分离出苯、萘、蒽、甲苯、二甲苯、苯酚、苯胺等芳香族化合物，开始了有机化合物的研究生产历程，人工合成的添加剂开始替代天然添加剂用于食品之中。1868年德国科学家合成了香豆素，1869年合成了茜素，1879年美国科学家制取了糖精……调节食物类合成食物的种类越来越多，应用范围越来越广泛。

当代制药工业始于19世纪中叶，从1870年起，开始成批生产常用的药品，如吗啡、奎宁等；1880年，染料企业和化工厂开始建立实验室研究和开发新的药物。1906年Paul Ehrlich发现有的合成化合物可以选择性地杀死寄生虫、病菌和其他致病菌，从而导致之后大规模地工业化生产，为调理肌体类合成食物的兴盛开辟了道路。

合成食物的兴盛。进入 20 世纪，合成食物的品类越来越多，需求量越来越大，工业化程度越高，步入了一个前所未有的兴盛阶段。到目前为止，全世界食品添加剂品种达到 25 000 种，其中 80% 为香料。直接食用的有 3000~4000 种，常见的有 600~1000 种[15]。从数量上看，越发达国家食品添加剂的品种越多。美国食品用化品法典中列有 1967 种，日本使用的食品添加剂约有 1100 种，欧盟允许使用的有 1000~1500 种，中国现有添加剂种类已达 2300 多种。2007 年，中国的添加剂总产量高达 524 万吨，从中获得销售收入 529 亿元。调节食物类合成食物的出现和发展，使人类食物的色、香、味、形有了明显改观，质感提升，保质期大为延长，并在某种程度上改善了营养、消化、吸收状况，让人类喜于食用，易于食用。但是不得不指出的是，伴随调节食物类合成食物的迅猛发展，也出现了许多问题，其中最主要的是对食品添加剂无规则、无限制地滥用，威胁到了人类的健康。

与此同时，调理人体类合成食物，也迎来了自己的迅猛发展阶段。20 世纪 30 年代到 60 年代，是制药行业的黄金时代，这段时间发明了大量的药物，包括合成维生素、磺胺类药物、抗生素、激素、抗精神病药物等。在这期间，婴儿的死亡率下降了 50% 以上，很多从前无法治疗的疾病，如肺结核、白喉、肺炎，都可以得到治愈。由于在药品研发、市场开拓方面投资增加，美国、欧洲、日本的制药企业得到了迅速壮大。如今的世界医药市场销售额已达 3000 亿美元，化学药品总数有 2000 多种，每年用于新药的研发费用约为 500 亿美元。近几年，每年都有 40 多种新型的化学合成药投入市场，在全球排名前 50 名的热销药物中，80% 是化学合成药。在为人类健康做出贡献的同时，调理人体类合成食物也展现出自己的缺陷：毒副作用大，在治病的同时会对其他器官造成损害，一些抗生素的有效期也越来越短。

# §2-9.2 食物合成学的定义和任务

## §2-9.2.1 食物合成学的定义

食物合成学是研究人类入口的合成物生产与利用及其规律的学科。食物合成学是研究合成食物与人体之间关系的学科。食物合成学是解决人类合成食物生产与

---

⑮ 吴建业：《"我"是谁——正确认识食品添加剂》，商品技术，2009 年第 4 期。

利用过程中问题的学科。食物合成学是指人类用化学手段合成具有食物特征物质的学科。

调节食物类合成食物的主要功能是改变食物的色、香、味、形等感观，提升天然食物的适口性，延长食物的保质期限等。

调理肌体类合成食物，在一定的剂量范围内能够对肌体（包括病原体）产生某种作用，使肌体的生理功能或病理过程发生改变，从而达到防治疾病的目的。

### §2-9.2.2 食物合成学的任务

食物合成学的任务是指导人类合理生产、安全利用合成食物。合成食物的任务是以调节、改善食物特征和改善肌体健康为目标，提高其对人体的有益性，减少有害性。从而正确认识合成食物的价值，科学合理地使用合成食物。如何让合成食物成为人类生存与持续的正能量是食物合成学的重要任务。

## §2-9.3 食物合成学的体系

食物合成学的体系，是从使用功能的角度构建的，分为调节食物类和调理肌体类两个大类以及 24 个分类（如图 2-19 所示）。

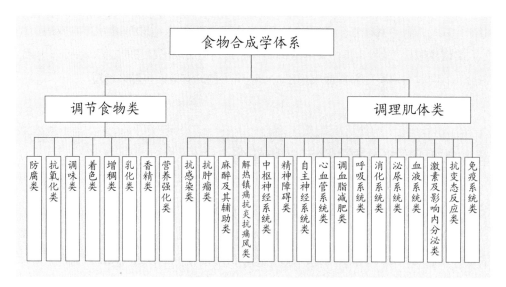

图 2-19 食物合成学体系

防腐类合成食物。防腐类合成食物属于调节食物类别，是应对由微生物引起的腐败变质、延长食品保质期的入口之物（添加剂）。因兼有防止微生物繁殖引起食物中毒的作用，又称抗微生物剂（antimicrobial）。它的主要作用是抑制食品中微生物的繁殖。目前世界各国用于食物防腐的添加剂种类很多，一般分为四大类：酸性防腐剂、酯型防腐剂、无机盐防腐剂、生物防腐剂。

抗氧化类合成食物。抗氧化类合成食物属于调节食物类别，是以阻止或延缓食品氧化变质、提高食品稳定性和延长贮存期为目的的入口之物（添加剂）。食物在储藏运输过程中除了由微生物作用发生腐败变质外，氧化是导致食品品质变劣的又一重要因素。氧化不仅会使食品中的油脂变质，而且还会使食品褪色、变色和破坏维生素等，从而降低食品的感官效果和营养价值，甚至产生有害物质，引起食物中毒。

调味类合成食物。调味类合成食物属于调节食物类别，是改善食品的感官效果，使食品更加色香俱佳、美味可口，并能促进消化液的分泌和增进食欲的入口之物（添加剂）。食品中加入一定的调味剂，不仅可以改善食品的感观性，使食品更加可口，而且有些调味剂还具有一定的营养价值。调味剂的种类很多，主要包括食品甜味剂、食品增味剂、食品酸味剂等。

着色类合成食物。着色类合成食物属于调节食物类别，是以给天然食物着色为主要目的的入口之物（添加剂）。它使食品具有悦目的色泽，对增加食品的嗜好性及刺激食欲有重要意义。合成着色剂是用人工合成方式所制得的有机着色剂。合成着色剂的着色力强、色泽鲜艳、不易褪色、稳定性好、易溶解、易调色、成本低，但安全性低。按合成着色剂的溶解性可分为脂溶性着色剂和水溶性着色剂。

增稠类合成食物。增稠类合成食物属于调节食物类别，是主要用于改善和增加食品的黏稠度，保持流态食品、胶冻食品的色、香、味和稳定性，改善食品物理形状，并能使食品有润滑适口感觉的合成添加剂。增稠添加剂有以下功效：起泡作用和稳定泡沫作用，黏合作用，成膜作用，保水作用，矫味作用。合成的增稠添加剂有羧甲基纤维素钠、淀粉磷酸酯钠、羧甲基淀粉钠等。

乳化类合成食物。乳化类合成食物属于调节食物类别，是以改善乳化体系中各种构成之间的表面张力，形成均匀分散体或乳化体为目的的入口之物（添加剂）。乳化类合成添加剂的作用主要是：乳化作用，发泡和充气作用，悬浮作用，破乳作用和消泡作用，络合作用，结晶控制作用，湿润作用，润滑作用，抗菌保鲜作用。生产中常见的乳化剂有：山梨醇酐单硬脂酸酯、六聚甘油单硬脂酸酯、辛葵酸甘油酯等。

香精类合成食物。香精类合成食物属于调节食物类别，是以增加食品香气和香味为目的的入口之物（添加剂）。食用香精是由香精基和稀释剂与载体组成的。香精基是由几十种天然合成食用香味物质组成的具有一定香型的混合物，是经过调香师选料、拟定、试配、评估、调整、验证等大量复杂烦琐的工作后确定的。食用香精基的主要组成部分为主香体、辅助剂、定香剂。

营养强化类合成食物。营养强化类合成食物属于调节食物类别，是以增强营养成分为目的而加入食品中的人工合成的营养素（添加剂）。营养强化类合成食物可以补偿食品在烹调、加工、保存等环节中损失的营养素；能强化天然营养素不足的食品中此类物质的含量，达到食品标准化的水平，提高食品的营养价值；可为原来不含某种维生素的食品添加该种维生素；另外还能提高食品的感官质量和改善其保藏功能。

抗感染类合成食物。抗感染类合成食物属于调理肌体类别，是指用于治疗由病原体(病毒、细菌、真菌)所引起疾病的口服药物，在世界化学药品市场中占有十分重要的地位，各国的研究机构及各大制药公司在抗感染类口服药物的研究中投入了大量的经费。据统计，在 2000 年，抗感染类口服药物的世界市场销售额超过 340 亿美元。抗感染类口服药物主要分为：抗生素、合成抗菌药物、抗病毒药物、抗真菌药物、抗结核药物。

抗肿瘤类合成食物。抗肿瘤类合成食物属于调理肌体类别，是指抗恶性肿瘤的口服药物，又称抗癌药。如今，在世界范围，抗肿瘤类合成食物的研究和生产都取得了很大的进展，因其能明显地延长病人的生命，所以抗肿瘤类合成食物在肿瘤治疗中占有越来越重要的地位。

麻醉及辅助类合成食物。麻醉及辅助类合成食物属于调理肌体类别，是通过作用于神经系统而使其受到抑制，使痛觉消失，从而起到麻醉作用。麻醉及辅助类合成食物分为全身麻醉类和局部麻醉类。全身麻醉能抑制中枢神经系统，可逆地引起感觉、意识和反射消失及骨骼肌松弛，主要用于外科手术；局部麻醉是在意识清醒状态下使有关神经支配的部位出现暂时性、可逆性感觉丧失，以便顺利进行手术。

解热镇痛抗炎抗痛风类合成食物。解热镇痛抗炎类合成食物属于调理肌体类别，是一类具有解热、镇痛，而且大多数还兼有抗炎和抗风湿作用的口服药物，其中，个别药物还有抗痛风作用。这类口服药物又被称为非甾体抗炎药或阿司匹林类药物。其在治疗自身免疫性疾病，如风湿性关节炎、类风湿关节炎、风湿热、红斑性狼疮、骨关节炎、痛风、强直性脊柱炎中发挥了非常重要的作用。

中枢神经系统类合成食物。中枢神经系统类合成食物属于调理肌体类别，包括一切作用于中枢神经系统并能够影响人类情绪、认识、感觉和行为活动等神经功能的口服药物，如镇静催眠药、麻醉镇痛药、中枢兴奋药、大脑能量代谢药、抗癫痫药、促智药、致幻药等。中枢神经系统类合成食物不仅用于神经疾患，也可用于其他系统的疾病，是众多药物作用的基础药品。

精神障碍类合成食物。精神障碍类合成食物属于调理肌体类别，是用来治疗精神疾病的一类口服药物，可分为抗忧郁药、抗焦虑药、抗精神病药、抗躁狂症药四类。自 20 世纪 50 年代初期，氯丙嗪（Chlorpromazine）用于治疗精神疾病以来，精神障碍类合成食物发展十分迅速，品种不断增加，临床应用日益广泛，已成为目前精神疾病治疗的主要手段。

自主神经系统类合成食物。自主神经系统类合成食物属于调理肌体类别，是指用于治疗自主神经系统疾病的口服药物。自主神经系统是外周传出神经系统的一部分，能调节内脏和血管平滑肌、心肌和腺体的活动，又称植物性神经系统、不随意神经系统。

心血管系统类合成食物。心血管系统类合成食物属于调理肌体类别，即作用于心血管系统的口服药物，其主要作用于心脏和血管系统，调节心脏功能，改善血液循环，缓解心血管疾病，临床主要用于治疗高血压、冠心病、心力衰竭、心律失常等。据统计，近 20 年治疗心血管疾病的口服药物更新率超过 50%，高于其他各类的口服药物。

调血脂减肥类合成食物。调血脂减肥类合成食物属于调理肌体类别，可降低血浆或血清中的脂类（胆固醇、胆固醇酯、三酰甘油、磷脂以及它们与载脂蛋白形成的各种可溶性的脂蛋白）。血浆中各种脂类和脂蛋白须有基本恒定的浓度以维持相互间的平衡，如果比例失调，则表示脂质代谢紊乱。调血脂减肥类合成食物有助于使机体的脂质代谢正常，可起到一定的减肥作用，能预防和消除动脉粥样硬化，从而降低心脑血管疾病的发病率。

呼吸系统类合成食物。呼吸系统类合成食物属于调理肌体类别，是指用于治疗呼吸系统疾病的口服药物。呼吸系统包括呼吸道（鼻腔、咽、喉、气管、支气管）和肺，呼吸道是气体进出肺的通道。

消化系统类合成食物。消化系统类合成食物属于调理肌体类别，是作用于消化系统疾病的口服药物，消化系统疾病是临床常见病、多发病。根据消化道系统疾病的特点，消化系统类口服药物可分为抗溃疡药、利胆药、止泻药、泻药、催吐药、止吐药。近40年，一系列新型、高效、选择性好的口服类合成食物在临床上得到应用，改变了消化系统疾病的防治状况。

泌尿系统类合成食物。泌尿系统类合成食物属于调理肌体类别，是指用于治疗泌尿系统疾病的口服药物。泌尿系统由肾脏、输尿管、膀胱及尿道组成。泌尿系统类合成食物作用于泌尿系统的健康，可帮助肌体维持正常的排泄功能，达到祛病康体的治疗效果。

血液系统类合成食物。血液系统类合成食物属于调理肌体类别，是指用于治疗血液系统疾病的口服药物。血液系统疾病包括原发于造血器官的疾病（如白血病）或主要累及血液和造血器官的疾病（如缺铁性贫血）。血液系统类合成食物对治疗上述疾病作用重大。

激素及影响内分泌类合成食物。激素及影响内分泌类合成食物属于调理肌体类别，主要用于内分泌失调引起的疾病。它通过调节各种组织细胞的代谢活动来影响人体的生理活动，在人的生长、发育、性别、性欲、性活动、繁殖和计划生育控制等方面起着重要的作用。

抗变态反应类合成食物。抗变态反应也称为抗过敏反应。抗变态反应类合成食物属于调理肌体类别，是一种能对抗过敏反应的口服药物，常用的为H1受体阻断药。对过敏性鼻炎、荨麻疹和枯草热等皮肤黏膜变态反应效果较好，对昆虫咬伤引起的皮肤瘙痒、水肿有良效，对接触性皮炎、药疹的皮肤瘙痒有止痒作用。

免疫系统类合成食物。免疫系统类合成食物属于调理肌体类别，是一种通过影响免疫应答反应和免疫病理反应而调节机体的免疫功能，防治免疫功能异常所致疾病的口服药物。一般将能增强机体免疫功能的口服药物称为免疫增强剂，将能抑制免疫反应的口服药物称为免疫抑制剂。

# §2-9.4 食物合成学面临的问题

在人类现代的食生活中，合成物几乎无处不在。调节食物类合成食物在当前处在一个非常尴尬的位置，一方面被大量使用，一方面则饱受指责。大量使用是由于味道、口感、形色的诱惑，以及食物保质期的需要，使当今人类已经难以离开合成食物。饱受指责是由于调节食物类合成食物的加入，使人类的饮食中平添了数千种化学物质，产生的化学反应十分复杂，难以说清，其中不乏产生毒副作用的因素。

而调理肌体类合成食物同样存在着类似问题。具体来说，食物合成学主要面临着以下三个问题：合成食物副作用大、超标滥用、在生产使用过程中产生污染。

## §2-9.4.1 副作用大

合成食物的制作是为了提高天然食物的感官度及适口性。过分地追求其对合成食物的正面作用，往往忽视了负作用，从而对人体健康造成危害。例如甜味剂在一定程度上可以令食物更香甜、更适口，但是甜味剂对肝脏及神经系统有影响，对代谢排毒能力较弱的老人、孕妇、小孩的危害则更为明显。"是药三分毒"，多数化学合成药物都有一定的毒副作用，长期服用，会造成肝肾损伤，让患者产生并发症和后遗症。

## §2-9.4.2 超标滥用

剂量决定危害。无论是调节食物还是调理肌体类合成食物，都要严格按照规定的用法用量。然而现在超标滥用食品添加剂和滥用抗生剂的现象十分突出，引发了影响人体健康、细菌耐药性增强等一系列问题。所以我们倡导多用天然食物，用好天然食物，这样就可以减少合成食物的用量。

## §2-9.4.3 产生污染

合成食物的生产及制作过程都是化学反应，大规模的化学工程必然会产生对环境的污染，主要是污水、废气、废渣的排放和对水源、大气、土壤的污染。合成食物的种类繁多决定了其生产工艺过程复杂，原材料投入大、产出比小，污染问题较突出。此外，残留在粮食、蔬菜、畜禽体内的添加剂被人类食用后所产生的危害，也应引起足够的重视。

调节食物类合成食物，具有理论和管理落后于实践的特征。一方面，新的添加剂产品种类繁多、层出不穷；另一方面，对它的研究、管理、规范，都处于滞后的状态。假如这一领域能够从强化研究入手，建立起完整的学科体系，制定缜密的相关规范，并在规范的基础上强化管理，强化整治力度，将会大大改善食品添加剂的生产、使用现状，为人类的食健康助力。同样，调理肌体类合成食物也面临着不少学术空白和挑战，例如它如何与传统的东方医药学相结合，从患者的整体健康着手，既治标，更治本；又如它怎样与当代高新科技结合，在生产、使用方面加以创新，增强疗效，减少毒副作用，等等。伴随科研的进步，合成食物将为提升人类的健康水平做出新的贡献。

# 加工食物

　　本单元包括食学的三个 3 级学科：食物烹饪学、食物发酵学和食物碎解学。从食学学科体系看，食物烹饪学、食物发酵学和食物碎解学，都属于本体学科。从学科成熟度看，三者都属于老学科。在当前学科的体系里与此相对应的是食品科学，或称食品工程学，它是从工业—轻工业—食品工业的体系派生出来的，以"食品"立学，强调的是结果，不是过程，也不是原理。

　　食物的加工是食物的再次生产，即对采捕、种植、养殖、培养的食物进行加工处理。其主要目的有四个：一是有利于食物的吞咽、消化、吸收；二是提升食物的感官指标，吸引人类食用；三是有利于食物的运输、贮藏；四是增强食物质量的稳定性（如图 2-20 所示）。

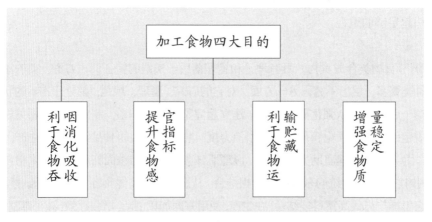

图 2-20 加工食物四大目的

加工食物有三大范式，即烹饪范式，这是一种采用化学加工食物的方法；碎解范式，这是一种采用物理加工食物的方法；发酵范式，这是一种利用微生物加工食物的方法。人类几万年来的加工食物历史，都没有离开这三个范式，只是有手工和机械之分，低效和高效之别（如图 2-21 所示）。

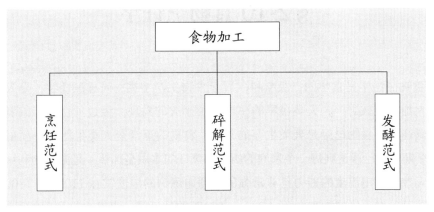

图 2-21 食物加工三大范式

这三大加工范式都曾出现在自然界。从人类掌握这三大加工范式的时间来看，碎解最早，之后是用火烹饪，继而是利用发酵技术。当今加工食物领域面临的主要问题有四个。第一个问题是过量和不恰当地使用化学添加剂，对人体健康产生直接或潜在的危害。第二个问题是加工过于精细，在改变了食物口感的同时破坏了食物的原生性，破坏了食物的营养平衡。第三个问题是在加工的过程中存在不同程度的浪费。第四个问题是在加工食物的过程中，对环境造成了较大污染。

本单元的学术创新点一是从加工食物三个范式角度，确立了食物碎解学、食物烹饪学、食物发酵学三门学科。二是在食物烹饪学中，增加了"两个体系、三个场景、二个加工方式"的论述。两个体系是烹饪工艺 5-3 体系、烹饪产品 5-6 体系；三个场景是将单一的商业烹饪场景扩展为商业烹饪、工业烹饪和家庭烹饪三个场景；二个加工方式是将单一的手工加工方式扩展为手工加工、机械加工两个方式。

# §2-10 食物烹饪学

　　食物烹饪学是食学的三级学科，属于食物生产学类，简称烹饪学。是人类食物三大加工范式之一。人类最早的烹饪起源于火的发现，经过几百万年的发展，食用烹饪过的食物已经是人类生存的常态，食物的烹饪是人类生活的一项重要内容，烹饪方法已渗透到每一个家庭的厨房。烹饪的本质是加热，是温度的利用，人类今天控制使用温度的能力是非常强的，例如炼钢的温度常在1100℃~1800℃，与此同时人类还能控制和利用-80℃~-214℃的超低温。烹饪食物利用的温度在-18℃~350℃，对菜肴温度的控制可以分出锅菜温、上桌菜温和到口菜温三个阶段（如图2-22所示）。

　　所谓"鼎中之变"，可以分为两个阶段，加热之初发生的变化，属于物理变化，随着温度的提高和时间的延长，受热的食物就发生了化学变化，例如温度超过40℃，食物中的维生素C就会被破坏；高温久煮，食物中的一些有害物质，如扁豆中含有的红细胞凝集素、皂素等天然毒素，也会被破坏和转化。所以说，以加热为主要特征的烹饪，本质属于化学加工维度。

　　烹饪所用的温区只是人类驾驭温度区间中的很小一段。但无论怎样，烹饪术是人类生存与进化的重要基石，烹饪学将使这块基石更加完美。

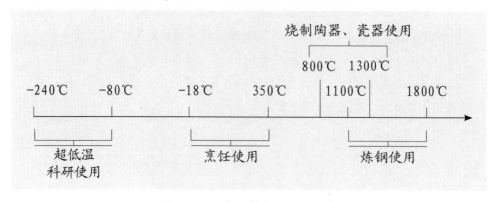

图 2-22 人类日常生活利用温度

# §2-10.1 概述

烹饪起源于人类对火的利用，用火制作熟食的技术，是人类文明史上的重要里程碑。人类的饮食文明由此分为生食、熟食两大阶段。

生食阶段。人类经历了漫长的生食阶段，从近 600 万年前人族出现[16]，到 80 万年前部分人种偶尔用火，其间长达 500 万年。假如把时间下推到人类普及用火的 30 万年前，那么人类的生食阶段起码有 550 万年。

人类祖先诞生之初，靠采捕食物为生，数十人群聚于洞穴或树干上，利用简陋石器或木棍集体捕猎野兽，共同采摘野果、采集植物块根或籽实，饮食方式是"生吞活剥""茹毛饮血"。在生食阶段，人类饮食范围有限，例如水果，只能食用内果皮或中果皮（即俗称的果肉），难以食用、消化其中坚硬的种实。面对一些营养丰富但难以食用、消化的野生谷物，更是无能为力。

在没有掌握用火之前，人类只能选择生食。这一方面维持了种群的延续，另一方面却对健康带来了负面影响：首先是生肉和生的果蔬上会带有大量的细菌，加大了食用后患病的概率；其次是生食比熟食要多耗时几倍，减少了原始人类劳动、交流和休息的时间；最后是生的食品也不易于保存，有些不易食净，有些过于坚硬的种实无法食用，造成食物选择面变窄和食物浪费。

熟食、生食共存阶段。早在大约 80 万年前，已有部分人种偶尔用火，到了大约 30 万年前，对直立人、尼安德特人以及智人的祖先来说，用火已是家常便饭。[17]火带来的最大好处在于能够开始烹饪。有些食物，处于自然形态时无法被人类消化吸收，例如小麦、水稻，有了烹饪技术后，这些食物才成为人类的主食。

人类能够人工取火后，对食物的处理方法增多，有的直接烤，有的在热火灰中煨，有的包了草叶和稀泥再烤，有的烤烫石板后燔，有的将食物和水置于小洞穴中，不断投入滚烫的石子提高水温，促使食物成熟；还有的利用发烫的砂石"烘"食物，这些方法统称为"火炙石燔"。旧石器晚期，人类学会烧制陶器，使人们有条件将泥盆、

---

[16] [美]康拉德·菲利普·科塔克：人类学：人类多样性的探索（第12版），黄剑波、方静文等译，中国人民大学出版社 2012 年版，第 154 页。
[17] [以色列]尤瓦尔·赫拉利：《人类简史》，陈俊宏译，中信出版社 2014 年版，第 12 页。

泥罐盛食物与水直接在火上烧煮成粥，这就有了"煮"法的产生。而后又在煮的基础上进一步产生了"蒸"谷为饭的方法。而后在公元前四千多年，冶铜术被发明出来，为新式烹饪工具的革新创造了条件。之后青铜器的冶炼使青铜炊具应运而生，由此产生了以油脂为传热介质的烹饪工艺的革新：煎法、炸法、炒法，从而引发了第四次烹饪产品创新运动，即"旺火速成"的食品加工革命。

火不仅能够将食物做熟，还能引起生物上的变化，经过烹饪，食物中的病菌和寄生虫就会被杀死。此外，烹饪食物缩短了人类咀嚼和消化食物的时间，让人类能吃的食物种类更多，使人类牙齿缩小、肠的长度减少。有学者认为，烹饪技术的发明，与人体肠道缩短、大脑开始发育有直接关系。不论是较长的肠道还是较大的大脑，都必须消耗大量的能量，因此很难兼而有之，但有了烹饪，人就能缩短肠道、降低能量消耗。

人类学会用火、掌握了熟食技术后，生食并没有消失，如今人类对于几乎全部的水果和部分蔬菜，仍然采取生食的方式。这一方面是为了保留食物的味道和口感；另一方面是为了保存营养。

几十万年以来，人类的热能源一直是柴火，伴随工业革命的兴起，人类的烹饪从炊具的发展进步，上升为能源变革阶段。煤炭、天然气、电力等取代了柴火，因为这些新能源的诞生，人类可以精确控制温度，"焗"这种技法应时而生。

# §2-10.2 食物烹饪学的定义和任务

## §2-10.2.1 食物烹饪学的定义

食物烹饪学是研究在维护原生性的基础上利用温度提升适口性、养生性的学科。食物烹饪学是研究食物受热度与适口性和养生性之间关系的学科。食物烹饪学是解决食物加热过程中问题的学科。适口性离不开调味和调香，烹饪过程中的调味和调香，一般可分三步完成：加热前的调味和调香、加热中的调味和调香、加热后的调味和调香。利用科学的烹饪方法减少营养的损失、获得卫生安全的食物，烹饪过程中慎用添加剂，都是食物烹饪学的研究范围。

食物烹饪学的近代发展演化出三个烹饪场景：家庭烹饪、商业烹饪和工业烹饪（如图2-23所示）。在家庭场景，烹饪是科学与艺术的混合体；在工业场景，烹饪偏向科学；在商业场景，烹饪偏向艺术。

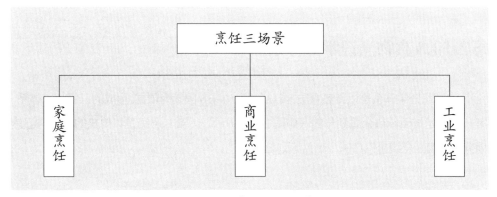

图 2-23 烹饪的三场景

烹饪可分为机械烹饪和手工烹饪两大类，机械烹饪现在被划在食品工业里。这里的烹饪只指手工烹饪，包括餐厅里的烹饪和家庭烹饪。机械烹饪产品的最大特点是标准化，其本质是商品，机械烹饪体系已较为成熟，产品主要以烤制加工为主；手工烹饪的特点是多样化，每个人烹饪出的产品都不同，是个性化的艺术。人类对食物的加工起源于手工烹饪，只有在加工量增加、技术成熟之后，才有一小部分食物进入工厂生产，成为工业烹饪产品。

狭义的烹饪指通过加热使食物成熟，广义的烹饪包括烹调。烹调可发生于原材料加热之前、加热之中和加热之后三个阶段。

## §2-10.2.2 食物烹饪学的任务

食物烹饪学的任务是指导人类用加热的方法获得适口、健康的食物。

烹饪能够提高食物的口感，将食物变得更适于食用，但烹饪不应破坏食物的原生性，掩盖食物原本的味道和功能。

食物烹饪学的具体任务包含精进烹饪方法，研发新菜品，减少烹饪过程中造成的食物污染和食物浪费等。烹饪是手工技艺，现代机械的大量使用和对商业效率的过高追求，造成了一批传统烹饪技艺的失传。因此，对传统烹饪技艺的抢救也应成为食物烹饪学的具体任务。

## §2-10.3 食物烹饪学的体系

食物烹饪学体系是以传热介质、传热时间、口味等因素为依据,形成的三级技术体系。第一层级是按照传热介质划分的（如图2-24所示）, 第二层级是以传热的时间与温度划分的, 第三层级是以口味、颜色等划分的。

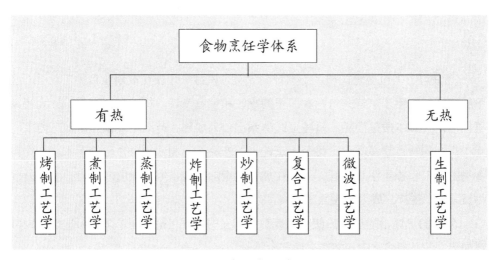

图 2-24 食物烹饪学体系

烤制工艺学。烤制工艺学是食学的四级学科, 是食物烹饪学的子学科。它是研究人类使用辐射传热的方式加工食物的学科, 其任务是指导人类如何使食物产生松脆的表面和焦香的味道。原理是辐射传热, 通俗来说就是"烤", 是将原料置于烤具内, 用明火、暗火等产生的热辐射进行加热的技法, 原料经烘烤后, 表层水分散发, 就会形成外焦里嫩的口感。烤是最古老的烹饪方法, 自从人类能够使用火加热食物后, 最先使用的方法就是烤制食物。

煮制工艺学。煮制工艺学是食学的四级学科, 是食物烹饪学的子学科。它是研究人类以水为介质来传导热量加工食物的学科, 其任务是指导人类制作口味清淡、鲜美的食物。水传热通俗来说就是"煮", 是将食物放在多量的汤汁或清水中, 先用武火煮沸, 再用文火煮熟的过程, 适用于体积小、质软的食物原材料。煮制食物可以避免烤制食物产生的油腻感和烤制时间过长产生的致癌物, 是一种健康的烹饪方式。煮时水的温度为100℃。需要说明的是，煮制温度与大气压力有关，在高原地区，水的沸点只有84℃~87℃。而在高压锅中，水的沸点可以达到103℃~104℃（如图2-25所示）。

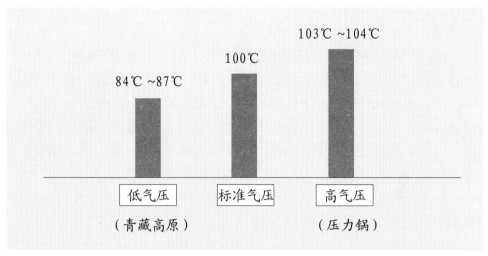

图 2-25 不同压力下水的沸点

蒸制工艺学。蒸制工艺学是食学的四级学科，是食物烹饪学的子学科。它是研究人类以蒸汽为介质来传导热量加工食物的学科，其任务是最大限度地减少食物原料中的汁液，保留食物原本的味道。汽传热通俗来说就是"蒸"，是指把食物原料放在器皿中，置入蒸笼利用蒸汽使其变熟的过程，根据食物原料的不同，可分为猛火蒸、中火蒸和慢火蒸三种。世界上最早使用蒸汽烹饪的国家是中国，并贯穿整个中国农耕文明，关于蒸最早的起源可以追溯到1万多年前。蒸菜时温度高于100℃。

炸制工艺学。炸制工艺学是食学的四级学科，是食物烹饪学的子学科。它是研究人类以油为介质来传导热量加工食物的学科，其任务是使食物香酥脆嫩，且色泽美观。油传热通俗来说就是"炸"，油炸是食物熟制和干制的一种加工方法，即将食物放于较高温度的油脂中，使其快速熟化的过程。油炸可以杀灭食物中的微生物，延长食物保质期，同时可以改善食物风味，提高食物脂肪含量，增加香味，赋予食物金黄色泽，延长食物保存期。油炸的特点是使食物变得香脆。油炸时油温主要控制在200℃～300℃。

炒制工艺学。炒制工艺学是食学的四级学科，是食物烹饪学的子学科。它是研究人类以铁为介质来传导热量加工食物的学科，其任务是将食物在旺火中用较短时间加热成熟。铁传热通俗来说就是"炒",炒菜中使用的油量比炸少,且油的目的不是为了传热,而是为了不煳锅,使用的水量比煮少,加水的目的是为了减少食物成分流失,炒菜主要靠锅传导热量,而锅大多为铁锅,因此叫作铁传热。炒是中餐特有的烹饪方法,一般是旺火速成,在很大程度上保持了食材的营养成分。炒菜时温度与油炸相似。

复合工艺学。复合工艺学是食学的四级学科,食物烹饪学的子学科。人类传统传热介质有辐射、水、汽、锅、油等五种,对应的烹饪技法为烤、煮、蒸、烤、炸,复合工艺指这五种烹饪技法的复合应用。在烹饪操作实践中,有许多产品是用几种烹饪技法综合成菜的。例如扣肉,是炸制工艺和蒸制工艺的结合,烩三丝,是炒制工艺和煮制工艺的结合。此外,西方"低温慢煮"的方法正在流行,在中餐技法称之为"煀",即在烹饪过程中将温度控制在40℃~80℃。"煀"可以与"烤""煮""炸"这三种方式结合使用,形成"煮煀""烤煀""炸煀"等技法,但不能独立成为一种技法,因此也列入复合工艺学进行研究。

微波工艺学。微波工艺学是食学的四级学科,是食物烹饪学的子学科。微波是指频率为300MHz~300GHz的电磁波,具有穿透、反射、吸收三个特性。对于玻璃、塑料和瓷器,微波几乎是全穿越而不被吸收;对于金属类物质,则会反射微波;对于水和食物等,则会吸收微波而使自身发热。微波炉是新型烹饪加热工具的代表,它的使用,推进了一些烹饪新工艺的诞生。工业革命后出现的烹饪加热新器具,如微波炉、电磁炉、电烤箱等,都被归于微波工艺学范畴。

生制工艺学。生制工艺学是食学的四级学科,是食物烹饪学的子学科。烹饪分有热、无热两种制作类型,生制工艺属于无热制作,主要是用来制作凉菜。从技术特点说,生制工艺主要分为三个类型:一是理化反应类,例如变蛋的变法、醉蟹的醉法;二是微生物发酵类,例如泡法、腐法、糟法;三是味料渗透类,例如油浸法、盐腌法、酱拌法、醋喷法、蜜调法和糖渍法。

# §2-10.4 烹饪工艺5-3体系

人类的烹饪技术发展不均衡,其表现就是不同民族掌握烹饪技术体系的层级不同,有些国家的烹饪工艺只有第一层级中的烤、煮、蒸、炸,没有炒制工艺;有些国家有第二层级或第三层级。中餐烹饪工艺体系比较健全,有详细的三级分类体系。

各国烹饪技术体系发达程度不同，其二级烹饪技术也分为无、少、多三种状态。三级技术分类许多民族没有。烹饪技术体系分类越细，说明该菜系越发达。以炸制工艺为例，法餐炸法之下无分类，日餐的油炸工艺分为浅层油炸和深层油炸两种，中餐有清炸、干炸、软炸、酥炸、脆炸等。

烹饪工艺 5-3 体系的 5，是指它有水热、辐射热、汽热、油热和锅热 5 种传热介质；3 是指它有热介、时温、五觉 3 个技术层级（如图 2-26 所示）。

第一个层级是热介级。热介即传热介质，共有五个：水传热介质的烤，辐射传热介质的煮，汽传热介质的蒸，油传热介质的炸，锅传热介质的炒。

第二个层级是时温级。时温即烹饪的时间和温度。如焖、炖、涮、汆等属于二级工艺。二级工艺的不同主要是时间、温度有别，如同为煮，涮的时间要远短于炖；同为炸，酥炸的油温要高于软炸。

第三个层级是五觉级。五觉是指烹饪产品在味觉、嗅觉、触觉、视觉和听觉方面给人的不同感受。同为焖，红焖、黄焖的颜色不同；油焖产品呈现的味道和口腔触感，又与酱焖产品有所区别。

烹饪工艺 5-3 体系是一个世界通用的体系，它的价值在于将烹饪技术按工艺和级别分类，层级越多的菜系，烹饪技术越先进、发达。

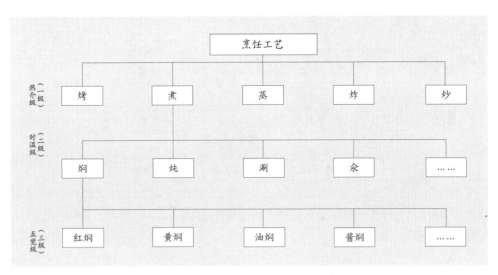

图 2-26 烹饪工艺 5-3 体系示意

# §2-10.5 烹饪产品 5-6 体系

按照传统的划分方法，世界烹饪体系分为东方菜系、西方菜系和伊斯兰菜系三大体系。这种划分方法有两个缺陷，一是未能全面覆盖，例如对食者众多的非洲菜就没有涉及；二是划分维度不统一，东方菜系和西方菜系属于空间维度，伊斯兰菜系则是民族维度。因此，我提出一个 5-6 体系，为世界烹饪产品构建了一个整体体系。

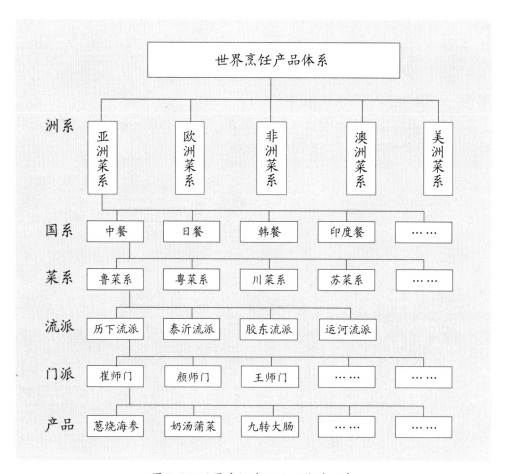

图 2-27 世界烹饪产品 5-6 体系示意

世界的烹饪产品体系可以分为六个层级。第一层级是亚洲菜系、欧洲菜系、非洲菜系、澳洲菜系、美洲菜系五大体系。亚洲菜系以中餐、日餐、印度餐、东南亚餐、中东餐、土耳其餐为代表，食材种类丰富，烹饪技法多样，膳食结构以植物性食物为主，多用筷箸取食，部分地区以手取食。欧洲菜系以法餐、意餐、俄餐、西班牙餐为代表，膳食结构以动物性原料为主，烹饪技法较多，使用刀叉进食。非洲菜系以南非餐、埃及餐为代表，传统餐饮食材种类较少，膳食结构以植物性食物为主，烹饪手法简单，多为手食，当代餐饮受到欧洲菜系影响。澳洲菜系以澳大利亚餐、新西兰餐为代表，由于移民的关系，可以说是欧洲菜系尤其是英餐的一个变种，风格粗犷。美洲菜系以美国快餐、加拿大餐、墨西哥餐为代表，其中墨西哥餐则以辣椒和玉米独领风骚。亚马逊雨林极其丰富多样的物产支撑了巴西餐、阿根廷餐。

洲系、国系、菜系、流派、门派（师门）、产品，是世界烹饪产品的六级体系（如图2-27所示）。以亚洲体系的中国为例，据最新研究成果表明，中餐共分为34个菜系，92个流派，500个以上的门派，约3万款产品。[18]

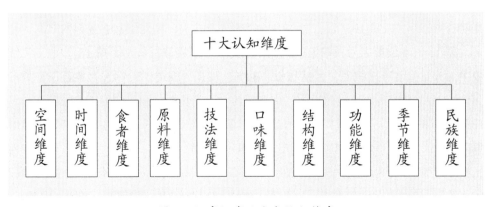

图 2-28 烹饪产品十大认知维度

烹饪产品一般有10个认知维度（如图2-28所示）。一是空间维度，从地域的角度看，可以洲系、国系、菜系、流派、门派等划分；二是时间维度，可以将人类的7000年文明划分为千年菜、百年菜等体系；三是食者维度，按社会阶层划分为宫廷菜、官府菜、寺庙菜、市肆菜、乡宴菜、家庭菜六个体系；四是原料维度，从产品主料角度看，可以划分为海鲜菜、河鲜菜、豆腐菜、菌菇菜、各种肉菜等多个体系；五是技法维度，从烹调技法角度看，可以划分为煮菜、蒸菜、炸菜、烤菜、炒菜和复合技法菜六个体系；六是口味维度，从产品口味角度看，可以划分为甜味菜、

---

⑱ 刘广伟：《中国菜 34-4 体系》，中国地质出版社，2018 年 8 月。

咸味菜、酸味菜、苦味菜、辣味菜（非味觉）和复合味菜六个体系；七是结构维度，从产品构件的角度看，可以划分为定式菜、变式菜两个体系；八是功能维度，从菜品功能角度看，可以划分为前食、凉菜、行菜、大菜、汤菜、点心等几个体系；九是季节维度，从时令角度看，可以划分为春季菜、夏季菜、秋季菜、冬季菜和年节菜等多个体系；十是民族维度，每一个民族就是一个体系，全世界 2000 多个民族，就有 2000 多个体系。

在上述维度划分的基础上，我制定了一个人类烹饪产品编码系统。该编码由 24 位数字组成，第 10 位数代表洲系，第 2、3 位代表国系（用英文缩写），第 4、5、6 位数字为产品空间维度编码，其中第 4、5 位数字为菜系编码，按国家省级行政区排序编码；第 6 位数字为流派编码，按英语字母排序编码；第 7、8 位数字为技术风格维度编码，按师门创始人出生年先后编码，没有门派的可以 00 表达；第 9、10、11、12 位数字为产品主料维度编码，其中第 9 位数字为主料种类，分为畜（含奶）、禽（含蛋）、淡水产、海水产、水果（含干果）、蔬菜、粮食（含粮食制品）、菌类、其他动物等九类；第 10、11、12 位为分类和具体主料，双主料和多主料的产品选其一；第 13、14 位数字为技法维度编码，涵盖一、二级烹饪技法；第 15、16、17 位数字为五觉呈现维度编码，包括味觉、触觉、嗅觉、视觉、听觉五大类若干子类指标；第 18 位数字为时间维度编码，以产品传承时间长短排列，分为千岁级菜（公元 1000 年前的菜）、百岁级菜（公元 1900 年前的菜）；第 19 位数字为食者阶层维度编码，分为宫廷、官府、市肆、寺庙、乡宴、家庭等；第 20、21、22、23 位数字为民族维度编码，分为汉族、满族、回族、苗族等；第 24 位数字为季节维度，分为春、夏、秋、冬等。烹饪产品编码系统，从洲系、国系、空间（菜系、流派）、技术（门派）、主料、技法、五觉呈现、时间、食者、民族、季节 11 个维度，对烹饪定式产品的唯一性进行界定，让每一款烹饪产品都具有自己的身份证。这个编码系统具有普世性，完全可以适宜全人类的烹饪产品认证。

# §2-10.6 食物烹饪学面临的问题

食物烹饪学面对商业、工业、家庭三个场景，主要存在 4 个方面的问题。一是添加剂使用过度，二是浪费严重，三是环境污染，四是手艺失传。

### §2-10.6.1 添加剂使用过度

人类对食品添加剂的使用有着悠久的历史，已远远超出了人类对食品添加剂的正常需求量，且多数为化学合成物。在烹饪过程中，一些人为达到减少食材用料、降低成本，或美化食物颜色、味道的目的，使用了大量化学添加剂，以获取更多利益。不合理使用添加剂不仅掩盖了新鲜食物应有的味道，也使一些已经变质变味的食物穿上伪装，以次充好地端上餐桌，加了"一滴香"后清水瞬间变成高汤，添加了玉米香精的"煮玉米"香气逼人，包子添加香精后"色香味美"。肉制品改良剂、鸡精、精粉、肉类增香剂等，烹饪中食品添加剂乱象丛生，使得食用者深受其害，严重威胁了人类健康。

### §2-10.6.2 浪费严重

人类的食物浪费现象普遍且严重，尽管食物浪费最主要的环节发生在运输、质检和食用过程中，但烹饪中的浪费，尤其是家庭烹饪、商业烹饪这两个场景中造成的浪费，也不可小觑。一方面是厨房切洗食材时造成大量食材浪费，例如一些人养成了吃菜只吃菜心而不吃菜叶的习惯，营养丰富的蔬菜外皮和叶子都被扔掉，某些菜品在制作时只用动植物的指定部分，导致其余部分被弃之不用，或切洗过程不精细，使可被利用的部分未被利用等；另一方面是切洗和制熟过程中对食物营养造成浪费，如新鲜绿叶蔬菜先切后洗会损失蔬菜中的维生素 C，切后浸泡 10 分钟就会损失 16% 以上，淘米次数过度会流失米中的无机盐、蛋白质、脂肪等营养素。人们在烹饪过程中有意或无意地降低了食物的利用率，造成了诸多浪费，但这些浪费常常被人忽略。

### §2-10.6.3 环境污染

餐厅烹饪需要清洗各种食材、餐具、餐巾、厨具等物品，排放的废水中含有动植物油、悬浮物、表面活性剂等多种污染物，加之拖地、洗漱、冲厕等产生的生活废水，排入江河之后很容易造成水质富营养化，污染水体。烹饪排放的油烟和厨余垃圾不及时处理排放的恶臭，会造成严重的大气污染。烹饪产生的油烟成分非常复杂，其中有大量致癌物质，长期吸入可诱发肺组织癌变，油烟还会伤害人的感觉器官，可引起鼻炎、视力下降、咽炎等疾病。世卫组织发布的《世界卫生统计 2016：针对可持续发展目标检测健康状况》报告，其中数据显示，每年有 430 万人死于因烹饪燃料造成的空气污染。目前许多国家餐饮垃圾没有专门处理机构，餐厨垃圾在储运过程中暴露在空气中，微生物、细菌大量繁殖，垃圾氧化腐烂产生有毒物质，且极易引起传染性疾病，对人类健康危害很大。

## §2-10.6.4 手艺失传

烹饪手工艺的失传，主要来自两个方面。一是来自机械化的冲击。人们一味追求效率，许多机械设备替代了手工制作，使烹饪愈加工厂化、快餐化，导致许多传统手工烹饪方法失传。二是来自商业思维的冲击。许多年轻人崇尚快捷方便，不喜欢家庭烹饪劳动，导致上一辈的烹饪手艺得不到传承，濒临失传。这两个趋势现在还没有任何减弱，应引起我们的高度重视。许多手工的烹饪技法，都是数百年来人类智慧的积累，若丢掉了就极难恢复。

从凭借经验到凭借科学，食物烹饪学要把食物烹饪作为科学、作为知识体系来研究，这是烹饪学科建设健康发展的基础。食物烹饪学要得到大发展，必须明确前进方向，加强食物烹饪学科梯队和烹饪研究基地的建设，注重食物烹饪学科人才培养。

# §2-11 食物发酵学

食物发酵学是食学的三级学科，在食学体系里的主要作用是用微生物的方法提高食物的适口性。食物发酵学是人类食物三大加工范式之一。食物发酵学是研究利用微生物增加食物适口性的学科。

发酵是一项既古老又充满活力的技术。目前，人们把利用微生物在有氧或无氧条件下的生命活动来改善和制备动植物食物，或利用微生物直接代谢产物或次级代谢产物的过程统称为食物发酵。食物发酵学侧重研究食物领域里的发酵原理。通俗地讲，食物发酵是在微生物的活动下发生的化学反应，就是食材原本成分被微生物分解、改变、转化的过程。发酵是人类利用微生物保存动植物原料、防止食物腐败的一种有效转换形式。

## §2-11.1 概述

食物发酵是一项古老又崭新的人类活动，它经历了漫长的岁月，随着人类文明和科学技术的进步，不断地发展和充实。几乎在地球上诞生生命的同时，发酵现象就已经存在了。"发酵不是古今人类智慧的体现，而是地球历史上 20 亿年前就已存在的自然现象，是微生物送给人类的礼物。"[19]但是对于发酵本质的认识，并发展形成发酵工业，却只有近几百年的历史。有需求就有进步，发酵工业的进步与人类需求息息相关，社会需求的增加推动着发酵技术的迅速发展。回顾人类食物发酵学的发展历史，可以分为以下两个阶段。

食物发酵的产生阶段。人类进行发酵生产的历史悠久，从史前到 19 世纪，人类在知其然而不知其所以然的情况下，即不了解发酵本质之前，就利用自然发酵现象

⑲ 林江：《腐的品格！初心者的发酵料理书》，中信出版社 2016 年版，第 1 页。

制成各种饮料酒和其他食品。早在 6000 年前，古埃及人和古巴比伦人已经开始酿造葡萄酒，2000 年前我们国家的祖先就知道如何利用黄豆发酵制造酱油，从出土的不同历史时期文物和文献记载中都能见证有关发酵的现象。在 19 世纪末以前，人们不断地积极努力改进酒类、面包、干酪等的风味及品质，"发酵"的本质及微生物的性质尚未被人们所认识，是天然发酵时期。之后，经过长期的技术摸索和实践，人们对发酵的认识日渐深入。

19 世纪末，法国的巴斯德（Louis Pasteur）通过实验明确了不同类型的发酵是由不同形态类群的微生物引起的，因此被誉为"发酵之父"。1881 年，德国的罗伯特·科赫（Robert Koch）建立了一套微生物纯培养的技术方法。此外，丹麦的汉逊（Hansen）在研究啤酒酵母时，建立了啤酒酵母的纯培养方法。

食物发酵的兴盛阶段。1929 年，英国弗莱明发现青霉素，从此开启了以青霉素为先锋的庞大的抗生素发酵生产工业。20 世纪 60 年代初期，为了解决微生物与人类争夺粮食的问题，生物学家对发酵原料的多样化开发进行了研究。随着现代生物技术，特别是基因工程的发展，发酵工程技术又有了迅猛的发展。20 世纪 80 年代以来，一些发达国家的研究人员纷纷试验将大豆蛋白基因转导到大肠杆菌中，然后通过发酵工程培养，可生产出大豆球蛋白，使大豆球蛋白产量倍增。其中，发酵饮料种类繁多，最常见也最有名的就是啤酒和葡萄酒。

在当代科技的推动下，发酵工程技术已经取得长足发展，现代西方的传统发酵食品都已经实现工业化生产，如干酪、酸奶、葡萄酒等，而一些发展中国家传统发酵食品的工业化程度普遍不高，例如中国，只有白酒等产品实现了工业化生产，其他产品大多是作坊生产或低工业化生产，因此，发酵还有很大的开拓空间。

近年来，随着生物化学和分子生物学技术的不断发展，可用于微生物多样性的研究方法层出不穷，而不再局限于传统的分离培养技术。运用非培养的生理生化方法和分子生物学技术对微生物进行更全面和深入的了解，使人们对自然界中 99% 以上不可培养微生物的研究成为可能。

发酵所用的原料通常以淀粉、糖蜜或其他农副产品为主，只要加入少量的有机和无机氮源就可进行反应。微生物因不同的类别可以有选择地去利用它所需要的营养。一般情况下，发酵过程中需要特别控制杂菌的产生。目前，发酵产品已不下百种。发酵食物不仅能够防止食物腐败，为人类提供不同风味的食物，还能产生人体所需的但是无法自身合成的物质，如维生素 B 族等；可以平衡肠道中益生菌群，从而调理肠胃。这是物理和化学加工方法所无法做到的；通过发酵作用，可将天然蔬果植物中的营养素分解为小分子状态，易于人体吸收利用养分，从而减少相关消化器官的负担。

# §2-11.2 食物发酵学的定义和任务

## §2-11.2.1 食物发酵学的定义

食物发酵学是研究利用微生物提升食物适口性和养生性的学科。食物发酵学是研究发酵食物与适口性和养生性之间的关系的学科。食物发酵学是解决人类食物发酵过程中种种问题的学科。食物发酵是人类有效利用微生物的典范。

食物发酵是指食品原料在微生物的作用下，经过一系列生物、化学反应后，转化为新的食品或饮料的过程。

从学科发展来说，食物发酵学是一门相对成熟的学科，但是仍然存在学术空白，例如对家庭和企业两个发酵场景（如图2-29所示）的研究处于不平衡的状态。

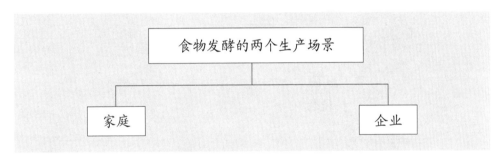

图 2-29 食物发酵的两个生产场景示意

## §2-11.2.2 食物发酵学的任务

食物发酵学的任务是指导用微生物干预的方法获得适口、健康的食物。现在，发酵食品的一大研究重点是在研究发酵生物多样性上。发酵主要靠微生物发酵，微生物种类繁多，每一类微生物的发酵条件也不尽相同。通过变异和菌种筛选，可以获得高产的优良菌株并使生产设备得到充分利用，甚至可以获得按常规方法难以生产的产品。

传统发酵食品的自然发酵微生物区系复杂，由于对微生物的结构和组成缺乏全面而深入的了解，发酵食品存在诸如产品安全性差、质量不稳定、生产周期长、难以实现工业化生产等问题。食品发酵类型众多，若不加以控制，就会导致食品腐败变质。另外，发酵工业的不合理排污还会造成生态的污染与破坏。因此食物发酵的任务是在保护生态的前提下，研究发酵食品、发酵微生物多样性，分析其品质和形成机制，提高食物发酵的利用率，从而使其更好地为人类服务。

# §2-11.3 食物发酵学的体系

食物发酵是食物加工行业中的重要组成部分，涉及众多食物加工环节。发酵是以微生物的生命活动为基础的，所以传统的发酵学体系，基本是以微生物来分类的。

食学中的食物发酵学体系，则按照另一个角度来划分，即按产品进行分类，具体包括制酒工艺学、制醋工艺学、制茶工艺学、酱油工艺学、腐乳工艺学、酸菜工艺学、发酵制品学、酸乳工艺学、火腿工艺学、干鲍工艺学、奶酪工艺学11门四级子学科（如图2-30所示）。

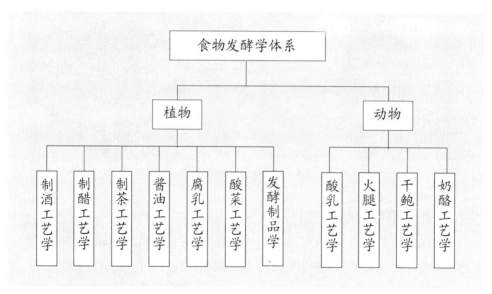

图 2-30 食物发酵学（按产品分类）体系

制酒工艺学。制酒工艺学是食学的四级学科，是食物发酵学的子学科。制酒工艺学就是研究利用微生物发酵生产含一定浓度酒精饮料过程的学科。由于酿酒原料的不同，所用微生物及酿造过程不一样，形成了酒的种类就不同。发酵作用是所有酒类的工艺基础。通过酵母菌、乳杆菌的作用，将糖类分解成乙醇和二氧化碳。"酒"，就是一种含有乙醇（酒精）的可饮用的液体，同时含有一定的营养成分和香味成分。以酒的性质来加以划分，可以将它们归结为三大类：发酵酒类，蒸馏酒类，精炼和综合再制酒类。

制醋工艺学。制醋工艺学是食学的四级学科，是食物发酵学的子学科。制醋工艺学是研究以粮食、糖、乙醇为原料，通过微生物发酵酿造醋的过程的学科。食醋的酿造方法分为固态发酵和液体发酵两大类。传统的食醋制法多采用固体发酵，其产品风味好，有独特的风格，但存在着需要辅料多、发酵周期长、原料利用率低及劳动强度高的缺点。近年，酶法液化通风回流法及液体深层发酵制醋新工艺，提高了原料利用率，减轻了劳动强度，改善了产品卫生，但风味差于固态发酵食品。

制茶工艺学。制茶工艺学是食学的四级学科，是食物发酵学的子学科。制茶工艺学是研究制茶过程中与发酵及其过程相关的食物的学科。需要说明的是，并非所有的茶都经过发酵工艺的加工，大多数茶的制作原理是利用了茶的酶促反应和氧化来生产的。但是，茶的生产，特别是一些利用了微生物发酵原理生产的发酵茶，品质更独特、更富养生性。这里仅探讨经过发酵的发酵茶。茶树芽叶经过萎凋、揉切、发酵、干燥等初制工序制成毛茶后，再经精制成的茶，就是发酵茶。可分为轻发酵茶、半发酵茶、全发酵茶、后发酵茶等不同种类。

酱油工艺学。酱油工艺学是食学的四级学科，是食物发酵学的子学科。酱油工艺学是研究酱油生产过程及与其相关的事物的学科。酱油是以大豆、小麦等原料（植物性蛋白和淀粉质），经过原料预处理、制曲、发酵、浸出淋油及加热配制等工艺生产出来的调味品，营养极其丰富，主要营养成分包括氨基酸、可溶性蛋白质、糖类、酸类等。酱油工艺起源于中国，是中国古老的酿造调味品。根据中国历史文献记载，用大豆、小麦制造酱油的生产至少已经有2000多年的历史。按照制作工艺，即发酵方式分类，可以分为：低盐固态工艺、淋浇工艺、高盐稀态工艺。

腐乳工艺学。腐乳工艺学是食学的四级学科，是食物发酵学的子学科。腐乳工艺学是研究腐乳制作过程及与其相关事物的学科。腐乳是我国特产发酵食品之一。腐乳现在大多是将纯菌种接种在豆腐坯上，在一定条件下制成的。首先将大豆制成豆腐，然后压坯划成小块，摆在木盒中即可接上蛋白酶活力很强的根霉或毛霉菌的菌种，接着便进入发酵和腌坯期。最后根据不同品种的要求加以红曲酶、酵母菌、米曲霉等进行密封贮藏。随着人民生活水平的提高和国民经济的发展，人们对腐乳的质量要求越来越高。腐乳正在向低盐化、营养化、方便化、系列化等精加工方面发展。

酸菜工艺学。酸菜工艺学是食学的四级学科，是食物发酵学的子学科。酸菜工艺学是研究酸菜发酵过程及与其相关事物的学科。酸菜的制作主要靠乳酸菌的发酵作用，是世界上最早的保藏蔬菜的方法。乳酸菌分解大白菜中的单糖、二糖产生的乳酸使 pH 值下降，发酵产生的二氧化碳使发酵容器中处于厌氧状态，从而阻止食品受其他微生物的侵染和腐败变质，起到延长食品保存期的作用。同时发酵过程中产生的二氧化碳、醋酸、乙醇、高级醇、芳香族酯类、醛类、硫化物等赋予了酸菜独特的风味。

发酵制品学。发酵制品学是食学的四级学科，是食物发酵学的子学科。发酵制品产业是以含淀粉（或糖类）的农副产品为原料，利用现代生物技术对农产品进行深加工、生产高附加值产品的产业。它主要包括氨基酸、有机酸、淀粉糖、酶制剂、酵母、多元醇以及功能发酵制品等行业。食品类的发酵制品主要包括味精、柠檬酸、酶制剂、酵母、淀粉糖和特种功能发酵剂品等。

酸乳工艺学。酸乳工艺学是食学的四级学科，是食物发酵学的子学科。酸乳工艺学是研究酸乳发酵过程及与其相关事物的学科。酸乳主要是利用乳酸菌进行乳酸发酵，分解乳糖产生乳酸而得到的发酵乳。酸乳按照制作工艺可以分为：凝固型、搅拌型；按照口味可以分为：天然醇酸乳、加糖酸乳、调味酸乳、果料酸乳、复合型或营养健康型酸乳。

火腿工艺学。火腿工艺学是食学的四级学科，是食物发酵学的子学科。火腿工艺学是研究制作火腿过程中的发酵环节及与其相关事物的学科。火腿的发酵主要是指在人工控制条件下，利用微生物或酶的发酵作用，使原料肉发生一系列生物化学变化及物理变化，而形成具有特殊风味、色泽和质地以及较长保藏期的肉制品。

干鲍工艺学。干鲍工艺学是食学的四级学科，是食物发酵学的子学科。干鲍工艺学是研究鲍鱼发酵过程及与其相关事物的学科。由于鲍鱼中水分含量过高等因素的制约，使得鲍鱼在加工贮藏过程中极易发生风味变化，大大降低其价值。鲍鱼发酵就是利用微生物在一定条件下发酵，改变鲍鱼的生化指标。微生物产生的蛋白酶分解肉中的蛋白质成为较易被人体吸收的多肽和氨基酸，使鲍鱼具有特有的香味和色泽，延长贮藏期。

奶酪工艺学。奶酪工艺学是食学的四级学科，是食物发酵学的子学科。奶酪工艺学是研究奶酪发酵过程及与其相关事物的学科。奶酪指在乳中加入适量的乳酸菌发酵剂和凝乳酶，使乳蛋白凝固后，排除乳清，将凝块压成所需形状而制成的乳制品。奶酪含有丰富的蛋白质、钙、脂肪、磷和维生素等营养成分，是纯天然的食品。就工艺而言，奶酪是发酵的牛奶；就营养而言，奶酪是浓缩的牛奶，被誉为乳品中的"黄金"。

# §2-11.4 食物发酵学面临的问题

食物发酵技术在食品工业中起着支撑半壁江山的作用，而且日新月异的新技术、新设备的研制，新菌种、新途径的发现都为发酵食品的开发提供了广阔前景。然而，在食物发酵工业迅猛发展同时带来的一系列问题同样值得关注。问题主要有两个，一是浪费严重；二是环境污染。

## §2-11.4.1 浪费严重

2013 年中国粮食国内总消费量为 60 133 万吨，而发酵工业耗粮约为 16 970 万吨，占了总消费量的 1/4 强。[20]另外，发酵工业在生产过程中，面临着严重的粮食等原料的浪费问题。所以降低粮食等原料的需求和浪费，提高发酵工业的成品产销率是目前我国发酵工业所面临的重要问题。水资源浪费问题同样严重。2012 年中国味精行业年耗水量 1.25 亿吨，柠檬酸行业年耗水量 4000 万吨，这对于中国这样一个人均水资源贫乏的国家来说，的确是触目惊心。

## §2-11.4.2 环境污染

发酵工业产品是原料先经过发酵，再经提取、精制得到的，生产过程必然会产生大量的具有一定浓度的有机废水和废渣。2012 年中国味精行业排放废水 1.2 亿吨，柠檬酸行业排放废水 3500 万吨，这些废水和废渣是发酵工业的主要污染物，不经严格处理就排入江河湖海，将会对人类的生活环境造成严重污染，甚至危害人类的身体健康。

在生物技术的助推下，食物发酵学将促进传统食品发酵工业的全面技术改造，逐步向以优质、高产、高效、资源节约、环境友好型为特征的现代发酵食品产业过渡。食物发酵学将会使古老的发酵技术焕发新的生命活力，实现发酵食品规模化、稳定化、节能化生产，继续造福人类。

---

[20] 刘二伟、朱文学、曹力、王芳:《我国发酵工业存在的主要问题及解决措施》，《生物技术通讯》2015 年第 3 期。

# §2-12 食物碎解学

食物碎解学是食学的三级学科。食物碎解是人类食物三大加工范式之一。食物碎解是一种历史久远的食物加工方式，也是伴随食学研究出现的一个新名词。与化学主导的食物烹饪、微生物主导的食物发酵相比，食物碎解的特点是以物理方式为主对食物进行加工。

食物碎解的目的有两个：一是增加食物适口性；二是延长食物的储藏期。从整个食学链条看，食物碎解主要集中在食物的初加工阶段。在这个阶段，食物一般只是发生量或形的变化，而非质的变化。

食物碎解是一个比较宽泛的概念，不仅是将食物分割切碎，凡是以物理方式对食物进行初加工的，如食物碎解、分离、干燥、浓缩、冷冻等，都可以归于食物碎解学的范畴。

## §2-12.1 概述

食物碎解是一个从原始社会就开始存在的现象。当时的人类将食物碎解，是为了让食物更便于食用，更便于保存，以及让食物获得与之前不同的味道。从古人类将原生态的食物风干、砸碎、研磨成粒开始，食物碎解就开始了漫长的历程。依据其发展历程，食物碎解可以分为启蒙、发展和现代化三个阶段。

食物碎解的启蒙阶段。对食物碎解的记录古已有之。风干和晒干应该是人类最早的食材处理方式。在《诗经》《楚辞》《周礼》等中国先秦著作中，都有食物碎解的相关记载；汉代《僮约》中有对茶加工的研究记录，[21] 其后《天

---

[21] 秦勇：一纸《僮约》，"无意"记录最早茶市，四川日报，2016 年 9 月。

工开物》《齐民要术》等书中，亦有对茶加工的记载。

旧石器时代的欧洲，人们就已经开始加工野生谷物、制作面粉了。这比驯化动物、开始农耕的时间早了许多。《美国国家科学院院刊》（PNAS）上，研究者们对意大利南部（GrottaPaglicci 洞穴）发现的旧石器时代研磨工具进行了分析。年代测定显示，这块研磨石距今约有 3.2 万年。研究报告显示，这块研磨石上残留着不少植物淀粉颗粒，通过形态分析，研究者认为这些淀粉粒来自禾本科植物，它们很可能属于燕麦。同时，研究者们还在显微镜下发现了膨胀、烟化的淀粉颗粒。这说明古人类在研磨这些谷物之前，曾对它们进行过加热处理，以便让谷物更快干燥，方便研磨加工。

在新石器时代，人类为了收割住地附近的野生谷物，已经懂得把石头磨成镰刀；为了把谷物磨成粉，他们又把石头磨成杵臼。据《人类简史》记载，公元前 12 500 年到公元前 9500 年生活在黎凡特地区的纳图芬人，大部分时间都在辛勤采集、研磨各种谷物。他们会盖起石造的房舍和谷仓，还会发明新的工具，像发明石镰刀收割野生小麦，再发明石杵和石臼来加以研磨。这说明，碎解是人类早期的一项重要的食物加工劳动。[22]

食物碎解的发展阶段。人类进入农耕社会和铁器时代后，食物碎解的对象越来越多，用于食物碎解的工具也越来越多，部分畜力、水力代替了人力，解放了劳动力，提高了食物碎解的效率。

随着社会的进化，食品碎解领域开始出现专业化分工，如磨面作坊、干酪制造作坊等。原料和加工方法小有改变，就形成了多个干酪、面包的地域性品种。许多初加工业成为今日食品工业的前驱，有些食品迄今已经生产了 800 年之久。在这个阶段，水力和畜力驱动的机械设备缩短了生产时间，减少了人力需求。

食物碎解的现代化阶段。18 世纪的工业革命，促进了食物加工规模的迅速扩大。电力的出现，使碎解机械和碎解效率发生了天翻地覆的变化。为了达到改善食物外形、颜色和口感和延长保质期的目的，越来越多的添加剂进入食物碎解过程中。20 世纪末 21 世纪初计算机智能技术的加入，更促进了食物碎解这一传统领域向高科技转型。迄今为止，食品碎解加工的高新技术层出不穷，例如食品超微粉碎技术、食品微胶囊技术、视频膜分离技术、食品分子蒸馏技术、食品超临界萃取技术、食品冷冻加工技术、食品挤压与膨化技术等。

---

㉒ [以色列] 尤瓦尔·赫拉利：《人类简史》，陈俊宏译，中信出版社，2014 年版，第 84-85 页。

　　食物碎解工具的发展，食物碎解技术的进步，高科技新技术的加入，大大促进了食物碎解、食物加工和食品工业的发展。如今，食品工业在世界经济中已经占据了举足轻重的地位，工业化国家的食品工业是发展最快的产业之一，加工增值比例一般在 2.0~3.7 : 1.0，发达国家的农产品加工程度在 90% 以上，在国民经济中占有重要的地位。食品工业的现代化水平，已成为反映人民生活质量及国家发展程度的重要标志。

　　伴随食品加工业的工业化发展，在食物碎解加工领域也出现了各种问题，例如环境污染、原料浪费、添加剂的滥用等。

图 2-31 食物碎解生产场景示意

# §2-12.2 食物碎解学的定义和任务

## §2-12.2.1 食物碎解学的定义

　　食物碎解学是研究用物理的方法提升食物适口性和养生性的学科。食物碎解学是研究物理加工食物与适口性和养生性之间关系的学科。食物碎解学是解决人类食物碎解过程中种种问题的学科。

　　随着社会的发展和科学技术的进步，人民生活质量不断提高，对食物碎解学也提出了更高的要求。

## §2-12.2.2 食物碎解学的任务

　　食物碎解学的任务是指导人类用物理的方法获得适口、健康的食物。

　　食物碎解是食物加工的重要组成部分，能够在保障食物原生性的基础上延长食物的储藏期，保证食物的数量、质量安全。提高原料的利用率，降低加工环节的损失。减少浪费、减少环境污染是食物碎解学的一项重要任务。

# §2-12.3 食物碎解学的体系

食物碎解即用物理方法对食物进行加工，涉及的范围广泛，包括种植类食物、畜牧类食物和捕捞类食物。碎解的方法和流程复杂，需要专业的从业者和食物碎解机械设备。同一类产品的碎解过程，可能需要多个碎解工艺的参与。这些特点，决定了食品碎解学具有广泛、多样、工艺性强的特点。

食物碎解学的体系是以加工工艺的方法进行划分的，包括食物干燥学、食物浓缩学、食物分离学、食物粉碎学、食物搅拌混合学、食物冷冻学 6 个四级子学科（如图 2-32 所示）。

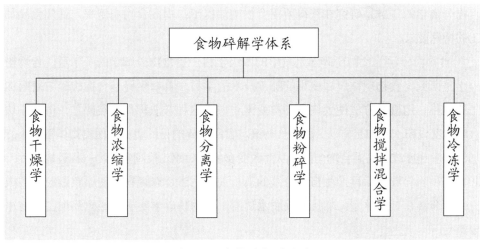

图 2-32 食物碎解学体系

食物干燥学。食物干燥学是食学的四级学科，是食物碎解学的子学科。食物干燥学是研究通过干燥技术将食品中的大部分水分除去，达到降低水分活度、抑制微生物生长和繁殖、延长储藏期方法的学科。食品干燥的方法按照干燥方式不同可分为间歇式和连续式；按操作压力不同可分为常压干燥和真空干燥；按工作原理不同可分为对流干燥、接触干燥、冷冻干燥和辐射干燥。干燥保藏是食品加工最重要的方法之一，对粮食、蔬菜、水果等食物的采后进行干燥处理具有十分重要的意义。食物干燥学的任务就是通过研究干燥技术，在食物的能量利用率、产品质量、安全性、操作成本和生产能力等方面有新的突破。

食物浓缩学。食物浓缩学是食学的四级学科，是食物碎解学的子学科。食物浓缩学是研究从食物所含溶液中去除部分溶剂，使溶质和溶剂部分分离，从而提高溶液浓度的学科。食物的浓缩可以分为平衡浓缩和非平衡浓缩。食品浓缩的目的是作为食品干燥的提前处理，从而降低食物的加工热耗；作为干燥或更完全脱水过程的预处理；提高食物的质量和储藏性；缩小食物的体积和重量，便于运输；提取食物中的芳香物质。食物浓缩学的任务是在保障食品成分价值的基础上，延长食物保质期。

食物分离学。食物分离学是食学的四级学科，是食物碎解学的子学科。食物分离学是研究食品科学与工程中各种分离技术的应用的学科。它依据某些理化原理将食物中的不同组分进行分离，是食品加工中的一个主要操作过程。食品分离技术按照分离方法，可以分为物理法、化学法、物理化学法，具体有过滤、压榨、离心、蒸馏、提取、吸收、吸附等方法。食物分离技术是食品工业的基础，能提高食物原料的综合利用程度；能保持和改进食物的营养和风味；能使产品符合食品卫生要求。食物分离学的任务是研究在获得所需食物的前提下，提高食物利用率，适应食品加工的特殊要求。

食物粉碎学。食物粉碎学是食学的四级学科，是食物碎解学的子学科。食物粉碎学是研究将食物颗粒尺寸变小的加工技术的学科。食物粉碎是食物破碎与研磨加工的总称。用机械方法使大块食物料变为小块，这种方法称作"破碎"；再将小块食物料变成粉末的加工方法，就称作研磨。食品粉碎的目的包括：使食物体积变小，加快溶解速度或提高混合均匀度，从而改变食品的口感；控制多种物料相近的粒度，防止各种粉料混合后再产生自动分级的离析现象；进行选择粉碎使原料颗粒内的成分进行分离；减小体型，加快干燥脱水速度。食物粉碎学对于指导食品加工具有重要意义。

食物搅拌混合学。食物搅拌混合学是食学的四级学科，是食物碎解学的子学科。食物搅拌混合学是研究将两种或两种以上不同物料互相混杂，使成分浓度达到一定程度的均匀性的操作的学科。搅拌是借助流动中的两种或两种以上物料在彼此之间相互散布的一种操作。混合多数情况是指固体与固体、固体与液体、液体与液体之间多组分或多相的混合。混合后的物料可以是均相的，也可以是非均相的。非均相混合物的制取必须采用搅拌的方法。混合在食品工业中的应用分为两方面：首先是作为最终目的的加工，其次是常做吸附、浸出、结晶、离子交换等操作的辅助操作。

食物冷冻学。食物冷冻学是食学的四级学科，是食物碎解学的子学科。食物冷冻学是研究利用制冷技术产生的低温源使产品从常温冷却降温，进而冻结的操作的学科。食品冷冻包括制冷和食品冷冻两个部分。现代食品工业中所应用的冷源都是人工制冷得到的。根据制冷剂状态的变化，可以分为液化制冷、升华制冷和蒸发制冷三类。冷冻食品、冷却食品、冷食食品等都直接利用冷冻设备生产，冷冻机械在冷冻过程中是关键设备。冷冻的目的主要是为了延长食物的保质期，保证食物的原生性和适口性。因此食物冷冻学的任务主要在于平衡食物原生性与适口性。

# §2-12.4 食物碎解学面临的问题

食物碎解学面临着3个方面的问题：一是添加过度；二是环境污染；三是加工过于精细。

## §2-12.4.1 添加过度

当前，人们将各种化学添加剂，伴随碎解的过程添加到食物中，以达到美化食物颜色、味道，满足口感或其他方面要求的目的，例如使用化学添加剂为面粉增白、改变质感、延长保质期。这样可以为商家带来更多的商业利益，但过多、过量的添加，无疑会给消费者的健康带来损害。

## §2-12.4.2 环境污染

这里所说的食物碎解环节的污染，分为对食物自身的污染和对外界环境的污染两个方面。对食物自身的污染是指食物碎解环节对食品本身的污染，主要是化学物质、金属颗粒的污染，主要包括：产生热解产物，氨基酸变性，油脂高度氧化，产生杂环胺类化合物、苯丙芘、亚硝胺、铅、砷等有害物质，以及微生物对环境的污染。对外界环境的污染主要表现为加工过程中排放的污染物对水、土地和空气的污染。以油脂加工业为例，油脂加工业在浸出工段，每处理1吨油料，就会产生60升的废水；油脂工厂使用的锅炉大多属于燃煤型，生产供汽过程中产生的大量烟尘和二氧化硫排向大气；油脂厂在生产中设备的运行震动、设备与物料的摩擦、真气喷射器以及车间的风机和泵都会产生大分贝的噪声。

### §2-12.4.3 加工过于精细

人们生活观念的提高对于食品逐渐追求"精细高"。然而过分地追求"精细高"不仅会增加食物碎解的成本，还会造成食物浪费，而且由于太过"精细高"而忽略了食物本身的营养价值，反而不利于人体健康。例如，油脂加工业在精炼工段产生的废白土一般都被作为垃圾扔掉，这不仅造成了资源浪费，而且污染了环境。另外，稻米抛光工艺在 1985 年发展起来后，大米加工的精细化程度日益提高。现在中国年产稻谷 19 500 万吨左右，可产标二米 13 650 万吨左右。若其中有 20% 的稻谷被加工成特制米，大米损耗量约为 400 万吨，相当于 2000 多万人的全年口粮、近千万亩稻田的年产量。况且精制米加工不但数量损失太大，又造成营养素损失严重，不利于人们的健康。

随着社会的发展和科学技术的进步，人民生活质量的不断提高，对食物的品质也提出了更高的要求。作为食物加工关键环节的食物碎解，越来越得到人们的重视。在这种大环境下，食物碎解学将出现两个变化：一是学科体系建设会得到强化，学科建设从无到有，整个学科会变得系统全面；二是链接新科技、运用新技术的能力进一步加强。食物碎解学是实用性很强的学科，其最终目的是为了解决实际问题，在人类食产业进入现代化、走向智能化的今天，不断吸取最新科技成果，食物碎解学必将取得更大的发展。

# 流转食物

　　本单元包括食学的四个 3 级学科：食物贮藏学、食物运输学、食物包装学和食为设备学。将这四个学科放在一个单元，是因为它们具有一个共性为食物生产服务，它们均不直接参与食物生产，而是为采捕、种植、养殖、培养、合成的一次生产领域和发酵、烹饪、碎解的二次生产领域提供服务。从食学学科体系看，食物贮藏学、食物运输学、食物包装学和食为设备学都属于交叉学科。从学科成熟度看，这四个学科都属于新学科。

　　食物的贮藏是满足人类时间维度的需求；食物的运输是满足人类空间维度的需求；食物包装，是食物的外部装饰，是为食物贮藏、运输、售卖服务的。食物的贮藏、运输、包装，都是食物流通的重要组成。食为设备是为食物生产和食物利用服务的，主要的价值是提高食为效率，可以分为食物生产设备和食物利用器具两个方面，其中食物生产设备家族庞大，种类繁多，是食为设备的主要组成部分。而食物利用器具无论从行业规模、种类多寡还是体量大小来看，与前者都不可同日而语。前者称为设备，后者称为器具。

　　本单元主要研究食物贮藏、食物运输、食物包装以及食为设备的内容、定义、任务、问题和运行规律。流转食物通过储存时间的延伸、空间位置的移动以及形状性质的变动，可以创造三大效用，即通过对食物贮藏的时间控制，提高食物的时间效用；通过食物移动的空间控制，提高食物的空间效用；通过对食物进行包装等，改变食物的外在形态，提高食物的商品价值。食为设备的制造和使用，有两个目标：提高食物生产的劳动效率，提升食物利用的便捷。

食物贮藏、食物运输、食物包装和食为设备，在人类早期食为活动中均已存在。但是从行业出现时间说，却先后不一。食为设备出现得较早，食物贮藏和食物运输居中，食物包装出现得较晚。

当今流转食物领域面临的主要问题有三个：第一个问题是行业发展与消费者逐步提高的要求不相适应。当代消费者不但要求食物新鲜，还要求食物在运送过程中无污染；不但要求食物种类丰富多样，还要求配送及时快速，而流转食物业的发展速度还跟不上这样的要求。第二个问题是流转食物过程中对食品安全的监管力度不够，各类添加剂使用过多，食品安全还有待提高。第三个问题是储运过程中的食物浪费严重。

本单元的创新点是将所有与食产、食用相关的设备、器具集纳一处，明确提出了"食为设备学"。

# §2-13 食物贮藏学

　　食物贮藏学是运用微生物、生物化学、物理学等理论和知识，专门研究食物腐败变质的原因、食物贮藏方法的原理和基本工艺，解释各种食物腐败变质现象，并提出合理、科学的预防措施，从而为食物的贮藏提供理论基础和技术基础的学科。

　　任何食物都离不开贮藏，没有食品贮藏就没有食物的流通，就没有市场。食物贮藏是维护食物品质，减少损失，实现四季均衡供应的重要措施，具有重要的社会效益和经济效益。

## §2-13.1 概述

　　人类的食物贮藏可以划分为两个阶段：第一个阶段是自然贮藏阶段，即依靠自然条件；第二个阶段是机械贮藏阶段，即依靠机器完成贮藏。

　　自然贮藏阶段。食物的贮藏起源于原始社会时期，原始人类有了剩余的粮食之后，会将食物放在石头垒砌的空间内保存，这是最早的贮藏方法。此后经过发展，逐渐形成了窖藏、冷藏等多种办法。最早的窖藏是利用土壤的保温作用来储存粮食、蔬菜和水果，这种方法在 7000 年前的中国新石器时代就已经使用。地窖可以遮风避雨，防止鸟类兽类侵袭，减少损耗，所以一直是高纬度地区贮藏食物的重要方法。冷藏主要用于熟食、酒类、水产和水果，是利用天然冰贮藏食物的方法。3000 年前中国《诗经》中有"二之日凿冰冲冲，三之日纳于凌阴"的关于采集和贮藏天然冰的记载。此后还陆续有沙藏、涂蜡、密封等储存方法得到应用。自然贮藏阶段的食物储藏，大多依赖天然条件，如土壤、冰块、沙石等等。

　　机械贮藏阶段。第一次贮藏保鲜技术革命之前，人类对食物的贮藏完全依赖自然。进入 19 世纪后叶，人们摆脱了自然的束缚，先后出现了两次食物的贮藏保鲜技术的重大技术革新。即 19 世纪后半期罐藏、人工干燥、冷冻三大主要储存技术的发明与普及；20 世纪以来快速冷冻及解冻、冷藏气调、辐射保藏和化学保鲜等技术的出现与应用。

全球冷链联盟 (GCCA) 的核心合作伙伴国际冷藏仓库协会 (IARW)2016 年在华盛顿发布了全球冷库容量的报告。该报告显示，全球的公共冷库 (PRW) 的存储容量稳步增加。随着世界各地更多地依靠冷链来满足不断增长的易腐产品的贸易和消费，增加冷藏容量成为一个全球的趋势。2008 年，全球总体冷藏库容量大约是 2.4777 亿立方米 (87.4997 亿立方英尺 )。[23] 2016 年全球冷库储存能力为 6 亿立方米，比 2014 年增加了 8.6%。[24]

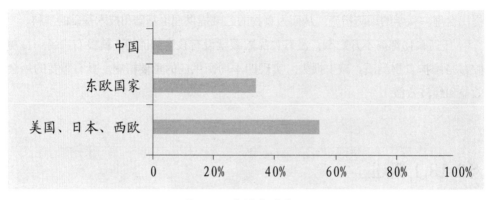

图 2-33 冷链物流占比

# §2-13.2 食物贮藏学的定义和任务

## §2-13.2.1 食物贮藏学的定义

食物贮藏学是研究食物质量维度与时间维度变化及规律的学科。食物贮藏学是研究食物质量与时间之间关系的学科。食物贮藏学是解决食物存放过程中问题的学科。

食物贮藏按时间长短，可划分为短期存放和长期储备。有关食物贮藏的提法很多，诸如食品保鲜、食品储藏、食品贮存、食品保存等，均属于食物贮藏的范畴。

---

[23] http://news.makepolo.com/6380450.html（国际冷藏仓库协会发布全球冷库容量报告）。
[24] http://www.chinabgao.com/k/lingku/26527.html（2016 年全球冷库行业数量增长数据分析）。

食物生产学

### §2-13.2.2 食物贮藏学的任务

食物贮藏学的任务是在保证食物质量的同时，提高其存放时间的稳定性、安全性。食物贮藏学的任务是指导人类选择适当的技术来存放和储备食物，使食物在预定的时间内维持质量的稳定性。食物贮藏学的具体任务包括以下几方面：在食物存放过程中，如何针对不同食物的特性，调节温度和湿度，并预防食物被虫鼠所害；如何保证食物在贮藏过程中不被污染。

## §2-13.3 食物贮藏学的体系

食物贮藏学体系以贮藏的构件为分支，共分为食物常温贮藏学、食物低温贮藏学、食物贮藏设备学 3 个学科（如图 2-34 所示）。

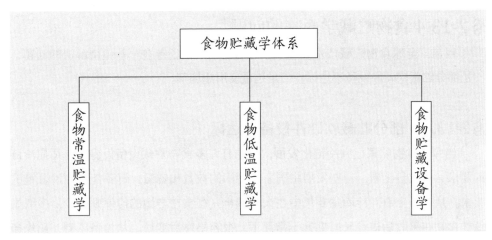

图 2-34 食物贮藏学体系

食物常温贮藏学。食物常温贮藏，一般是指食物在 15℃ ~25℃条件下储存。依据地区温度差别，这一温度值会有一定幅度的上下调整。比起低温贮藏，食物常温保存难度较大，所以一定要注意下述五点：一是食品仓库必须做到专用，不得存放其他杂物和有毒有害物质；二是各类食品分别存放；三是应有良好通风设施，保持库房内所需温度和湿度，防止食品霉变、生虫；四是搞好防尘、防蝇、防鼠工作，定期对库房周围进行卫生清扫，消除有毒、有害污染源及蚁蝇滋生场所；五是制定严格的储存安全管理制度。

食物低温贮藏学。食物低温贮藏学是食学的四级学科，是食物贮藏学的子学科。食物低温贮藏学是一门研究利用低温技术将食品温度降低并维持食品在低温（冷却或冻结）状态，以阻止食品腐败变质，延长食品保存期的学科。食品低温贮藏分为冷藏和冻藏两大类。冷藏的温度范围一般为-2℃~15℃，常用4℃~8℃，贮藏期为几天到数周；冻藏的温度范围为-30℃~-12℃，常用-18℃，适合长期贮藏，贮藏期为十几天至几百天。

食物贮藏设备学。食物贮藏设备学是食学的四级学科，是食物贮藏学的子学科。食物贮藏设备学是研究食物贮藏机器的学科，其任务是研发更高效、更实用的食物储备和存放设施。食物贮藏设备是一个庞大的家族，仅以食品冷藏设备论，就包括冷库、保鲜库、冷藏库、冷冻库、速冻库、冷处理间等库房设备，冷藏车等运输设备，冰柜、冷冻柜、保鲜柜等贮藏设备，家用冰箱等终端贮藏设备。

# §2-13.4 食物贮藏学面临的问题

目前，全球食物贮藏技术总体水平显著提高，但还存在一些亟待解决的问题：一是部分贮藏软硬件设备不达标；二是过量使用添加剂。

## §2-13.4.1 部分贮藏软硬件设备不达标

当今的食物贮藏已向冷链化发展，但仍有许多食物贮藏设备设施不能适应冷链的要求。从数量上看，一些发展中国家的冷库的数量和容量，远不能适应冷藏链的要求。从布局上看，冷库主要集中在大中城市，在食物产地的冷库则很少，多数果蔬类食物在采收后往往长时期处于常温下，很容易腐烂变质。从设备上看，码垛搬运机械化、货架标准化、管控智能化等还未普及。从软件上来说，一些食物库房的电子资料和查询系统还不完善，一旦出现问题，很难追溯到田间地头，给食品安全带来隐患。

## §2-13.4.2 过量使用添加剂

大部分食物营养丰富，适于微生物繁殖，因此食物贮藏在自然状态下极易变质而失去其食用价值，有些微生物甚至会在生长繁殖中产生有毒的代谢产物，人类食用之后会引起食物中毒，因此，人们为了抑制微生物的生长和繁殖，延长食物的贮藏时间，会在食物贮藏时使用防腐剂等物质。适量的添加剂有利于食物保鲜，但过量添加会破坏食物的原生性，降低食物质量。一些不法分子为了节约成本、有意延长保质期，牟取暴利，非法使用了不可食用的添加剂，或者过量使用可食用添加剂，严重损害了食物质量，也对人体造成伤害。[25]

建设食物贮藏学，应重视食物储存相关学科的基础研究、加强高新技术成果在食物贮藏学中的应用研究，强化成熟的高新技术成果在食物贮藏学中的开发应用，加大对食物贮藏业科技创新的支持力度。另外，还应加强全球范围外食物贮藏加工利用的学术组织间的交流、合作研究与技术开发，更好地借鉴食物贮藏学已有的成熟经验和最新研究成果，以振兴全球的食物贮藏业。

[25] https://wenku.baidu.com/view/9900f21014791711cc79171d.html（食品保藏剂和食品安全性的关系）。

# §2-14 食物运输学

食物运输学是食物生产学的子学科，它是一门交叉学科。食物运输学在食学体系里的主要作用是，研究在食物的移动过程中保持质量的稳定性。食物的合理分配离不开移动，由于食物本身的特殊属性，其移动需要遵循一定的规律。食物运输学的任务就是研究这些规律，提高其效率。

食物运输历史悠久，是各地互通有无的一项重要内容。当代交通的便捷，可以让生活在世界各地的人群品尝到产自遥远之地的食物，满足人类的口腹之欲，提高体质健康水平。伴随交通工具和技术的发展进步，食物运输业也在不断发展进步，食物流体量显著增加，运输速度日益提高。

## §2-14.1 概述

食物运输从人类的原始时期就已经存在。迄今为止，人类发明了许许多多的运输方式，以满足不同食物的运输需求。

水上、陆上运输阶段。在人类进入文明社会之前，是以肩扛、背驮或头顶的方式进行食物运输的；其后，随着时间的推移，人们知道了利用动物来驮运食物以减少人类的负担。随着人类活动范围的扩大，为了求得生存和发展，出现了最早的交通工具——筏和独木舟，以后逐渐出现了车，进而出现了最原始的航线和道路。食物等货物的运输系统包括舟和车。3000 年前的甲骨文中已经出现舟字，《诗经》中也记载了 2800 年前就已经出现了水上运输。

就目前而言，世界上最早的车出现在中东地区与欧洲。在中东的两河流域，在乌鲁克文化时期的泥版上，出现了表示车的象形文字。在叙利亚的耶班尔阿鲁达(Jebel Aruda) 发现了一只用白垩土做的轮子模型，这也是中东地区最早的车轮模型。在

德国的夫林班克 (Flintbek) 的一座墓冢中，发现了三道车轮的印辙。这些车轮印痕的校正年代为公元前 3650~ 前 3400 年，属于欧洲新石器时期的漏斗颈陶文化时期 (Funnel Beaker Culture)。在德国洛纳 (Lohne) 的一块史前墓石上，有两头牛正在拉车的场面。

2004 年，中国社会科学院考古研究所的研究人员在对二里头遗址的发掘中，在宫殿区南侧大路的早期路土之间，发现了两道大体平行的车辙痕。河南偃师二里头遗址发现的夏代车辙，将我国用车的历史上推至距今 3700 年左右。

早期拉车的主要是牛，随着辐式车轮的出现，进入公元前 2000 年，在欧洲与西亚的许多地方，几乎同时都出现了双轮马车。中国春秋时期，食物的运输主要依靠马匹。1700 年前，中国就设置了驿站，这是古代食物运输的中转站和休息站，云南驿是中国古代西南丝绸之路的重要驿站，不但是云南省省名的起源，而且名字保留至今有 2000 年的历史。虽然这一阶段的食物运输速度慢，但却创造了多条世界著名的食物运输通道，如 2000 年前汉朝的丝绸之路，1400 年前贯通的京杭大运河等。

此阶段，水上运输同以畜力、人力为动力的陆上运输工具相比，无论从运输成本、运输能力，还是从方便程度上比较，都处于优势地位。历史上水运的发展对工业布局有较大的影响，资本主义国家早期的工业大多是沿通航水道设厂。在水上运输中，由于地理因素的关系（远隔重洋），海上运输具有独特的地位，几乎是其他运输方式不能被替代的。

铁路运输阶段。18 世纪 80 年代到 19 世纪初，蒸汽机相继用于船舶和火车上。1825 年，英国在斯托克顿至达灵顿修建世界第一条铁路并投入公共客货运输，标志着铁路时代的开始。这一阶段，由于铁路能大量、高速地进行运输，几乎可以垄断当时的陆上运输。从此，工业布局摆脱了对水上运输的依赖，能够深入内陆腹地，加速工农业的发展。因此，19 世纪工业发达的欧美各国都相继进入了铁路建设的高潮。随后又扩展到亚洲、非洲及南美洲，使铁路运输在此阶段几乎处于垄断地位。

食物运输的重大变革要得益于蒸汽机的发明，制造了大机器、汽车、火车，人类逐渐用汽车、火车代替牛车、马车运送食物，不但提高了运输效率和运输数量，而且缩短了运输时间，减少了在运输过程中腐败变质的食物数量。

公路、航空运输阶段。20 世纪 30 年代至 50 年代，公路、航空运输相继发展，与铁路运输竞争激烈。19 世纪末，在铁路运输发展的同时，随着汽车工业的发展，公路运输悄然兴起 (1886 年德国人本茨发明了真正的汽车)。由于公路运输机动灵活、迅速方便，不仅在短途运输方面显示出优越性，而且随着各种完善的长途客车、大载重专用货车和高速公路的出现，在长途运输方面显示出优越性。

世界航空产生于 19 世纪末 20 世纪初（1905 年，美国人莱特兄弟制造了真正的飞机）。飞机使得食物运输的效率进一步提升，运输范围也随之扩大。近几十年，冷链运输在食物运输领域应用广泛，冷链运输多用于运输生鲜水果类食物，具有运输速度快，保鲜程度高，运输过程污染少，运输范围广，便捷高效等优点。

综合运输阶段。20 世纪 50 年代以来，人们认识到水运、铁路、公路、航空这几种运输方式是相互制约又相互影响的，因此许多国家开始进行综合运输，即协调各种运输方式之间的关系，进行水路、铁路、公路、航空运输之间的分工，发挥各种运输方式的优势，各显其能，开展联运，构建海陆空立体的综合食物运输体系。

2010 年世界粮食出口总量 27 554.5 万吨，进口总量 26 738.1 万吨，[26]进出口都是通过国际运输来完成的，也就是说 2010 年，国际间进出口粮食运输达到 54 292.6 万吨。

2012 年到 2013 年间，全球几个典型国家的食品运输市场规模如下（图片来源：德勤研究 Armstrong & Associates lnc.）：

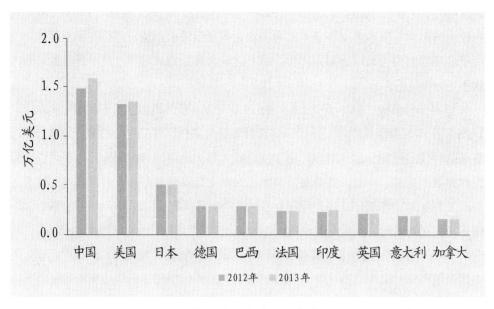

图 2-35　2012~2013 年全球几个典型国家食品运输市场规模

---

㉖ 姚凤桐、李主其、冯贵宗：谁来养活世界，中国农业出版社 2013 年版，第 143 页。

以亚太、南美、欧洲、北美为区块划分, 四个地区的运输业占 GDP 总量情况如下:

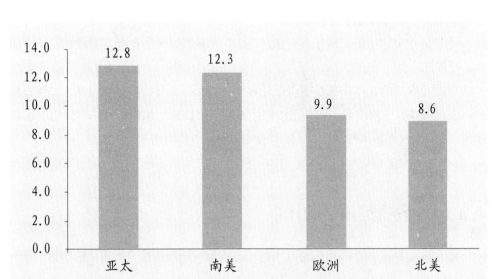

图 2-36 亚太、南美、欧洲、北美地区运输业占 GDP 比例[27]

食品运输业受经济发展水平、各国区域产业结构差异影响, 全球物流市场的区域发展差异较为明显, 快速发展中的亚太地区的市场份额最高, 其次是北美、欧洲。南美的物流业市场规模只占到世界的 7%。

# §2-14.2 食物运输学的定义和任务

## §2-14.2.1 食物运输学的定义

食物运输学是研究食物质量与空间变化及规律的学科。食物运输学是研究食物质量与空间之间关系的学科。食物运输学是解决食物移动过程中问题的学科。

食物运输按距离可划分为长途运输与短途运输, 按交通工具可划分为陆路运输、海陆运输、航空运输, 按运输温度可分为常温运输与冷链运输。冷链运输是新兴发展起来的运输方式的主要代表, 冷冻食物也是全球食物运输的主要内容。

---

㉗ 图片来源: 德勤研究 Armstrong & Associates Inc.

## §2-14.2.2 食物运输学的任务

食物运输学的任务是指导人类在保证食物质量的同时，提高其空间移动的快捷性、便捷性。

食物运输学的具体任务包括以下几方面：如何提高食物的运输速度；如何控制食物在运输过程中的温度，尤其是冷链运输的温度控制；如何提高冷链运输的覆盖密度，在耗费最小成本的前提下，可以使用冷链将食物运送到更多地点。

# §2-14.3 食物运输学的体系

食物运输学体系是由食物常温运输学、食物低温运输学、食物运输设备学这3个学科构成的（如图2-37所示）。明确食物运输学体系的构成，有助于完善对食物运输学的研究，促进食物运输业的发展。

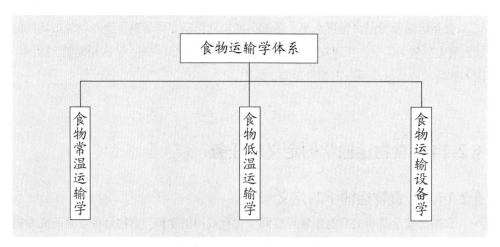

图 2-37 食物运输学体系

食物常温运输学。在冷链运输出现之前，食物基本上都是在常温条件下运输的。在今天众多发展中国家，食物的常温运输仍然占有很大比例。食物具有易腐性，它的常温运输要注意以下几点：一是运输工具必须清洁、干燥、无异味；二是严禁与有毒、有害、有异味、易污染的物品混装、混运；三是运输前必须进行食品的质量检查，在标签、批号和货物三者符合的情况下才能付运；四是运输包装必须牢固、整洁、防潮，标有明显的食物标志；五是在运输过程中要注意防雨、防潮、防暴晒。

食物低温运输学。食物低温运输又称食物冷链运输。根据运输对象和要求不同，食物低温运输分为冷冻运输和冷藏运输两类。冷冻运输是指在−18℃~−22℃条件下由冷冻运输车辆提供的食物运送，运送对象包括速冻食品、肉类、冰激凌等。冷藏运输是指在0℃~7℃的条件下由冷藏运输车辆提供的食物运送，运送对象包括水果、蔬菜、饮料、鲜奶制品、熟食制品、各类糕点、各种食品原料等。食物的低温运输提升了食物的保存时间和保鲜质量，大大减少了食物在运送过程中的浪费。

食物运输设备学。食品运输设备种类繁多，包括从古代使用到今天的人力车、畜力车、无机械动力舟船，也包括工业化后出现的汽车、火车、飞机、轮船等大型机械设备，还包括集装箱等现代化的运输设备。进入冷链运输时代，食品运输设备得到进一步发展，出现了具有冷冻、冷藏功能的汽车、火车、舟船、集装箱以及低温保鲜专用箱、低温运输冰袋、保冷袋等一系列专用设备和器具。今天的食物运输设备，正在向专有化、联运化、智能化方向发展。

# §2-14.4 食物运输学面临的问题

食物运输历史悠久，人类对食物运输学的研究已经十分透彻，在指导实践的过程中发挥了巨大作用，但目前食物运输领域仍面临三大问题需要解决，即损耗严重、低温运输覆盖不均衡、食物运输成本高。只有解决这些问题，食物运输才能更好发展。

## §2-14.4.1 损耗严重

在中国的公路运输中，易腐保鲜食品的冷藏运输只占运输总量的20%，其余80%左右的水果、蔬菜、禽肉、水产品大多是用普通卡车运输，至多上面盖一块帆布或者塑料布，无法应对食品变质。食品变质既造成食物数量的损耗，也造成了食物质量方面的损耗。另外运输中的食物丢失，也产生一定的损耗。这主要是由于冷链市场化程度低，布局和基础设施建设不合理，缺乏上下游的整体规划整合，以及车、库、货三者信息不对称等多方面原因造成的。

## §2-14.4.2 低温运输覆盖不均衡

尽管欧美发达国家冷链运输系统完善，但仍有很多国家和地区冷链覆盖率不高，人均冷库容量低。以中国为例，全球冷链联盟数据显示，中国冷库绝对保有量虽然在 2012 年已位居全球第三，但人均冷库容量在 2010 年时只有 0.097 立方米，仍落后于 1949 年时的美国（0.123）及 1965 年时的日本（0.15）。此外，发展中国家冷链集中度高，多集中于交通发达的大城市及沿海地区，其余地区覆盖率较低，无法满足人们的需求。

## §2-14.4.3 食物运输成本高

食品企业的市场集中在大中城市，它通过在主要销售区设厂来满足当地的市场需求，当地生产能力不足或所在区域内没有生产厂的市场，主要由生产总部通过铁路长途调拨给客户或将货物发至该地所在大区的配送中心，再由配送中心通过汽运将货物送至客户手中。因此由于长途调拨而产生的运输费用在产品价值中所占比例很大。由于公路运输效率低，食品损耗高，整个物流费用占到食品成本的 70%，而按照国际标准，食品物流成本最高不能超过食品总成本的 50%。

食物运输学是一门历史悠久、实用性很强的学科。学科的发展过程，实际上就是一个与时俱进，不断引入新理念、新技术、新设备的过程。所以在今后的学科发展方面，依然要在这几个方面下功夫。例如逐步用信息技术来进行数据处理和信息传递，实现食物运输管理技术现代化，极大地提高运输信息处理和传递的及时性、准确性、经济性。还应提高食物运输效率，使运输趋于高速化、大型化、专业化。高速化即提高运输工具的运行速度，缩短运输时间；大型化即扩大运输工具的装载量；专业化是指运输工具的专业化，不同的食物品种用不同的运输工具运输。

# §2-15 食物包装学

食物包装学是食学的三级学科，是研究食物包装的学科。食物包装是使食物离开工厂到消费者手中时，保持食品本身稳定质量的活动。食物包装学在食学体系中的主要作用是，研究如何更好地方便食物的时空储运和售卖。食物包装学是一门多学科交叉的应用学科，涉及包装原料、食品科学、生物化学、包装技术以及美装设计等方面。

食物包装起源于人类持续生存的食物储存需要，当人类社会发展到有商品交换和贸易活动时，食物包装逐渐成为食物的组成部分。食物包装在现代包装领域占有非常重要的地位。近年来，行业的发展和市场的需求，对食物包装的发展提出了新的要求。

## §2-15.1 概述

食物包装是一个古老而现代的话题，也是人们一直都在研究和探索的问题。无论是在原始时期，还是在技术发达的今天，人类都在不断寻找更方便、更安全的食物包装材料和食物包装方式方法。

古代的食物包装。原始包装萌芽于旧石器时代。比如，用植物叶、果壳、兽皮、动物膀胱、贝壳、龟壳等物品来盛装转移食物和饮水，这虽然还称不上是真正的包装，但从包装的含义来看，已处于萌芽状态了。

古代包装历经了人类原始社会后期、奴隶社会、封建社会的漫长过程。人类开始以多种材料制作作为商品的生产工具和生活用具，其中也包括了包装器物。在古代包装材料方面，人类从截竹凿木，用植物茎条编成篮、筐、篓、席，用麻、畜毛等天然纤维粘结成绳或织成袋、兜等用于包装，陶器、青铜器的相继出现，以及造纸术的发明，使包装的水平得到了明显的提高。

近现代食物包装。近代包装设计始于16世纪末到19世纪。工业化的出现，大量的商品包装使一些发展较快的国家开始形成机器生产包装产品的行业。在包装材料及容器方面，18世纪发明了马粪纸及纸板制作工艺，出现纸制容器；19世纪初发明了用玻璃瓶、金属罐保存食品的方法，产生了食品罐头工业等。在包装技术方面，16世纪中叶，欧洲已普遍使用锥形软木塞密封包装瓶口。如17世纪60年代，香槟酒问世时就是用绳系瓶颈和软木塞封口，到1856年发明了加软木垫的螺纹盖，1892年又发明了冲压密封的王冠盖，使密封技术更简捷可靠。在近代包装标志的应用方面：1793年西欧国家开始在酒瓶上贴挂标签。1817年英国药商行业规定对有毒物品的包装要有便于识别的印刷标签等。

现代包装设计，是进入20世纪以后开始的，主要表现在以下5个方面：1.新的包装材料、容器和包装技术不断涌现；2.包装机械的多样化和自动化；3.包装印刷技术的进一步发展；4.包装测试的进一步发展；5.包装设计进一步科学化、现代化。

在Markets and Markets发布的一份有关食品包装市场的报告中显示，全球食品包装市场将在2019年达到3059亿美元。[28]史密瑟斯·皮尔研究所曾发布报告称，2016年全球金属包装市场规模达到1.06亿美元，2021年将达到1.28亿美元。[29]2015年，全球玻璃包装市场份额超越360亿美元。

## §2-15.2 食物包装学的定义和任务

### §2-15.2.1 食物包装学的定义

食物包装学是研究食物外部保护与装饰及规律的学科。是研究保证食物质量的外部保护装饰与储运售卖之间关系的学科。食物包装学是研究食物在流通过程中维持稳定性的学科，是解决人类食物包装中美观、安全、稳定问题的学科。

### §2-15.2.2 食物包装学的任务

食物包装学的任务是指导研发出更安全环保的材料和更便捷美观的形式。食物

---

㉘ 《2019年全球食品包装市场将达3059亿美元》：《中国包装》2015年第6期。
㉙ 《2016年全球金属包装市场规模将达1.06亿美元》：《印刷技术·包装装潢》2016年第10期。

包装学的首要任务是保持食物的安全性和稳定性，防止其变质；其次是便于运输和携带；第三是美观，彰显品位，从而促进销售。

食物包装学的任务具体包含研发更安全环保的包装材料，设计更便捷的包装方法和更美观的包装形式，追求更美好的包装效果。

## §2-15.3 食物包装学的体系

食物包装学包括棉麻类材质包装、木材类材质包装、纸质类材质包装、金属类材质包装、塑料类材质包装、玻璃陶瓷类材质包装、复合材料类材质包装7门四级子学科（如图2-38所示）。

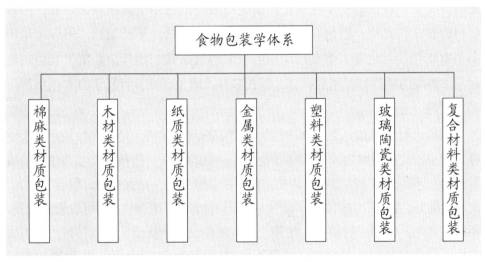

图 2-38 食物包装学体系

棉麻类材质包装。棉麻食物包装是食学的四级学科，是食物包装学的子学科。它是研究用棉麻为原材料制成食物保护层的学科。棉麻包装学的任务是研发安全、便捷的棉麻包装物。目前棉麻包装多用于食物种植环节，用来包装粮食，但棉麻包装物易碎易漏，不牢固，且食物在棉麻包装中无法达到防晒、防潮、防虫害和避免污染的效果，因此需要研发更有效的包装方式来保护食物。

木材类材质包装。木材食物包装是食学的四级学科，是食物包装学的子学科。它是研究用木材为原材料制成食物保护层的学科。木材包装学的任务是研发安全、环保、便捷的木材包装物。木材包装一般用作运输包装，其优点是易于加工，有良好的强度/重量比，有一定的弹性，能承受冲击、震动、重压等，缺点是干缩湿胀，易燃可腐，容易受虫害。

纸质类材质包装。纸质食物包装是食学的四级学科，是食物包装学的子学科。它是研究用纸为原材料制成食物保护层的学科。纸质包装学的任务是研发安全、环保、便捷的纸质包装物。纸质包装有易加工、成本低、适于印刷、重量轻、可折叠、无毒无味等优点，缺点是耐水性差，潮湿时强度差。纸质包装可以分为包装纸和纸板两大类。

金属类材质包装。金属食物包装是食学的四级学科，是食物包装学的子学科。它是研究以金属为原材料制成食物保护层的学科。金属包装学的任务是研发安全、便捷的金属包装物。金属包装广泛应用于食物包装行业，因其材料特殊，因此比一般包装抗压能力好，方便运输，不易破损，不仅可用于小型食物包装，也是大型食物运输的主要包装方式。此外，金属包装阻隔性优异，防潮防晒性好，密封可靠，形式多样，适于印刷，且易于自动化生产，工艺成熟。

塑料类材质包装。塑料食物包装是食学的四级学科，是食物包装学的子学科。它是研究用塑料为原材料制成食物保护层的学科。塑料包装学的任务是研发安全、环保、便捷的塑料包装物。塑料包装密度小、比强度高，包装面积大，化学性能好，有良好的耐酸、耐碱性，强度性能较高，绝缘性优，可以长期置放，不发生氧化，透明、易着色，此外，塑料包装成型能耗低于金属材料，加工成本低。缺点是塑料不易降解，处理不及时极易造成白色污染。生物降解塑料可解决这一难题。

玻璃陶瓷类材质包装。玻璃陶瓷食物包装是食学的四级学科，是食物包装学的子学科。它是研究用玻璃和陶瓷为原材料制成食物保护层的学科。玻璃陶瓷包装学的任务是研发安全、便捷的玻璃和陶瓷包装物。玻璃包装有良好的光学性能，稳定性强，阻隔性和抗压性好，但玻璃包装重量大，抗冲击性差，不能承受内外温差急剧变化，且生产玻璃能耗大。陶瓷包装外表美观，但重量大，易碎。

复合材料类材质包装。复合材料食物包装是食学的四级学科，是食物包装学的子学科。它是研究以复合材料为原材料制成食物保护层的学科。复合材料包装学的任务是研发安全、环保、便捷的复合材料包装物。复合材料是两种或两种以上材料，经过一次或多次复合工艺组合在一起，从而构成一定功能的材料。复合材料包装具有保湿、保香、保鲜、避光、防渗透等功能。

# §2-15.4 食物包装学面临的问题

食物包装学面临的主要问题有 3 个：一是过度包装；二是污染食物；三是污染环境。

## §2-15.4.1 过度包装

随着生活水平的提高，在解决了基本生活问题之后，人们越来越追求社会地位，追求面子，于是在赠送礼品时越来越倾向选择包装精美、包装盒大、看起来上档次的物品，食品包装行业为满足顾客这种需求，愈发在食品包装上下功夫，常常出现包装过度、包装价值超过食物本身价值的现象。为了满足日益扩大的包装需求，供应商必然扩大对树木的砍伐，以获取原材料，这又导致森林数量的减少，土地荒漠化加剧，进而影响生物多样性，破坏生态环境。另外，现在市面食品包装大多是一次性包装，无法进行多次循环利用，导致造成了大量资源的浪费。过度包装是一种非食物浪费。

## §2-15.4.2 污染食物

从生产加工角度来讲，食物包装造成的食物污染危害可以分为两个方面。第一是材料本身造成的危害。现代包装中使用了塑料、橡胶、纸、玻璃等多种包装材料，与食物直接接触，很多材料成分可迁移到食物中，造成食物污染。第二是生产过程中的违规添加物造成的危害。例如为了使儿童餐具色彩鲜亮同时降低成本，有些不法商贩就会利用工业级的色母对产品进行着色，致使芳香胺、重金属等有害物质摄入人体。再如某些厂家使用回收纸张生产食物包装用纸，为了提高纸张的白度使用荧光增白剂，大大增加人体患癌症的概率。邻苯二甲酸酯也是一种广泛用于食品包装材料的增塑剂，一旦溶出并进入人体就会对人体产生类似雌性激素的作用，干扰人体内分泌，危害男性生殖系统，增加女性患乳腺癌概率，同时会危及儿童肝脏肾脏，引起儿童的性早熟。

## §2-15.4.3 污染环境

使用废弃的包装垃圾，即由产品包装物形成的固体废弃物，处理不当会对环境造成很大危害。包装垃圾形式多样，产量大，过度包装已成为公害性垃圾行为。尽管针对包装垃圾有了相应的解决方法，但是由于包装品的材质种类不一，现有的措施并不能最大限度地解决包装垃圾污染问题。并不是所有的包装垃圾都能被降解，比如塑料这种不能被自然降解的人工高分子化合物，如果不被回收利用就只能填埋处理，但是因为塑料不降解或降解极慢，只会越填越多，会给生态造成极大的威胁。

全球的食品工业已进入到了一个产业升级、调整提高的关键时期。食品包装学应该顺应时代发展，与时俱进，及时反映本学科科学技术发展的最新内容以及产业和社会经济发展的最新需求，用过硬的学科理论知识来指导食品包装的具体实践，开拓食品包装行业新局面。如食品包装更加注意保鲜功能；开启食用更为方便；包装材料趋向易于降解；积极发展包装新材料；适应环保的需要，走向绿色包装道路等。

# §2-16 食为设备学

食为设备学是食学的三级学科，是研究食物生产设备和食物利用器具的学科。食为设备，即人类在进行食行为的过程中制造、使用的器具。食物器具的价值是提高食为的效率。食为设备包括食物生产器具和食物利用器具两个部分。食物生产器具包括生产、加工食物所需的机器设备、手工用具等。食物利用器具是用来盛放食物和帮助人们进食的筷子、刀、叉、盘、碗、碟、杯等等。食产器具促进了生产力的进步，食用器具见证了人类文明的发展。

食为设备的作用，是为了让人类能够更好地进行食行为，帮助人类有效地生产、加工、获取食物，从而改善生存条件，同时也促进了人类自身的进化，比如头脑更聪明、手指更灵活；反过来，人类拥有了聪明的头脑和灵巧的双手，也就能不断制造出更多、更先进的食为设备。

## §2-16.1 概述

食为设备分为食产设备和食用器具两个分支。其中食产设备出现的时间早，食用器具出现的时间晚；食产设备行业规模大，食用器具行业规模小；食产设备发展变化快，食用器具发展变化慢。依据发展历程，食为设备可以分为萌芽、发展和现代化三个阶段。

食为设备的萌芽阶段。500万年前人类的祖先南方古猿开始出现，而后经过长期的演化与经验的积累，原始人开始懂得制作一些简陋的食产工具，如将石子磨锋利以切割动物，用木头做箭，在木棒上绑上石头作为狩猎的武器等。科学家在对200万年前的古人类进行科考时，发现了带有人工打击痕迹的石器；1887年考古学家在阿根廷的海滨发现了350万年前的燧石、雕刻的骨头化石及古代壁炉。在工具的帮助下，人类获取食物的范围逐渐扩大，食物来源也有所增加。这个以自然材料为工具的时期，一直持续了几百万年。

早期人类的取食工具，主要是自己的手、足、牙，偶尔借助石子或树枝。这些经过打造修整的石子或树枝，便成了早期食用器具的雏形。

食为设备的发展阶段。大约 1 万年前，人类进入农耕社会，在此阶段，由于火的广泛应用，人们发展起了制陶技术，从而衍生出对容器和食器的要求，从早期造型简单的陶器，发展到后来对陶罐、陶釜等炊具的使用，这个过程也促进了陶器制作业的发展。除了制陶技术之外，冶炼金属技术的发明和金属工具的制造，也带动了多种食产器具的发展。从生产工具来看，人类进入农耕时代后，为提高耕作效率，制作了镰刀、铁锤、钉耙等铁制农具。4000 年前，近东地区的人开始给马套上马具，使人类从繁重的农活中脱身。1400 年前中国人发明了曲辕犁，大大提升了劳动效率。

东方使用的筷子至少出现于 3000 年前，勺子约有 7000 年的使用历史。西方早期的西方饮食器具只有刀，是用兽骨或石头打磨而成的，后来出现了铜刀和铁刀。当时的刀大都是用来宰杀牲畜的，把肉食烤熟后，兼作餐具使用。直到法国的黎塞留太公命令下人把餐刀的刀尖磨成圆形，专用的餐刀才得以出现。西方进食用的叉子最早出现在 11 世纪的意大利塔斯卡地区，最初的叉子只有两个叉齿。到了 17 世纪，法国出现了体积更大而且带有 4 个叉齿的叉子。由于叉子只能起到把食物雅观地送到口中的作用，所以必须与刀搭配起来使用，刀割在前，叉在后，加上勺，形成了西方的餐桌上延续至今的食用器具。

食为设备的现代化阶段。工业革命后，人类使用大机器生产，食产器具也步入大机器阶段。这个阶段变化最大的是食物的生产、加工和运输工具。工业革命后人类开始生产汽车，发明了电力，制造了拖拉机、电动收割机、播种机等一系列食物种养和加工设备，并制造了制冷机、控温设备等一系列便于运输的机器。这个阶段至今为止只有短短 300 年，却给人类的食产器具带来了翻天覆地的变化。据统计，2010 全球年食品包装机械总产值达 1300 亿元，2015 年全球不锈钢餐具市场规模为 85.9 亿美元（如图 2-33 所示），2015 年全球农业机械业产值 910 亿欧元，主要国家和地区农机设备出口量超过 74 亿美元。

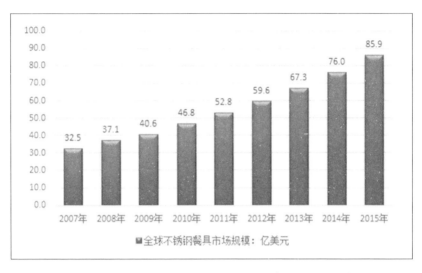

图 2-39 2007 ~ 2015 年全球不锈钢餐具市场规模

和工业时代的食产器具突飞猛进形成对比，在此期间，食用器具的形制变化并不大，主要体现在制作材料的发展变化上。18 世纪中叶，瓷器食具在欧洲开始普及。而以中国为代表的东方食用器具，经历了陶器时代、青铜器时代、漆器时代等历史变迁，到了清代乾隆时期，其瓷器食具发展到了鼎盛时期。进入 20 世纪中下叶，伴随现代工业发展，密胺等塑料餐具开始在餐桌上出现。

# §2-16.2 食为设备学的定义和任务

## §2-16.2.1 食为设备学的定义

食为设备学是研究人类制造、利用工具提高食为效率的学科。食为设备学是研究工具与食为效率之间的关系的学科。食为设备学是解决食物生产和食物利用过程中遇到的所有工具问题的学科。

食为设备是指与食行为相关的设备和用具，包括生产、加工食物所需的机器设备、手工用具等。食用器具是饮食活动中所使用的器具。从广义上来讲，凡是在饮食行为中出现的器具都可以称为食用器具。从狭义而言，仅指饮食行为中所涉及的和饮食过程直接相关的器具。本书所说的食用器具，是狭义的食用器具。

### §2-16.2.2 食为设备学的任务

食为设备学的任务是指导人类如何用设备和工具提高食为效率，节省劳动时间，减少人力强度，提高劳动效率。

食为设备学的具体任务有两个：一是围绕食物的生产和利用，研究、制造出更高效、更方便、更智能的设备和工具；二是研究食用器具的分类、使用对象、使用功能、社会功能、造型艺术等，提升食用器具的品质和文化内涵。

# §2-16.3 食为设备学的体系

食为设备学分为食产设备和食用器具两部分。食产设备包括食物捕获器具、食物种植器具、食物养殖器具、食物培养器具、食物合成器具、食物烹饪器具、食物发酵器具、食物碎解器具、食物贮藏器具、食物运输器具、食物包装器具，食用器具包括盛食器具、盛饮器具、取食器具、附属器具（以上为食用器具），共两类15门食学四级子学科（如图2-40所示）。

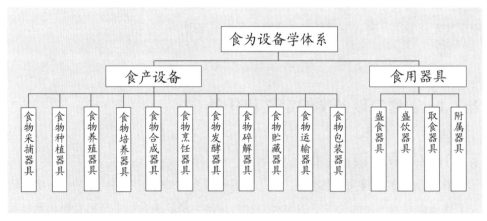

图 2-40 食为设备学体系

食物采捕器具。食物采捕器具是人类在食物采捕时所需的器具。人类早期的食物采捕活动主要依靠手脚、木棒、石头等简单的天然工具；到新石器时代出现经过打磨的石质工具和加工过的木质工具；金属冶炼技术的出现，使金属工具应用于食物采捕活动；而后随着科技的不断进步，逐渐出现了电动采摘设备、超声波捕捞机等先进器械。

食物种植器具。食物种植器具是人类在食物种植过程中所需的机器、工具。食物种植器具包括犁地机械、播种机械、灌溉设备、收割设备、筛选设备等。食物种植器具历史悠久，距今 7000 年前，古河姆渡人已经用石镰收割稻谷。进入工业化社会以来，今天的食物种植器具，已经向大型化、精细化、配套化和智能化发展。

食物养殖器具。食物养殖器具是人类在食物养殖过程中所需的机器、工具。食物养殖设备包括控温设备、通风设备、光照设备、增氧设备、供水设备、饲料粉碎设备、饲喂设备、消毒设备、免疫治疗设备、监测设备等。食物养殖器具同样历史悠久，从第一次农业革命养殖业出现开始，距今已有 1 万年以上的发展史。进入当代社会，食物养殖器具已从原始、简陋、小工具为主，变为现代、多样、大型、智能化。

食物培养器具。食物培养器具是人类在培养可食性真菌过程中所需的器具、设备。食物培养器具通常包括培养箱、灭菌锅、菌草切割机、多功能粉碎机、铡切粉碎机、木材切屑机、自动冲压装袋机流水线、超净台、摇床等。

食物合成器具。合成食物主要分为两类，一类是各种化学食物添加剂，另一类是各种入口的化学药品。合成食物器具是生产食物添加剂和制造入口化学药品的机械设备的总称。食品添加剂生产设备有：食品添加剂粉碎设备、食品添加剂烘干杀菌设备、食品添加剂混料机等。制药机械有：原料药设备及机械、制剂机械、药用粉碎机械、制药用水设备、药品包装机械、药物检测设备等。

食物烹饪器具。食物烹饪器具是人类在烹饪过程中所需的器具。食物烹饪器具包括原料加工设备、加热设备、制冷设备、辅助设备系统、洗涤设备、消毒设备、烹饪用具和餐具等。伴随当代科技发展，电饭锅等电子烹饪设备已大量进入家庭，炒菜机器人已经出现，成了智能化烹饪的先锋。

食物发酵器具。食物发酵器具是食物发酵过程中所需的器具。食物发酵器具从无到有，从小到大，走过了一段由具向器、由瓶瓶罐罐向现代化器具发展的历程。当今的食物发酵设备可分为密闭厌氧发酵罐、通气搅拌罐、气泡塔式发酵罐和固体培养设备等多种。当代食物发酵器具多置身于工业生产场所，呈现大型化、现代化、链条化的发展趋势。

食物碎解器具。食物碎解器具是进行食物碎解时所需的机械设备。食物碎解是人类古老的一种食物加工行为，食物碎解器是人类最早制作和使用的工具之一。发展至今，食物碎解器具已经拥有了由粉碎与切割机械、搅拌均匀与均质机械、成型机械、分离机械、蒸发与浓缩机械、干燥机械、烘烤机械、冷冻机械、挤压膨化机械、输送机械等组成的一支大军。

食物贮藏器具。食物贮藏器具是在贮藏食物时所需的器具设备。食物贮藏器具可分为低温贮藏设备、气调贮藏设备、干燥贮藏设备、罐藏设备、辐射贮藏设备、超高压贮藏设备等。

食物运输器具。食物运输器具是在运输食物过程中所需的器械设备。这里所说的运输设备不包括一般的汽车、火车等交通工具，而是指食品运输所需的特殊设备，如保温机、制冷机等。

食物包装器具。食物包装器具是食物包装过程中所需的器具设备。食物包装设备包括填充机、灌装机、封口机、裹包机、多功能包装机、贴标签机、清洗机、干燥机、杀菌机、捆扎机、集装机、辅助包装机等。作为行业的食物包装业出现较晚，但食物包装器具却古已有之，例如用竹、木、棉、毛制作的篮、筐、篓、席、袋、兜等等。发展至今，食物包装已经成为涉及多个行业、展示多种当代科技水准的朝阳行业。

盛食器具。盛食器具是用来盛放食物的器具，有碗、盘、碟等。其中碗的发现最早可追溯到新石器时代泥质陶制的碗，其形状与如今的碗没有多大区别，即底小口大，碗底窄而碗口宽，下有碗足。制碗的材料有木材、陶瓷、玉石、玻璃、琉璃、金属。盘子有大盘、中盘、小盘之分。在中国，盘（碟）之类的食具主要用来盛菜，而西餐习惯用盘子做主要餐具。小于盘子的器皿称作"碟"。碟有味碟和吃碟之分。为了增加宴会的档次和艺术性，盛食器还会取之异物，或被做成异形。

盛饮器具。盛饮器具是用来盛装酒水、茶、咖啡的器具，有酒器、茶器、咖啡器等。西方的酒器种类繁多，如红葡萄酒杯、白葡萄酒杯、香槟杯、啤酒杯、鸡尾酒杯等。历史上用于茶器生产的材质多种多样，如石器、陶器、铜器、漆器、锡器、银器、金器、竹木器、瓷器、玉器、玛瑙、景泰蓝、玻璃等，其中很多至今仍在使用。受到了中国茶文化的影响，直到今天，阿拉伯世界的咖啡杯，乃至全世界的咖啡杯，基本形制都与中国传统的茶杯相似。

取食器具。将烹饪好的食物从盛食器中取出放入口中所用的器具就是取食器。中国的筷子、勺，西方的刀、叉，都属于取食器。其中，考古证明最早在中国商代已经有了筷子，有青铜的、金银的、玉的，但大量使用的还是竹木制的。从炊具中捞取食物入盛食器的勺，同时也可兼作烹饪过程中翻炒搅拌之用，古称匕，出现于新石器时代。另一种是从盛食器中舀汤入口的勺，形体较小，古称匙。在很长一段时间，西方的餐刀是杀牲、进餐两用的，餐叉诞生于 11 世纪。

附属器具。其他器具主要是指吃饭时除餐具以外的其他器具，比如食蟹工具、筷架、牙签、牙线等。早在明代，能工巧匠即创制出一整套精巧的食蟹工具，据明代的《考吃》记载，明代初创的食蟹工具有锤、镦、钳、铲、匙、叉、刮、针 8 种。筷架有多种材质，造型多变。手工制造牙签业起源于 16 世纪的葡萄牙，然后兴盛于巴西。19 世纪中叶，美国出现了机械化的牙签制造业。19 世纪 70 年代，阿萨赫尔·舒特莱夫申请了第一个牙线支架专利，从而促进了牙线的普及。

# §2-16.4 食为设备学面临的问题

食为设备是人类进行高效的食行为不可缺少的组成部分，食为设备领域在长久的发展中日趋完善，但目前仍面临两方面的问题：一是生产使用造成污染；二是传统器具濒临失传。

## §2-16.4.1 生产使用造成污染

食为设备的出现和发展，让人们的食产、食用效率大为提高，这是不争的事实。但是，伴随效率的飞速提高，也出现了越来越多的环境污染问题。这种污染表现在两个方面：一是在食为设备生产领域。如今，食为设备已进入了大规模工业化制造阶段，制造这些器具排出的废水、废气、废油和多种工业垃圾，极大地污染了环境；二是在食为设备使用领域，由于工业机器全面进入种植、养殖、食物加工行业，在代替人类劳动的同时，每天排出的废气、废水、废油，同样十分可怖。

## §2-16.4.2 传统器具濒临失传

由于手工制瓷工艺与现代化制瓷工艺相比，劳动强度大，耗时多，成品率和产量低，不能满足当代人快节奏的需求，正在濒临消亡。例如有着 1800 多年制瓷历史的景德镇，自北宋景德元年至清代，为宫廷烧制瓷器的历史达 900 多年，是世界上最大的古代民窑瓷器和皇家瓷器生产地，如今景德镇传统手工制瓷技艺却面临失传。这种现象并不仅限于食用器具制造业，在食产器具领域，手工制作的农具和采捕器具，也都面临着这一问题。

随着现代科学技术的进步，高新技术在食为设备上的应用会更加广泛，这必将引起食产器具的重大变革。食为设备会进一步向高科技、智能化方向发展；进一步向大功率、多功能方向发展；进一步向资源节约、环境保护方向发展。此外，逐步提高食为设备使用的安全性、舒适性和操作使用的方便性，高度重视其产品质量与标准化、物联化、数字化、智能化、高效化、低能化，也是食为设备今后发展的方向。

# §3 食物利用学

　　食物利用学简称食用学，是食学的二级学科。食物利用学的本质是，研究如何实现食物利用的最高效率。从生理的角度看，食物利用效率的本质是食物转化的效率，食物转化效率的具体体现是人体的健康与寿期。从生产的角度看，食物利用的效率还包括不浪费食物。关于如何吃出健康寿期，需要遵循一个"五步环"模式：辨识食者体征＋辨识食物特征＋选择食用方法＋观察食废变化＋观察体征变化。即辨体、辨物、择法、察废、察征五步走，然后进入新一轮循环。

## §3-0.0.1 食物利用学的定义

　　食物利用学是研究人类充分利用食物获得健康与寿期的学科。食物利用是指食物被人体充分利用的过程，食物利用学是研究食物被人食入、消化、吸收、利用、排泄全过程，支撑人体健康存在规律及食物与人能量转换的学科。食物利用学是研究人与食物转化之间关系的学科。食物利用学是研究解决人类食物利用问题的学科。

## §3-0.0.2 食物利用学的任务

　　食物利用学的任务是指导人类高效地利用食物，让每个人吃出康而寿。食物利用学指导人类从多维度认知食物、从多维度认识肌体、从而多维度选择进食方法、多维度观察食废。食物利用学的任务是指导人类认识食病，认识人体健康、亚衡、疾病三个阶段，认识食物，认识科学进食的十二个维度，进而改变不合理进食方式、吃出健康、延长寿命。

## §3-0.0.3 食物利用学的体系

食物利用学体系的特点是具有整体性，这个体系以摄入食物的过程中的要件为依据，将食利用学研究的各方面内容划分为合理的结构，厘清了人类进食相关学科之间的关系，使每一门子学科在体系中找到自己的位置，也便于每一门学科再向下一级分解为更多门类的学科。食物利用学包括食者体征学、食者体构学、食物性格学、食物元素学、进食学、食物审美学、食物调疗学、本草食物疗疾学、合成食物疗疾学 9 个三级学科（如图 3-1 所示）。

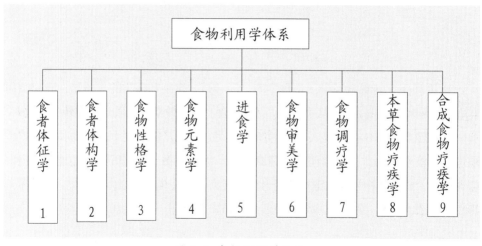

图 3-1 食物利用学体系

构建这个体系，有许多创新之处，一是建立了对食物成分认知的双元体系，从食物性格和食物元素两个维度认知食物，更加接近客观的本质。食物性格学，它为人类千年积累的食物认知体系找到了科学的定位。二是建立了对食者体质认知的双元体系，从食者体征和食者体构两个维度认知食者体质，更加接近客观本质。食者体征学，是人类千年认知体系的总结与定位。三是建立了从疾病的食疗角度双元认知，确立了本草食物疗疾、合成食物疗疾两个学科。四是总结人类的多种吃文化，确立了一个全面的进食方法学，这是一个全新的学科，它适合于世界上的每一个人。四是食物审美学，它挑战了人类美学的传统，提出了"五觉二元"的内涵与结构。五是食物调疗学，它对于食病的定义大大拓展了传统定义概念，从病因着眼着力，这个概念内涵的扩大，将会大幅减少医疗费用。

在食利用领域，食学最重要的理念是提出了两个双元认知，即食者体构认知和食者体征认知，食物性格认知和食物元素认知。什么是食者体征学？其实它是认知人体的另一个维度，关于这个维度的认知，亚洲人，特别是中国人对此有非常丰富的实践经验和理论体系。我时常为这个维度的确立而感到欣慰，不仅因为它和食物元素与食者体构认知维度可以平起平坐，更是因为它可以惠及人类。食物性格学和食者体征学的创立就是要引起人们对东方认知体系的关注，通过食物性格和食者体征综合考量，更全面地认识和把握食物与肌体的关系。进食方法学是食物利用学体系里的重要学科，是关系到每一个人健康的学科，它告诉人们从多个维度去认知进食方法，放弃人们已经习惯的以偏概全的认知与实践。食审美学打破了传统美学只关注视觉和听觉的弊端，确立了嗅觉、触觉和味觉的审美地位，确立了3+2的食审美理论体系的结构。

## §3-0.0.4 食物利用学的结构

食物利用学的结构是由肌体、食物、食法、食物调疗、食物审美、食废和食后征7个要素组成。食物利用学的核心是食物转化的高效率，如何实现这个高效率，首先要了解自己的肌体结构，辨识自己的肌体特征；其次要辨识食物的种类和特征；第三是如何食用，即选用什么样的食用方法；第四是通过观察食废、食后征来检验食法是否正确，以便进行适当调整。

食物利用学面临的问题是食物利用效率低，人类的寿期不充分。提高效率的路径就是多维辨体、多维辨物、多维进食。这里强调"多维"是因为人类以往在这三个领域的认知不够全面，常常以偏概全。多维认识可以让我们更接近客观，从而更好地顺应食物转化系统，而不去干扰它、强迫它，特别是在进食这个环节中，要认清人类肌体的三个食特征：食物能量的储存性、甜与香的偏好性、饱感反应的延迟性。人类所有关于食物利用的行为都要紧紧围绕着食物转化这个核心点，切不可偏离，一切离核心的行为都是事倍功半。

## §3-0.0.5 食物利用的原则

如何获得食物利用的高效率，首先是对食物的选择，认清天然食物、天然偏性食物（本草）、合成食物的功能作用（见表3-1）。摄入优质的、最佳组合的食物，使机体处于健康状态，是不浪费食物。围绕着食物利用的原则展开研究，提高食物利用的效率，就是根据机体的需求，提高食物的转化率、利用率。

表 3-1 食物利用的四个功能

| 功能 | 食物 | | |
|---|---|---|---|
| | 天然食物 | 天然偏性食物 | 合成食物 |
| A 吃饭（养生） | 主用 | — | — |
| B 食疗（亚衡） | 主用 | 辅用 | — |
| C 中医（疾病） | 辅用 | 主用 | — |
| D 西医（疾病） | — | — | 主用 |
| 食健康选择律：B 不如 A，C 不如 B，D 不如 C | | | |

## §3-0.0.6 药食同理

有句俗话叫"药食同源"，即食物和药物有一个共同的源头。其实食物与药物之间还有一个一直被忽略的更为本质的关系，这就是"药食同理"。所谓药食同理，是说不管是食物还是人们俗称的药物，包括本草类药物和合成的西药片，都是通过口腔进入体内，都作用于人体健康，因而从原理上说，它们都是一样的。所以食学中把本草类药物和合成西药都定义为食物，这就是药食同理。

需要说明的是。药食同理中的"药"，无论是本草还是西药片，只限于口服，不包括非口服的外用、针剂等。药食同理是食学中的一个法则，把食物和口服药物放进一个范畴认知，更有利于我们认知食物的本质，进而正确地实践和把握进食。药食同理是食学的认知成果，是 21 世纪的食事认知。

## §3-0.0.7 好食物是奢侈品

工业化革命大大提升了食物生产的效率，让食物数量大幅增多，但另一方面，是地球的食物产能是有限的，"食物母体"的面积是有限的，中国只有 18 亿亩可耕地，世界只有 236 亿亩可耕地。面积有限决定了产能。从动物性食物的生长效率看，高科技可以将鸡的生长期从 180 天缩短到 45 天，让百斤稻增长为千斤稻，但是再缩短就很难了。更重要的，消费食物的人口在"爆炸"。据联合国经济和社会事务部发布的资料，至 2018 年年中，我们这个地球村的村民已经达到 76.3 亿人，预计 2050 年就将达到 100 亿，马上临近"食物母体"能够承受的极限。未来的自然生长的好食物一定会变得越来越稀缺，变成人类必需的奢侈品。

# 食物成分

本单元包括食学的2门三级学科：食物性格学和食物元素学（如图3-2所示）。从食学学科体系看，食物性格学属于本学学科。从学科成熟度看，食物性格学和食物元素学都属于新学科。其理由是，对食物性格的研讨虽然古已有之，但形成学科却是近年所为；食物元素学则属于老学科。理由是它虽然将无养素、未知素纳入研讨范围，较营养学有所拓展，但毕竟隶属于医学下。

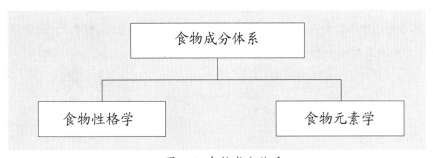

图 3-2 食物成分体系

食物性格学的确立，能更好地利用食物调节身体机能，维持健康。食物性格是人们在显微镜下观察不到的，所以未被现代营养学界接纳，但它是客观存在的。一种食物可以具有一种性格，也可以具有两种、多种性格。不同食物性格在一起是互相影响的，或相容、相助，或相斥、相克。

食物元素概念不同于营养素概念，食物元素的概念要大于营养素。在食物中，除了营养素外，还有无养素和未知的元素，这些无养素和未知元素有的会促进人体健康，有的会造成人体紊乱，有的也可能无益无害。食物元素概念的提出打破了人们对于食物成分的传统认识，通过多角度分析食物构成，让食物能够更加充分地为人所用。

人类对食物性格的认识与利用已有三千年以上的历史，对食物元素的认知有几百年的历史，它们都是人类对于食物的一种认识，虽然切入点不同，视角有异，但是殊途同归。要想全面地、深入地研究了解食物成分，就必须同时了解食物性格和食物元素。

对食物的认知有诸多维度，本书只提出食物性格和食物元素两个维度，因为它们是人类认知食物的两个最主要的维度。对于食物，任何一个单维度的认知都是片面和不准确的，只有将食物性格和食物元素两个维度相加，用这两个维度去认知食物，才更接近客观实际，才能让人类更科学更全面地认识食物、利用食物。食物性格中的"性格"二字，并不等同于中医的"性味"，性格比性味外延宽泛，选用性格这个词来确定一个认知维度，是希望以一种"拟人"的方法，让更多的人能够理解和接受这个认知食物的维度。

食物成分研究领域面临的主要问题有三个：一是学科建设不足。迄今为止没有形成一个全面的、系统的和当代科学接轨的专门研究食物性格的学科；二是对食物成分的认识还有待深入；三是食物性格学、食物元素学的普及、教育、应用方面尚有不足。

本单元的学术创新点，首先是提出了二维认知食物的范式。特别是"食物性格学"的确立，为人类的一个千年认识体系找到了学科的位置。

# §3-1 食物性格学

食物性格学是食学的三级学科。它是一个老认识系统的新学科定位，它的认识体系是数千年积累的结果。食物性格学在食学体系里的主要作用，是帮助人们更好地认识食物、利用食物。

性格不是可视物质，物质是性格的载体，物质相同性格多样。例如，两个人性别、年龄、身高、体重、学历相同，他们的性格会有很大差异。食物也是如此，不同的食物有不同的性格，而这种特性又会直接作用于人体健康。食物性格是人们在显微镜下观察不到的，所以未被现代营养学界接纳，但它是客观存在的。不同食物性格在一起是互相影响的，或相容、相助，或相斥、相克。

食物按照功能可分为充饥食物和功能食物（本草），功能食物就是建立在对食物性格应用的基础上的命名，食物性格又被称为食物偏性。不同的食物具有不同的性格，有的食物只有一种性格，有的食物有两种性格，还有的食物有多种性格，可以分为单格食物、双格食物、多格食物。

现代科学中没有食物性格的系统研究和知识体系，传统的医学中有对食物性格的认知体系。这门学科在食学中的确立，明确了它和食物元素学的互补关系，由于它的出现，传统文化对食物性格的认知与现代对食物元素的研究不再是对立的。

# §3-1.1 概述

食物性格作用于人体健康，对此世界各民族都有认知，都有利用食物性格来调节机体健康的经验。人类对食物性格的研究和应用有相当长的历史，中国成书于东汉（公元25~220年）的《神农本草经》就是自神农氏（公元前3000多年）尝百草以来人们对食物性格的总结，而人类对食物元素（营养素）的研究起始于20世纪初，距今只有一百多年的历史。人类对食物性格的认知和应用可以分为三个阶段，第一阶段是食物性格的认知起源，第二阶段是食物性格的全面认知，第三阶段是食物性格的典范应用——中医药。

食物性格认知的起源。人类对食物性格的认知和利用远远早于食物元素。在史前时期，先民从自然界选择食物，无意识地发现了食物的某些影响人体的特性，并自觉加以利用，前文提到的神农尝百草的故事，就是人类对食物性格认识的早期记载，也是第一次有规模地辨认食物性格的行动。当人们掌握了部分食物的"性格"特征，并主动加以利用，"药"的概念便逐渐产生了，这就是"药食同源"，或者更准确地说，叫作"药源于食"。至少在5000年前，中华民族的祖先为了生存，就尝百草、吃野果，创立了"食药同源"的养生体系。[1]西方人类学家也说："食物和医药的发展历史都可以算是一个探索的过程，就是寻求合适的食物与适当的身体条件的结合点。"食物本身具有一定特性，可以在人体内促进健康平衡，这个观念在很多不同文化中都有体现。美国的阿莫斯图在《食物的历史》一书中说，"在伊朗，除了盐、水、茶和一些真菌之外，所有事物都被划分为'寒'或'热'两类。牛肉性寒，就像黄瓜、淀粉质蔬菜和谷物，包括大米。羊肉和糖性热，正如干菜、栗子、鹰嘴豆、瓜类和小米。而在印度的传统体系中，糖性寒，大米性寒。"[2]

食物性格认知体系的形成。东汉时撰写的《神农百草经》记载了365种物的性格，以植物为主，包括动物和矿物。中国历史上第一部食疗法专著《食疗本草》列有约260种食物原料，标明了食物的性格。此种记录多不胜数。李时珍是中国明代

---

[1] 赵霖、鲍善芬：《中国人该怎么吃》，人民卫生出版社2013年版，第168页。
[2] ［美］阿莫斯图：《食物的历史》，何舒平译，中信出版社2005年版。

著名医药学家，自 1565 年起，他先后到武当山、庐山、茅山、牛首山以及湖广、河南、河北等地收集药物标本和处方，并拜渔人、樵夫、农民、车夫、药工、捕蛇者为师，历经 27 个寒暑，三易其稿，终于在 1590 年完成了 192 万字的巨著《本草纲目》。此书收纳本草 1892 种，附图 1100 余幅。书中详细记录了各类天然食物的气味阴阳、五味宜忌、升降沉浮等重要内容，把人类认知食物性格的研究推向了一个新的高峰。

食物性格应用的典范。食物性格在民间应用得最为广泛，其突出表现就是食疗与食医。例如中国的《神农百草经》记录了 252 种植物性食物和 67 种动物性食物的名称、性味、有毒、无毒、功效等食物特征。并根据养命、养性、治病分为上品、中品、下品。再如《伤寒论》就是在搜集民间经验，在将食物当作药用的基础上写成的，如感冒喝姜汤，气虚吃糯米、山药、党参、牛肉以补气，血虚吃龙眼肉、当归以补血，夏天喝绿豆汤解暑，冬天吃羊肉等。

中国传统医学根据阴阳五行的哲理，运用食物性格的特征来调节人体健康，可以说是一种利用食物性格的职业。中医认为，各种食物由于所含的成分及其含量多少的不同，表现出不同的性能，对人体的作用也就不同。食物的性能主要包括四气、五味、升降浮沉、归经等方面。食物的四气，是指食物具有寒、热、温、凉四种性质，会对不同体质的人产生不同的作用。食物的五味，是指食物具有酸、辛、苦、甘、咸五味，不同性味的食物，对不同的脏腑有不同的功效。食物的升降浮沉，是指食物的作用趋向，利用食物本身升降浮沉的特性，可以纠正机体升降浮沉的失调。食物的归经是指某些食物对人体某些脏腑及其经络有明显的选择性，而对其他经络或脏腑作用较小或没有作用。据此，我们归纳总结出食格八维的概念，八维是指食物有四气（温、热、寒、凉），五味（酸、苦、甘、辛、咸），四象（升、降、沉、浮），归经，功用，主治，配伍，宜忌八个维度（如图 3-3 所示）。

总结中医对食物作用的观点,可以看出中医更注重从整体效果上去作辩证分析,既看到食物对人体的滋养作用,又看到它的特殊作用。中医做出这种判断的基础正是食物的性格,而不是能用显微镜看见的食物元素,这也恰是中国传统医学与现代医学区别的一个重要本质。中医用长期积累的经验,对食物和药物进入人体后起到的作用进行了细致的观察,并做出综合性判断,常常运用得得心应手。

食物性格这一概念是一种新的理论观点,随着人类认识的进步,食物性格对人体的作用也会更多地为人们所了解。对食物性格的深入研究,尤其是对食物性格体系的研究,将为人类打开一个新的天地,并将对人类康而寿发挥更大作用。

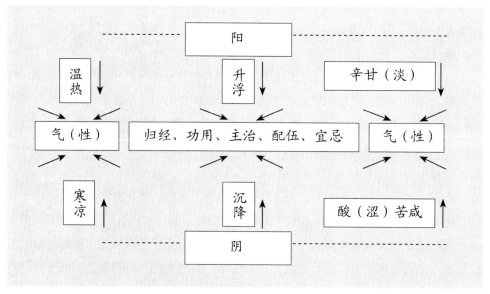

图 3-3 食物性格八维

# §3-1.2 食物性格学的定义和任务

## §3-1.2.1 食物性格学的定义

食物性格学是从非微观视角研究食物差异性的学科。食物性格学是研究食物性格与人体健康之间的关系的学科。食物性格学是研究解决食物性格利用过程中问题的学科。

食物性格的研究与人体体征的研究相互呼应,相互作用。

### §3-1.2.2 食物性格学的任务

食物性格学的任务是指导人类探究、利用食物性格的功能与作用，科学进食，调理失衡，调疗疾病，吃出健康长寿。

不同的食物有不同的性格，有的食物性寒，可以清热解毒；有的食物性热，可以补虚祛寒。人类只有清楚食物性格，才能更好地利用食物的差异性，从而调节身体机能，增加健康寿期。食物性格学的任务就是食物性格学的研究方向。

## §3-1.3 食物性格学体系

食物性格学体系包括四气说、五味说、升降浮沉说、归经说4门学说（如图3-4所示）。

四气说。四气，又称四性，是指食物寒、热、温、凉四种不同的食物性格，另外还有平性。温性食物大多具有温里散寒、温经通络等作用。热性食物具有补火助阳、散寒通络、镇痛、止呕、止呃、促进免疫、改善心血管机能、提高机体工作能力等功能。寒性食物具有清热、解毒、泻火、抗菌、消炎、提高机体免疫力、镇静、降压、镇咳、利尿等功能。凉性食物具有清热、泻火、解毒等功能。平性食物具有健脾、开胃、补益身体的功能。平性食物作用缓和，无论是温热性食物还是寒凉性食物，都可与其配合食用。

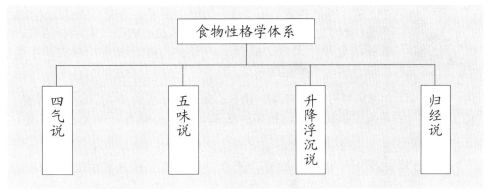

图 3-4 食物性格学体系

　　五味说。五味，是指食物辛、甘、酸、苦、咸五种基本的味道。此外，还有淡味或涩味。因"淡附于甘""涩乃酸之变味"，所以一直称为"五味"，而不称为"七味"。辛能散、能行，散包括两方面：发散风寒，发散风热；行包括两方面：行气，行血。甘能补、能缓、能和。补包括补益气血阴阳，缓指的是缓急拘挛，和指的是调和。酸（涩）能收、能涩，即具有收敛、固涩的作用。苦能泄、能燥、能坚阴。咸能泻热通便，软坚散结。淡能渗湿利水。五味除了上述的一般作用外，又与脏腑有密切的关系。《内经》中将五味归入五脏：酸入肝，辛入肺，苦入心，咸入肾，甘入脾。

　　升降浮沉说。升降浮沉是指食物对人体作用的上下、表里、内外的不同趋向性。升，即上升提举，趋向于上；降，即下达降逆，趋向于下；浮，即向外发散，趋向于外；沉，向内收敛，趋向于内。升浮主上升向外，有升阳、发表、散寒、涌吐等作用。沉降主下行向内，有潜阳、降逆、泻下、渗湿等作用。

　　归经说。归经说是食学的四级学科，是食物性格学的子学科。归经是指食物对于机体某部分的选择性作用，即某些食物对某些脏腑经络有特殊的亲和作用，因而对这些部位的病变起着主要或特殊的治疗作用。归是食物性格的归属，经是脏腑经络的概称。归经理论的意义在于有助于提高食物性格利用的准确性。

表 3-2　常用食物性格归类一

| 寒性食物 | 苦瓜、莲藕、蟹、甘蔗、番茄、柿子、茭白、蕨菜、荸荠、紫菜、海带、海藻、竹笋、西瓜、慈姑、香蕉、桑葚、冬瓜、黄瓜、田螺等 |
|---|---|
| 热性食物 | 花椒、辣椒等 |
| 温性食物 | 姜、葱、蒜、韭菜、小茴香、刀豆、芥菜、香菜、南瓜、木瓜、高粱、糯米、酒、醋、杏、龙眼肉、桃、樱桃、乌梅、石榴、荔枝、栗子、大枣、核桃仁、鳝鱼、虾、海参、鸡肉、羊肉等 |
| 凉性食物 | 小米、茄子、白萝卜、丝瓜、油菜、苋菜、芹菜、绿豆、豆腐、苹果、枇杷、梨、橙子、芒果、蘑菇、鸭蛋、荞麦、菠菜等 |
| 平性食物 | 土豆、黄花菜、荠菜、香椿、圆白菜、芋头、扁豆、豌豆、胡萝卜、白菜、豇豆、黑豆、红小豆、黄豆、蚕豆、粳米、玉米、花生、白果、百合、莲子、黑芝麻、鸡蛋、鹌鹑蛋、鲤鱼、蜂蜜、牛肉、牛奶等 |

## 表 3-3 常用食物性格归类二

| 酸性食物 | 番茄、木瓜、醋、红小豆、马齿苋、橄榄、柠檬、杏、李、枇杷、橙子、山楂、桃、石榴、荔枝、乌梅、橘、柚、芒果、李子、葡萄等 |
|---|---|
| 苦性食物 | 苦菜、苦瓜、香椿、槐花、慈菇、酒、醋、荷叶、茶叶、佛手、杏仁、百合、白果、桃仁、海藻、猪肝等 |
| 辛性食物 | 葱、生姜、香菜、芥菜、白萝卜、油菜、大蒜、大头菜、芹菜、芋头、肉桂、花椒、辣椒、茴香、韭菜、陈皮、酒等 |
| 咸性食物 | 食盐、大酱、苋菜、小米、紫菜、海带、海藻、海蜇、海参、蟹、田螺、猪肉、猪肾、淡菜、火腿、蛏肉、龟肉、鸽蛋等 |
| 甘性食物 | 莲藕、茄子、茭白、番茄、白萝卜、丝瓜、洋葱、竹笋、土豆、菠菜、黄花菜、南瓜、扁豆、芋头等 |

## 表 3-4 常用食物性格归类三

| 归心经的食物 | 芥菜、绿豆、红小豆、辣椒、面粉、慈菇、百合、西瓜、甜瓜、桃仁、酸枣仁、龙眼肉、莲子、海参、猪皮等 |
|---|---|
| 归肝经的食物 | 醋、桃仁、枇杷、乌梅、樱桃、荔枝、番茄、丝瓜、油菜、香椿、荠菜、韭菜、鳝鱼、海蜇、虾、蚌肉、枸杞等 |
| 归脾经的食物 | 生姜、香菜、茄子、木瓜、南瓜、芋头、扁豆、胡萝卜、豇豆、荞麦、土豆、小米、黑豆、黄豆、薏米、花生、蜂蜜、陈皮、芡实、牛肉、羊肉、鸡肉、泥鳅、鲫鱼等 |
| 归肺经的食物 | 白萝卜、莲藕、甘蔗、蜂蜜、柿子、花生、杏仁、百合、荸荠、枇杷、梨、香蕉、罗汉果、乌梅、葡萄、鸭蛋等 |
| 归肾经的食物 | 海参、鳝鱼、虾、猪腰子、羊肉、韭菜、黑豆、桑葚、黑芝麻、核桃、枸杞等 |
| 归胃经的食物 | 土豆、扁豆、豌豆、小米、豆腐、山楂、大枣、牛奶、鸡肉、猪肝等 |
| 归膀胱经的食物 | 玉米、冬瓜、小茴香、刀豆、西瓜、田螺等 |
| 归大肠经的食物 | 白菜、竹笋、荞麦、黄豆、茄子、冬瓜、苦瓜、玉米、香蕉、石榴、蜂蜜等 |
| 归小肠经的食物 | 红小豆、黄瓜、羊奶等 |

# §3-1.4 食物性格学面临的问题

人类对食物性格的认识与利用已有千年的历史，虽然它在东方依旧广泛应用，但人们对其进行的研究却相当缺乏，这也导致了人们对食物性格的应用不完全准确，有效利用食物性格将是推动人类健康的重要因素。目前食物性格学面临两大问题：一是研究有待深入；二是应用广度不够。

## §3-1.4.1 研究有待深入

世界上的食物非常多，还有很多食物的性格人类没有认识，有必要对所有食物逐个深入研究其性格，进行现代的"尝万草"行动。此外，虽然人类对食物性格的研究和应用已经有几千年的历史，但由于研究不够系统、深入，因而至今只有应用体系，而没有建立起系统的学科。

## §3-1.4.2 应用广度不够

目前世界范围内对食物性格的应用多局限于东亚和东南亚地区，应用范围较窄，且应用方法不够科学，需要进一步推广普及，充分实践。首先应使食物性格学在东方得到更好利用，其次由东方向西方、向全世界传播普及，以提高其应用的广度。

中医中药学中，一个重要手段是食疗，食疗的理论基础就是利用食物的偏性性格。随着食物调疗为越来越多的人所认识、所运用，食物性格学的地位也越来越重要。因此，需要努力探索、科学表达和应用食物性格，使之更好地为人类健康服务。

# §3-2 食物元素学

食物元素学是食学的三级学科。食物元素学是在营养素学的基础上拓展而成的，包括了营养素、无养素、未知素（如图3-5所示），它在食学体系里的主要工作是帮助人们更好地认识食物和利用食物。这是一个关于食物成分的学科。

食物元素概念不同于营养素概念，因为在食物中除了营养素外，还有无养素和未知元素，这些无养素和未知元素的作用不可忽视，它们有的会促进人体健康，有的会造成人体紊乱，有的也可能无益无害。食物元素的概念，它大于营养素的概念，能够更准确地概括食物中的元素整体。食物元素学是研究食物中所有元素的学科。食物元素概念的提出打破了人们对于食物成分的传统认识，可通过多角度分析食物构成，让其更加充分地为人所用。

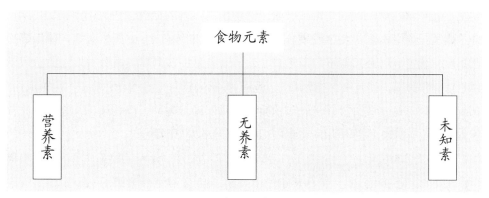

图 3-5 食物元素的构成

# §3-2.1 概述

人们认识食物元素是从营养素开始的，起初人们急于了解食物以及食物能给我们带来的好处，将研究重点着眼于能为人类带来健康的营养素，忽视了食物中的其他成分。现在我们发现，这个概念的界定由于技术和认知的局限造成了一定程度上的狭隘性。食物元素是一个新的概念，它表达的是食物中含有的所有元素，由于在此之前人们已经习惯用营养素来表达这个概念，所以对于食物元素学的背景介绍要先从营养素开始。食物元素的历史可以分为以下三个阶段。

营养素最早的发现。营养学在20世纪初的发展，奠定了当代营养学的基础。早在1838年，荷兰科学家格里特就发现了蛋白质是构成人体细胞的重要成分。1842年，德国化学家李比希提出，机体营养过程是对蛋白质、脂肪、碳水化合物的氧化，确立了食物组成与物质代谢的概念。1900年，西方人按照笛卡尔的思想，进行了食物分解研究，并提取了碳水化合物和其他营养成分，从此开始了营养素的研究。1909年至1914年期间，人们认识到色氨酸是维持动物生命的基本营养素；1910年，德国科学家费希尔（Fischer）完成了简单碳水化合物结构的测定；1912年，波兰科学家Funk发现第一种维生素硫胺素，并提出维生素的概念；1913年至1932年，维生素A、维生素C被相继发现；1935年，美国科学家Rose开始研究人体需要的氨基酸，确定8种必需氨基酸及需量。这一阶段是许多营养素成分被发现的阶段，对于营养学的模式具有极大的影响力。但是，该阶段具有极大的局限性和不可预测性，那就是当时对这些成分的需求量和饮食的提供问题、各种人群的缺乏、临床的反应等方面都没有解决，也不明确。所以，属于粗糙的发展阶段。

营养素体系的形成。1934年，美国营养学会成立，营养学被正式承认是一种科学；至20世纪中叶，六大营养素被相继发现，40多种营养素被识别及定性，营养素至此形成了体系。

由于各种生态环境人为的破坏，人类的健康素质逐年下降，各种作物和粮食污染严重，土壤和空气质量难以达标，于是催生了营养增补剂类企业的出现。这就决定了营养学的研究进入了化工合成的阶段。当时的标志性事件就是维生素C增补运动的出现。最初维生素C是促进人体免疫能力的增补剂，如1948年美国南卡洛林纳州的Fred R. Klenner医师用静脉注射维生素C治愈了部分病人。20世纪60年代，"膳食纤维"作为一门全新的营养科学进入世界科学界的视野，并引起美国、日本以及欧洲一些发达国家的高度重视；1961 年瑞典科学家 Wretlind 采用大豆油、卵磷脂、甘油等研制成功脂肪乳剂。1970 年之后，由于生态环境和社会经济取得重要成果，营养学研究逐渐走向自然研究方向。1977 年美国发布第一版"美国膳食目标"就是以营养素为单元设计的；1992 年美国发表了第三版"膳食指南"与膳食指导"金字塔"；1997 年美国提出"膳食参考摄入量"的概念；2005 年美国农业部发布了新的膳食金字塔模型，最终确定了自然规律的走向，成为当代营养学发展史上最重要的转折事件。

　　食物元素概念的提出。传统营养学认为，食物是各种营养素的载体，是含有多种营养素的混合物；营养素是食物中的有效成分。这个观点没有错，但是在现实生活中，食物的作用似乎并不局限于已知的六大营养素，还有更多的元素及其作用还没有被我们认识。食物元素概念的第一次出现是在 2013 年出版的《食学概论》中，书中提到食物元素的概念是"食物中所含所有成分的总称，包括营养素、非营养素、负营养素、未知物质"。③这个版本中食物元素的提出对于食物成分的研究已经有了很大的进步，但依然不完善。为此，我们在本书中将在原来的基础上重新定义食物元素这个概念，重新分类，对其进行新的认识。

# §3-2.2 食物元素学的定义和任务

## §3-2.2.1 食物元素学的定义

　　食物元素学是从微观视觉角度研究食物差异性的学科。食物元素学是研究食物元素与人体健康之间的关系的学科。食物元素学是研究解决人与食物元素之间、食物元素及食物元素相关事物之间诸问题的学科。

　　人们认识食物元素是从营养素开始的，营养素是指食物中可给人体提供能量、构成机体和组织修复以及具有生理调节功能的化学成分。凡是能维持人体健康以及提供生长、发育和劳动所需要的各种物质都称为营养素。其中人体最主要的营养素有碳水化合物、蛋白质、脂类、水、矿物质、维生素。然而食物中不仅有营养素，还有其他元素，例如无养素和未知的元素，也有非常大的研究价值。

---

③ 刘广伟、张振楣：食学概论，华夏出版社 2013 年版，第 41 页。

### §3-2.2.2 食物元素学的任务

食物元素学的主要任务是指导人类利用食物元素的功能与作用，吃出健康与长寿。充分挖掘食物元素的不同功能，促进食物元素学科的建设，从而指导人类更科学、合理地进食，促进人类的寿而康。

食物元素学的具体任务还包括加强对食物营养素、无养素和未知元素相互关系，它们对人体的作用，它们对人体健康和疾病的影响等方面的研究，以及对食物元素的合理运用。

## §3-2.3 食物元素学的体系

现代营养学概念中的"营养素"，就是指脂类、蛋白质、维生素、糖类、无机盐（矿物质）和水六大类，除此之外的统统称为"非营养素"成分。营养素与非营养素的区别是，前者缺乏时一定会发生缺乏症，而后者则没有。这种划分体系不完善且不全面。本书中食物元素的体系是以食物元素的功能为依据进行划分，可以分为营养素、无养素、未知元素三大别类。

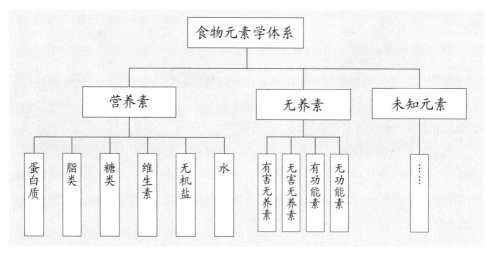

图 3-6 食物元素学体系

营养素学。营养素学是食学的四级学科，是营养元素学的子学科。营养素是指食物中可给人体提供能量、构成机体和组织修复以及具有生理调节功能的化学成分。能维持人体健康以及提供生长、发育和劳动所需要的物质就是营养素。传统的营养素分为必需营养素和非必需营养素。然而非必需营养素是指可以在体内由其他食物成分转换生成，不一定需要由食物中直接获得，与本书中的食物元素范围不一致，所以暂时先不考虑非必需营养素。

营养素是食物中所含构成人体的化学成分，它不能在体内合成，必须从食物中获得，称为"必需营养素"。已知有 40~45 种人体必需的营养素，其中主要营养素包括蛋白质、脂类、糖类、维生素、无机盐（矿物质）、水 6 类。此外还有一类营养素因为结构的特性，不容易直接观察、测试得到，这里称之为其他物质。

无养素学。无养素学是食学的四级子学科，营养元素学的子学科。无养素是指食物素中除了营养素和未知元素之外的化学成分。无养素包括：有害无养素、无害无养素、有功能素、无功能素。有害无养素是指食物中所含的有碍人体健康的物质，包括食物自身的和后期添加的两类。无害无养素是指食物中所含对人体无害也没有营养作用的元素。有功能素是指存在于植物类草药、食物中，具有与营养素不一致的化学结构，溶于水或酒精等媒介中，对人体产生综合性、系统性、整体性、协调性调节健康的活性成分元素。无功能素是指食物中所含的对人体既无害也无益的物质。

未知元素学。未知元素学是食学的四级子学科，是营养元素学的子学科。未知元素是指食物素中除了营养素和无养素之外的物质。可食性动植物种类的多样性决定了人类食物来源的多样性，也就决定了食物的构成元素和物质是多种多样的。任何一个领域由于认知局限和技术局限都存在着相对程度的未知，对于食物元素来说未知的物质就是未知元素。对于未知元素的探索更有利于打开人类与食物、食物元素的大门，是一个令人兴奋的未知领域。

# §3-2.4 食物元素学面临的问题

食物元素定义和范围的拓展，为人类更系统、更全面地了解食物打开了一扇新的大门，对人类更健康、更合理地饮食起到了无法替代的指导作用。但当今学术界仍过多地将精力集中在对人体有益的食物元素的研究上，对无养素的研究存在很大的空白。具体说来，食物元素学面临的问题主要有以下两个方面：研究存在薄弱与空白；存在仅用营养素指导健康的片面性。

## §3-2.4.1 研究存在薄弱与空白

由于认知和技术的局限，人们对无养素的认识不全面，只是有了大概的方向而没有进入进一步的探究，尤其是对有害无养素的研究。食物对人体的好坏不仅是由个体差异、所吃食物量决定的，很大程度上在于食物本身具有的特性，对食物所含元素的利弊进行探索和研究是非常有必要的。

另外，对未知元素的研究缺失。对食物元素研究存在的一大漏洞就是对未知元素的探索。食物种类多样，构成食物的物质就多种多样，人类不能仅仅止步于对已知领域的横向研究，更要致力于对整个食物元素体系的纵向延伸。

## §3-2.4.2 存在仅用营养素指导健康的片面性

由于食物元素体系的失衡和不完善，人类对于食物元素的认识也存在一定的偏颇，导致仅用营养素理论来指导人体健康，这存在片面性。这种片面性体现在，对食物作用的认知不全面、缺乏确定性，比如"今天 A 专家说某种食物要多吃，明天 B 专家又说这种食物不能吃"。因为营养素只是食物元素学体系的一部分，食物元素的概念大于营养素的概念。食物元素学是研究食物中所有元素的学科。应该用食物元素来指导人类健康，这样才能帮助人类更好、更全面地认识食物和利用食物，这对人体健康的指导具有不可替代的重大意义。

食物元素学是一门新兴的学科。它要取得长足的进步，就必须在下述领域奋力拼搏。一是加强营养标准修订的计划性、科学性，逐步建立较为完善的营养标准体系，为营养工作的标准化、规范化服务；二是开展多学科、多领域协作攻关研究，在疑难营养问题研究上实现重大突破，探索出经科学论证、具有针对性的实用营养干预策略；三是实施全民营养教育计划，提高全民整体营养素养和健康意识。

# 食者体质

　　本单元包括食学的两个3级学科：食者体征学和食者体构学。从食学学科体系看，食者体征学和食者体构学都属于本体学科。从学科成熟度看，食者体征说历史悠久，但成为学科尚属首次，属于新学科；食者体构学则是一门相对成熟的原有学科，即常说的人体解剖学。这里要说明的是，食者体征不等同于食者体质。体质是食者一段时间的身体状态，体征是食者一时的身体状态。食学是围绕食者建立的，食者体征和食者体构在食学研究中占有重要位置。

　　食者体征和食者体构是在不同时代、不同环境下产生的两种认识，它们的区别在于：食者体构学出现时间较短，食者体征学历史悠久；食者体构学是对客观世界的定量认知，食者体征学是对客观世界的定性认知；食者体构学是一种视觉认知、结构认知、分散认知，食者体征学是一种经验认知、辩证认知、整体认知。这里所说的整体有两层意思，一是指人体是处于大自然中的人体，天人一体，人和自然互动；二是指人体的各个组织、器官、系统都不是孤立的，是一个统一的整体，牵一发而动全身。

　　食者的体征，每个人都不一样，并且每个人每天的体征都在变化，即使是同一个人其每时每刻的体征都不一样，了解食者的体征是对变化的认知。而食者的体构，就结构数量、作用而言，没有个体差别。从学科产生和发展看，它们各有体系，殊途同归。实际上，传统医学也有对人体器官的研究，现代医学，也有对人体整体的认知。问题是当今的一部分学者只承认食者体构一种认知，常常以食者体构认知说否定食者体征认知，食学将对人体的认知从一元论提升到二元论（如图 3-7 所示）。

图 3-7 人体的二元认知

从学科对应的角度看，食者体征学与食物性格学对应，食者体构学与食物元素学对应。从研究食者体征和食者体构入手，研究人体、食物、摄食的关系，达到人类理想的寿期，是食者二元认知的根本任务。

本单元的学术创新点在于提出了"二元认知"人体差异性的范式，让食者体征学与食者体构学互相支持、互为补充、为人类健康服务。

# §3-3 食者体征学

食者体征学是食学的三级学科，食物利用学的子学科。为什么用"体征"这个词汇来命名本学科，而没有用阴阳、应象等词汇。主要是因为更加通俗，便于理解，重点是为了表达一个认知的维度，一个与"体构"相比肩的认知维度。体征是肌体征候，食者体征学是从天人合一的整体角度对肌体的认知，它强调人是自然中的一分子，四季昼夜的变化，都与人体息息相关。食者体征学既强调食前的体征辨识，又强调食后的体征变化。

在现代生理学没有出现的数千年中，人们对肌体的认知积累了丰富的经验，这种认知不是以微观视角为主的，是以整体体验为主的。现代生理学不能包括它，它与现代生理学是不同的认知维度；现代生理学也不能否定它，它强调从自然界的角度对人体的整体把握。这是现代生理学和医学的认知维度所不能替代的。

## §3-3.1 概述

人类对体征的认知历经了两个发展阶段。第一个阶段从公元纪年开始，至20世纪初叶；第二个阶段从20世纪中叶至今。

食者体征认知的起源。以中医为代表的东方医学体系，产生于原始社会。春秋战国中医理论已经基本形成，出现了解剖和医学分科，已经采用"望、闻、问、切"四诊法了解患者体征情况。西汉时期，开始用阴阳五行解释人体生理。东汉的著名医学家张仲景，已经对"八纲"（阴阳、表里、虚实、寒热）有所认识，总结了"八法"。华佗则以精通外科手术和麻醉名闻天下，还创立了健身体操"五禽戏"。唐代孙思邈总结前人的理论并总结经验，收集了5000多个药方，并采用辨证治疗，被人尊为"药王"。

唐朝以后，中国医学理论和论述食者体征的著作大量外传到高丽、日本、中亚、西亚等地。两宋时期，宋政府设立翰林医学院，医学分科接近完备。明朝后期，蒙医、藏医受到中医的影响，朝鲜的东医学也得到了很大的发展，例如许浚撰写了《东医宝鉴》。

自清朝末年，中国受西方列强侵略，国运衰弱。同时现代医学（西医）大量涌入，严重冲击了中医发展，食者体征学受到巨大的挑战。人们开始使用西方医学体系的思维模式加以检视，中医学陷入存与废的争论之中。同属东方医学体系的日本汉方医学、韩国的韩医学也遭遇了这种境遇。

食者体征认知体系的形成。20世纪末至21世纪初，古典中医基础理论有了创造性的发展，食者体征学有了科学化、现代化的革命与突破。如气集合、分形经络、数理阴阳、藏象分形五系统、中医哲学观等。

从1996年起，学界对食者体征学理论，如气本质、经络实质、阴阳、五行、藏象、中医哲学观等，都有了新的、全面的、创造性的认识和解说。这些学说不仅推动了食者体征学向前发展，还在指导提高人体健康长寿水准的实践层面，做出了很大贡献。

进入21世纪，中医理论的创新推动了中医的海外传播。据统计，亚洲的新加坡现有中医医疗机构30余家，中药店开设的中医诊室有1000余家。马来西亚的中药店铺3000余家，中医师工会会员800余人。泰国有中药店800余家。越南规模较大的中药店有近200家，从中国出口到越南的中成药有180种。日本从事汉方医学为主的人员有15 000人左右，从事针灸推拿的医务人员约10万人，从事汉方医药研究人员近3万人。有汉方医学专业研究机构10多个，有44所公立或私立的药科大学或医科大学的药学部也都建立了专门的生药研究部门，还有20余所综合性大学设有汉方医学研究组织。此外，欧洲的英国、德国，美洲的美国、加拿大等国，中医的地位也在提高，食者体征的理论得到了越来越多海外人士的理解与推崇。

# §3-3.2 食者体征学的定义和任务

## §3-3.2.1 食者体征学的定义

食者体征学是从生态整体的维度研究肌体的变化和差异及与食物之间关系的学科。食者体征学是从非结构认知维度去研究人体差异和变化及与食物之间关系的学科。

食者体征是指食用食物前的身体状态和食用食物后的一系列体征变化。食者体征学有两个基本点：一是整体观；二是辩证观。

## §3-3.2.2 食者体征学的任务

食者体征学的任务是指导人类认识体征与食物、食法之间的变化规律，从而吃出健康与寿期。

人类对体征的认知与利用已有几千年的历史了，几千年的临床实践，需要更加系统的归纳与创新，这也是食者体征学的一项重要任务。

# §3-3.3 食者体征学的体系

关于食者体征学体系，不同的学术流派有不同的认知，且大多散见于一些医著和文献，形成完整的体系的并不多见。当代流行的九种体质分类，是中国的王琦先生所创，他总结了前人认知的经验，首次提出了平和体质、气虚体质、阳虚体质、阴虚体质、痰湿体质、湿热体质、气郁体质、血瘀体质、特禀体质的分类方式，将人体分为九大类别，并以此认知和调疗身体（如图 3-8 所示）。[4]

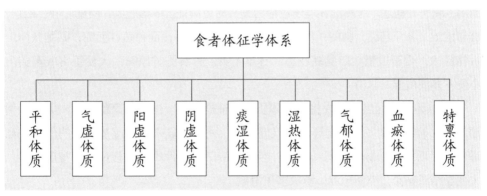

图 3-8 食者体征学体系

平和体质。平和体质说将平和体质的特征概括为：性格随和开朗，对外界环境

---

④ 王琦：《中国人九种体质的发现》，科学出版社 2011 年版。

适应能力强，平素患病较少。体形匀称健壮，面色、肤色润泽，头发稠密有光泽，目光有神，鼻色明润，嗅觉通利，味觉正常，唇色红润，精力充沛，不易疲劳，睡眠安和，胃纳良好，二便正常，舌色淡红，苔薄白。脉和有神。

气虚体质。气虚体质说将气虚体质的特征概括为：性格内向、胆小不喜欢冒险。不耐受寒邪、风邪、暑邪。体质弱，易患感冒，病后抗病能力弱，易迁延不愈。肌肉松软，气短懒言，语音低怯，精神不振，容易疲劳，爱出汗，面色萎黄或淡白，目光少神，口淡，舌淡红、胖嫩、边有齿痕，唇色少华，毛发不华，头晕健忘，大便正常。脉象虚缓。

阳虚体质。阳虚体质说将阳虚体质的特征概括为：性格多内向。发病多为寒证。不耐受寒邪、耐夏不耐冬；易感湿邪。多形体白胖，肌肉松软不实。平素畏冷，手足不温，喜热饮食，精神不振，睡眠偏多，面色苍白，口唇色淡，舌淡胖嫩、边有齿痕、苔润，毛发易落，易出汗，大便溏薄，小便清长。脉象沉迟而弱。

阴虚体质。阴虚体质说将阴虚体质的特征概括为：性情急躁、外向，好动。平素易患有的病变，或病后易表现为阴亏症状。平素不耐热邪，耐冬不耐夏；不耐受燥邪。体形瘦长，手足心热，面色潮红，有烘热感，皮肤偏干，两目干涩，易口燥咽干，口渴喜冷饮，唇红微干，舌红少津少苔，睡眠差，小便短涩，大便干燥。脉象细弦或数。

痰湿体质。痰湿体质说将痰湿体质的特征概括为：性格温和，稳重恭谦。易患中风、消渴、胸痹等病症。对潮湿环境适应能力差，易患湿证。体形肥胖，腹部肥胖、松软。容易困倦，多汗且黏，胸闷，痰多。面部皮肤油脂较多，面色黄胖而黯，眼胞微浮，舌体胖大，舌苔白腻，口黏腻或甜，身重不爽，喜食肥甘厚味，大便正常或不实，小便不多或微混。脉滑。

湿热体质。湿热体质说将湿热体质的特征概括为：性格多急躁易怒。男易阴囊潮湿，女易带下量多。对湿环境或气温偏高，尤其对夏末秋初湿热交蒸的气候较难适应。面垢油光，易生粉刺、痤疮，容易口苦口干，舌质偏红苔黄腻，身重困倦，大便燥结或黏滞，小便短赤。脉象多见滑数。

气郁体质。气郁体质说将气郁体质的特征概括为：性格内向，忧郁脆弱，敏感多疑。对精神刺激适应能力较差，不喜欢阴雨天气。形体偏瘦，神情多烦闷不乐，胸胁胀满，爱叹气，睡眠较差，健忘，舌淡红，苔薄白，痰多，大便偏干，小便正常。脉象弦细。

血瘀体质。血瘀体质说将血瘀体质的特征概括为：性格内郁，心情不快易烦，急躁健忘。易患出血、胸痹、中风等病。不耐受风邪、寒邪。瘦人居多，面色晦暗，皮肤色素沉着，容易出现瘀斑，口唇黯淡或紫，舌质黯有瘀点，舌下静脉曲张，眼眶黯黑，发易脱落。女性多见痛经、闭经或经色紫黑有块、崩漏。脉象细涩或漏。

特禀体质。特禀体质说将特禀体质的特征概括为：适应能力差，如对过敏季节适应能力差，易引发宿疾。易药物过敏，易患花粉症。

# §3-3.4 食者体征学面临的问题

食者体征学是一个实践性很强的学术研究领域。它面对的问题主要有 2 个：一是加强自身学科建设；二是传播力度需要加强。

## §3-3.4.1 加强自身学科建设

食者体征认知虽有 3000 年的经验积累，但是一直缺少学科定位，至今仍有许多人认为是缥缈玄幻，不现代，不科学，"只可意会，不可言传""心中了了，指下难明"。食者体征学的学科建设既需要坚持生态、宏观、整体的认知维度，又需要借鉴、参考微观认知维度的成果。食者体征学的确立，为全人类的健康实践增加了一个理论支撑。

## §3-3.4.2 传播力度需要加强

食者体征学和食者体构学原是一对互补、互动的孪生兄弟，但是从传播力度看，却有天壤之别。当今，基于食者体构学的人体结构理论，已进入正规教育课堂，成为中小学生必须学习的内容，占据了主流地位；而食者体征学则龟缩于中医等专业领域，偶尔在荧屏和报刊上一露峥嵘。这种教育设置上的不对等，极大地限制了食者体征学的传播。要想改变这种状况，必须在教育课程上进行必要的调整。

食者体征学融会了传统医学 3000 年的养生、医疗智慧，着眼于人的整体性研究，填补了食者体构学无法解答的空白，将对世界上每一个体健康与寿期增加做出贡献。

# §3-4 食者体构学

食者体构学是食学的三级学科，食物利用学的子学科。体构即人体的结构，食者体构学是从结构的角度认识人体的变化与食物之间的关系及其规律。

人体由639块肌肉、206块骨头（成人）构成，有上皮组织、结缔组织、肌肉组织、神经组织，有运动系统、食化系统、呼吸系统、泌尿系统、生殖系统、内分泌系统、免疫系统、神经系统和循环系统。其中的食化系统在人体系统的运转中具有不可替代的位置。

人的食化系统包括消化道和消化腺两大部分。人类的消化道从口腔至肛门十几米长，包括口腔、咽、食管、胃、小肠（十二指肠、空肠、回肠）和大肠（盲肠、结肠、直肠）等部分，它们共同发挥如储存食物、消化食物、排出废物及利用营养物等一系列复杂功能，食物进入消化道，会用24~72小时走完整个过程。消化腺包括唾液腺、肝、胰腺以及消化道壁上的许多小腺体，其主要功能是分泌消化液。与消化相关的器官还包括神经系统、血液和其他体液循环系统等。

食者体构学是一种建立在视觉认知基础上的学科，也就是说，它所涉及的所有的器官、组织和细胞等，都是视觉可见或通过科学仪器可见的。食者体征学中的气、阴阳、经络等看不见的物体，不在其研究的范围中。

需要说明的是，食者体构学说虽然是近代的学术成果，但是在古代也有人体器官的概念，只是没有近代研究得深入、透彻。

## §3-4.1 概述

对食者体构的研究已有几千年的历史，但是真正发展成一门学科，置身于学术之林，只是近几百年的事，近代科技的突飞猛进，为这一学科的发展壮大奠定了坚实的基础。

食者体构学的起源。食者体构学起源于解剖学和生理学。解剖学是一门历史悠久的科学,在中国战国时代(公元前 500 年)的第一部医学著作《黄帝内经》中,就已明确提出了"解剖"的认识方法,以及一直沿用至今的脏器的名称。在西欧古希腊时代(公元前 500~300 年),著名的哲学家希波克拉底和亚里士多德都进行过动物实地解剖,并有论著。第一部比较完整的解剖学著作当推盖伦(公元130~201 年)的《医经》,对血液运行、神经分布及诸多脏器包括消化脏器已有详细具体的记叙。文艺复兴时代,除绘制解剖学图谱的达·芬奇之外,解剖学也涌现出一位巨匠——维萨里(1514~1564 年)。他从学生时代就执着地从事人体解剖实验,1543 年终于完成了《人体构造》的巨著,全书共七册,较系统完善地记叙了人体各器官系统的形态和构造。与维扎里同时,一批解剖学者和医生,也分别对包括食化器官在内的人体结构进行了深入研究。

生理学真正成为一门实验性科学是从 17 世纪开始的。1628 年英国医生 Harvey 证明了血液循环的途径,并指出心脏是循环系统的中心。在 17~18 世纪,显微镜的发明和物理学、化学的迅速进步,都给生理学的发展准备了良好的条件。到了 19 世纪,随着其他自然科学的迅速发展,生理学实验研究也大量开展,累积了大量各器官生理功能的知识。例如,关于感觉器官、神经系统、血液循环、肾的排泄功能、内环境稳定等的研究,均为生理功能提供了不少宝贵资料。

食者体构学的发展。近几十年,由于基础科学和新技术的迅速发展,以及相关学科间的交叉渗透,使食者体构学的研究有了很大的进展。随着技术革命浪潮的涌动,近 20 年,生物力学、免疫学、组织化学、分子生物学等向解剖学渗透,一些新兴技术如示踪技术、免疫组织化学技术、细胞培养技术和原位分子杂交技术等在形态学研究中被广泛采用,使这个古老的学科焕发出青春的异彩。当今细胞、分子水平的研究,已深入到细胞内部环境的稳态及其调节机制、细胞跨膜信息的传递机制、基因水平的功能调控机制等方面,使生命活动基本规律的研究取得了不少宝贵资料。当代中国关于胃液分泌、物质代谢的研究,也为食者体构学的形成作出了贡献。当代生理学家还利用先进设备来研究机体消化液分泌的调节机制以及大脑活动的变化等,为疾病的防治提供了理论依据。

## §3-4.2 食者体构学的定义和任务

### §3-4.2.1 食者体构学的定义

食者体构学是从食物和进食的角度研究人体结构变化的学科。食者体构学是研究人体结构变化与食物之间关系的学科。食者体构学是研究并解决人体结构构成与食物之间能量转换问题的学科。

人体所有器官的形成及形态，都是食物转化的结果。

### §3-4.2.2 食者体构学的任务

食者体构学的任务，是指导人们更好地认知自己肌体和食物之间的关系，从而吃出健康与寿期。通过对人体结构全方位的解读，深入解析人体运行状况，促进人类健康长寿。

## §3-4.3 食者体构学体系

食者体构学包括人体组织学、人体器官学、人体系统学、食欲学、腹脑学5门四级子学科（如图3-9所示）。

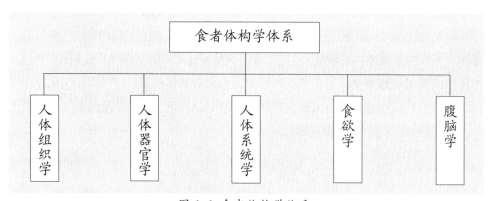

图 3-9 食者体构学体系

似的器官组成系统，由多个系统组成一个人体。人体的四大组织为：上皮组织、结缔组织、肌肉组织、神经组织。人体组织具有不同的形态、作用和功能。人体组织学是研究食物与人体组织之间关系的学科。

人体器官学。人体器官学是食学的四级学科，是食者体构学的子学科。人体器官指由多种组织构成的能行使一定功能的结构单位。人体器官分为感觉器官、内脏器官等，感觉器官包括眼、耳、鼻、舌等，内脏器官包括心、肝、肺、脾、肾等。此外，还有一些器官容易被人们忽略，例如骨骼、肌肉、皮肤等，也属于人体器官。人体器官学是研究食物和人体器官之间关系的学科。

人体系统学。人体系统学是食学的四级学科，是食者体构学的子学科。人体由九大系统所组成，即运动系统、消化系统、呼吸系统、泌尿系统、生殖系统、内分泌系统、免疫系统、神经系统、循环系统。这九大系统的正常运转，是维护肌体健康、维持生命延续的基本条件。人体系统学是研究食物与九大人体系统之间关系的学科。

食欲学。食欲学是食学的四级学科，是食者体构学的子学科。食欲学是研究人体食欲以及与食欲相关食物的学科。食欲是一种想要进食的生理需求，表现为对食物的兴趣和对摄食过程的期待。食欲的产生是身体内一系列复杂反应的结果，间接反映出人体的健康状态，对研究食物转化有指标性的意义。影响食欲的因素很多，现代医学对食欲的研究还很少，许多未解之谜有待破译，彻底揭示食欲机制对生命科学有重大意义。

腹脑学。腹脑学是食学的四级学科，是食者体构学的子学科。1907年美国解剖学家拜伦罗宾逊（Byron Robinson）提出了"腹脑"的概念。中国脑外科医生王锡宁提出的医学解剖新观点认为，人体是由两个对称的身体构成的。颈上人的身体构造为男、女双性体，颈下人的身体构造为男、女单性体。1998年美国解剖学和细胞生物学教授迈克尔·格肖恩（Michael D·Gershon）在他的《第二大脑》一书中说，每个人都有第二个大脑，它位于人的肚子里，负责"消化"食物、信息、外界刺激、声音和颜色。其实，从时间上看，腹脑为兄，头脑为弟。因此在食物转化方面头脑指挥不了腹脑，相反头脑是在为腹脑的服务过程中自己得到了发展。

# §3-4.4 食者体构学的问题

关于人体结构维度的认知, 随着显微镜倍数的不断提高和对比实验的不断深入, 研究成果非常丰富。其中, 有关食物和食法方面的腹脑研究尚未全面展开。

## §3-4.4.1 腹脑研究有待深入

腹脑, 是一个新的概念。科学家发现, 人类的肠胃系统之所以能独立地工作的原因, 就在于它有自己的智慧系统, 人们把这个智慧系统称为腹脑, 或第二大脑。腹脑的主要机能是控制调节食物转化的全过程, 这与人体的健康息息相关。非常可喜的是腹脑的研究已经起步, 需要有更多的学者参与, 需要有更深入的研究。

食者体构学与人体健康关联异常紧密。正确认识人体结构及其与食物之间的变化规律是达到个体健康长寿的重要途径。食学主张, 放弃单维度认知肌体的思维模式, 从食者体征和食者体构两个维度着眼, 全面把握人体与食物之间的差异和变化, 寻找食物与人体健康之间客观规律, 为延长人类的健康寿期服务。

# 食物摄入

本单元包括食学的 5 个三级学科：进食学、食物审美学、食物调疗学、本草食物疗疾学、合成食物疗疾学。从食学学科体系看，进食学、食物调疗学、本草食物疗疾学、合成食物疗疾学属于本体学科，食物审美学属于交叉学科。从学科成熟度看，除了合成食物疗疾学属于原有学科外，其他都属于新学科。

进食学阐述"5 步走"和"12 维度"的进食方法。食病概念的提出与确立，不同于传统的以病果为疾病命名，而是以病因为疾病命名，有利于人们预防疾病。食物调疗学论述了用食物调理和治疗食病与非食病。食物审美学则从五觉的角度，阐述了食物审美过程的二元反应。

食学把人体生存状态分为 3 个阶段，即 A 健康、B 亚衡、C 疾病。"亚衡"概念的提出与确立，是预防疾病的重要抓手。3 个阶段对应 3 个方法。（如图 3-10 所示）。

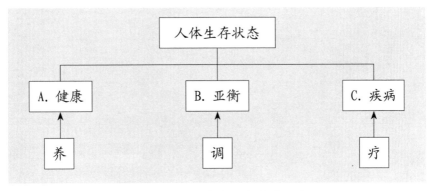

图 3-10 人体生存状态应对方法

人体生存状态 3 个阶段的划分，可以衍生出"三寿结构"。也就是说，在排除其他因素的情况下，疾病阶段越短，寿期越长，而缩短疾病期要从亚衡阶段着力，要从食物调理上着力（如图 3-11 所示）。

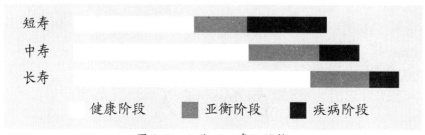
图 3-11 人体"三寿"结构

在食学体系中，属于食物摄入的还有两个学科：本草食物疗疾学和合成食物疗疾学。食物与健康关系的本质是食化系统与健康的关系，这两个学科共同点为都是用口服食物的方式，达到治疗疾病的目的。这两个学科分别对应中药学和西药学的口服药部分，本书暂不作具体论述。

本单元的学术创新点颇多，如人体生存状态 3 段论的提出、5 步 12维进食法的提出、五觉食物审美理论的提出、食病和亚衡概念的提出。再如食学进食坐标图、食学健康罗盘、膳食表盘指南的提出。

# §3-5 进食学

进食学是食学的三级学科。进食学也可以称为"吃学"，是研究如何摄取食物的学科。这是一门新学科，也是食学体系里的一个重要组成部分，它是食物生产的终点，也是食物利用的起点。12 维进食是指从 12 个维度控制人类的进食行为，又称 12 维进食法。

关于如何科学进食，人类积累了大量的经验，不同民族有不同的文化总结，不同地域有不同的集体认知，例如素食是对食物品类维度的认知和利用，辟谷和斋月是对进食频率维度的认知和利用，食疗是对食物性格维度的认知和利用，营养学是对食物元素维度的认知和利用，饥食病和过食病，则是进食数量维度认知的结果。认知经验虽多，但至今还没有形成一个系统的进食学学科。也许有人认为没有建立这个学科的必要，也许有人知难而退，但我认为科学的进食方法是人类康而寿的重要基础，食者要想健康长寿，就必须重视人类积累的种种进食理论与经验，对它们进行总结、认识、研究、把握、实践。12 维进食就是教人从数量、质量、种类、频率、温度、速度、顺序、时节、食物性格、食物元素、进食体征、心情 12 个维度来把握吃，就是要把全人类吃的经验，从上述 12 个角度进行对比、筛选、研究、分析，然后供每一个食者个体参考使用。

纵览人类的进食，可以分为 A、B、C 三种状态（见表 3-5）。即得当、失当、严重失当。针对寿、康、亚衡、病等不同体征，分别采取持、养、调、疗等进食措施，达到人体健康的目标，达到实现寿况从 C 到 A 的进阶。

如果给 12 维进食法做个小结，那就是"认清两头，把握中间"。"两头"一是食物，二是人体；"中间"就是进食方法。俗话说，病从口入，许多疾病是吃出来的。实际上，康也可从口入，遵循 12 维进食原理进食，健康一定可以被吃出来。

表 3-5 食法与健康关系

| 内容 | 分类 | | |
|---|---|---|---|
| | A | B | C |
| 食法 | 得当 | 失当 | 严重失当 |
| 体质 | 健康 | 亚衡 | 疾病 |

# §3-5.1 概述

从猿进化到人的过程，也是食行为进化的过程。随着自然生存环境的变化，人类学会生火和制造工具；随着农耕和机器时代的到来，人类有了更多的进食选择，也就是多种不同的吃法。从吃法来看，人类的食行为可以分为四个阶段，即被动选择阶段、多维度出现阶段、元素维度出现阶段、十二维进食阶段。

被动选择阶段。从 500 多万年前古猿开始向人类进化，到 1 万年前进入农耕社会，在几百万年的时间里，人类一直过着食源不稳、有什么吃什么的日子。漫长的旧石器时期，原始人靠采集、狩猎、捕捞来获取食物，维持生命。人们为获取食物四处游荡，从野生植物的果、根、茎、叶到鸟、兽、虫、鱼，只要能吃的都被吃掉。在这个阶段，受食源限制，人类只求吃饱，并没有对饮食产生特别要求。

多维度出现阶段。这个阶段，人类开始主动选择进食方法。开始从频率、品种、数量、质量等维度认知与实践。斋月和辟谷是频率维度的体现；和尚、尼姑吃素不吃荤是品种维度的体现；中医利用本草治疗疾病是食物性格维度的体现。

自公元前 3000 多年中国神农氏尝百草之后，人类逐渐形成了对食物性格的认识，并在以后相当长的一段历史时期内，以食物性格的搭配来满足人体的各种需求，食疗风靡世界。在这个阶段，人们开始注意饮食与卫生、饮食与健康的关系，许多人提出了进食时应遵守的规则，形成了进步的饮食观。如孔子提出了"食不厌精，脍不厌细"的饮食要求，并主张"不时不食"等一系列不食。东汉名医张仲景在《伤寒论》中说："秽饭、馁肉、臭鱼，食之皆伤人。六畜自死，则有毒，不可食。"古代士人还普遍认为应节制饮食，反对大量食用美味佳肴，认为这样做会增加胃的负担，影响消化。明末清初著名剧作家李渔在其《闲情偶寄》一书"颐养部·调饮啜"中对饮食之道作了专门评述，认为饮食要根据每个人的"性"来安排。"性"，意为性情、习惯。由于"性"

因人而异，故《食物本草》等书上规定的饮食忌讳未必适合每个人。

元素维度出现阶段。这一阶段建立在显微镜技术发展的基础上，以微观认知食物成分，食物元素成为进食的主要参照指标。20世纪初，人类发现并开始了对营养素的研究，20世纪60年代，膳食纤维作为第七大营养素进入人们视野，引起轰动。在这个阶段，营养素成为人们认识食物的工具，成为人们进食的指南。为了帮助国民掌握正确的膳食结构和种类的重要性，许多国家都制定了适合本国多数居民体质的膳食指南。瑞典是世界上最早提出膳食指南的国家，1968年出版了《斯堪的那维亚国家人民膳食的医学观点》，产生了积极的社会效应。美国是世界上较早制定"膳食指南"的国家，每隔5年都会修订这份指南。日本、英国、法国、新西兰、新加坡等国的膳食指南都以食物为重点，其本质都是对食物品类和数量的认知，缺少多维度的食用方法建议。颁布膳食指南的做法迄今已有50年的历史。

人们对营养素的研究日渐精进，但也存在着不少问题：一是只将研究聚焦于营养素，对食物元素中的非养素、未知素的研究缺失；二是将食物分解为六大零件，将人体的六大食转化器官看作六大营养素的接收零件，这种认识将食物和人体割裂，不全面，也不系统。

12维进食阶段。2013年，我在《食学概论》一书中提出了"六态九宜"的观点，是这一阶段的起始。经过深入研究，在本书中我又将指导进食的维度进行了完善，将九宜改为"12维进食"。以往人类进食理论的主要问题是以偏概全，不同的民族，在不同的单一维度认知中积累了丰富的经验，但都不够全面，只有用多维度的方法，才能更准确地认知和实践，才能吃出人类应有的寿期。

# §3-5.2 进食学的定义和任务

## §3-5.2.1 进食学的定义

进食学是研究健康进食方法的学科。进食学是从个体特征和食物特征角度研究健康进食方法的学科。进食学是从多维角度认知个体和食物的多维进食方法的学科，是研究食物和肌体与进食方法关系的学科，是研究并解决进食问题的学科。

### §3-5.2.2 进食学的任务

进食学的任务是精准地指导人类减少和消除食病，吃出健康长寿。进食法的任务是用来指导人类恰当、科学地进食，延长食者寿命，改变不合理的进食行为，提高人类的健康水平。进食法的任务指明了进食学的研究方向，为科学指导人类改变不合理进食方式、延长寿命、吃出健康奠定了理论基础。

# §3-5.3 进食学的结构

进食学的结构由食者、食物、进食、食废、食后征等要件组成。为了准确表达进食学的结构，我设计了一个食学进食坐标图。这个坐标图由2条坐标线、4组关系、1个顺序、2个象限、1个食交点和1个食目标组成（如图3-12所示）。

2条坐标线是指这个坐标由纵横两条轴线组成，横轴代表食者，发展方向是从生到死；纵轴代表食物，发展方向是从能量的提供到排出。轴上的刻度代表食者的不同状态和食物的不同能量。这两条坐标线是相互交叉和游动的。

4组关系是2条坐标线相交后形成4组关系：食者食物关系，供能耗能关系，食前食后关系，原因结果关系。

1个顺序是指由A、B、C、D、E五个字母代表的进食顺序。即A为辨识食者体征—B为辨识食物—C为选择食法—D为观察食废—E为体会食后征。这个顺序的各个环节不可倒置，也不可减少。

2个象限是指坐标中左上、右下两个象限。左上的象限Ⅱ为辨识，即辨识体征、辨识食物；右下的象限Ⅳ为检验，即通过检验食废和食后征，验证进食是否适宜。

1个食交点指2条坐标线中间的交汇点，也叫进食点。这是整个坐标中最重要的一个点。辨体和辨食的成果，要通过进食才能实现；食用成效如何，也要在对食废和食后征的检验后，反馈给食交点，根据结果进行再调整。

1个食目标是指通过对食学进食坐标的使用，学习科学的进食方法，达到人体健康长寿的目标。

食学进食坐标可以和食学健康罗盘、食学健康表盘配合使用。

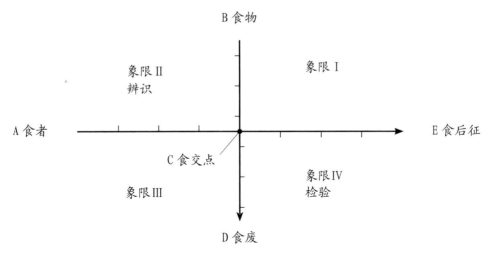

图 3-12 食学进食坐标

## §3-5.3.1 食者六维

进食过程中，首先要辨识自身的不同需求。从人群的整体来看，可以分出 6 个大的类别状态，简称食者六维，即基因、性别、年龄、体征、体构和动量（如图 3-13 所示）。

基因维度。基因维度即食者的种群、民族、家族、血缘等基因传承特征。当今世界上的 76.3 亿人，每个人的基因维度都是不同的。基因维度可以决定一个人对食物的喜好取舍，例如一个世代生活在草原的牧民和一个常年生活在水稻产区的食者，对食物的需求和消化吸收程度是不同的。

性别维度。有两项内容，分别是男、女，如果考虑到有例外，例如双性人，可以增设一项其他。人的性别不同，对食物的要求也不相同，例如孕期的女性，要食用量大且营养全面的食物。

时间维度。这里的时间是指食者个体生命的时间。可以分为婴儿前期(0~1 个月)、婴儿后期（2~12 个月）、幼儿（1~3 岁）、儿童（4~6 岁）、少年（7~17 岁）、青年（18~35 岁）、中年（36~65 岁）、老年（66~85 岁）、寿者（86 岁以上）等九个阶段；也可以更细化为年、月、日分类。不同的生命阶段对食物的需求都有差异。

体征维度。体征是指人体食用食物时的身体状况和食用后的一系列体征变化。体征维度可以左右对食物的选择。例如一个过食病患者就不宜食用超量的食物，一个敏食病患者也不能食用某些令其过敏的食物。

体构维度。体构是指人体的结构，体构维度也是食者六态中一个重要的维度，例如，一个胃部分切除患者不能食用过量、过硬、过于刺激的饮食。

动量维度。人的运动量不同，摄食需求也不同，重体力劳动者所需的热量远大于轻体力劳动者，脑力劳动者对食物数量和种类的需求，也不同于一个体力劳动者。

这里所说的食者六维，是从大的方面表述人体的差异性，其实每一个人的每一天、每一时，都会有不同的状态，从细微的角度看，可以理解为一人万态。人体不同的状态，对食物和食法的诉求是不一样的。

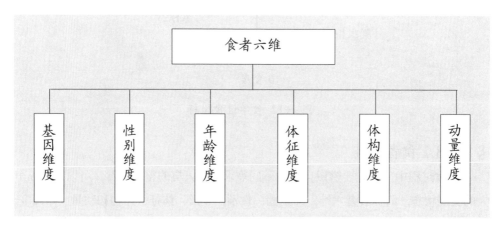

图 3-13 食者六维

## §3-5.3.2 食废

食废是食物与人体进行能量转换后排出体外的物质，包括液体、气体和固体废物。进食和食废，是同一个问题的两个方面，食废具有监测进食质量的作用，观察食废的状态，可以评价摄入的合理性。

人体在食化过程中产生的废物必须排出体外，否则将破坏人体内环境的稳定，导致中毒。食废在食化过程中的作用常常被忽视，有摄入就有排出，摄入决定排出，排出反映摄入。以食废为监测物，用以评价摄入的合理性，是一种直接的好方法。开展食废研究，建立食废科学评价体系，是食学的一项重要课题。

以食废的排泄出口划分，排出食废的孔窍有11类：眼睛、耳朵、鼻子、口腔、肚脐、尿道、肛门、女性阴部、乳房、皮肤、毛发；与此相对应的食废也有眼废、耳废、鼻废、口废、脐废、尿废、便废、阴废、乳废、肤废、毛发废、散热12个种类（如图3-14所示）。排出食废的孔窍各不相同，从大小看，有的是厘米级，例如口腔；有的是微米级，如皮肤。从数量看，有的只有一个孔窍，例如肛门；有的成双成对，例如眼睛、耳朵；有的则成群结队，例如皮肤和毛发。从结构看，有的单一，例如肚脐；有的复杂，例如口腔还可以细分出舌头、喉咙、腮部、牙龈等等，它们都会对进食作出反应。从排泄物的形态看，可以分为气体排泄、液体排泄、固状物排泄、散热排泄四种。

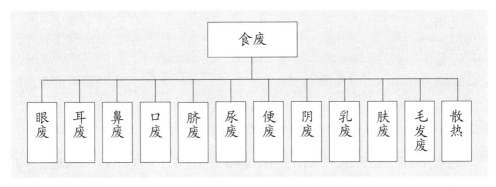

图 3-14 食废

### §3-5.3.3 食后征

食者体征分为两个方面，一个是食前的人体状况，另一个是食后的人体反应。这里所说的"食后征"，就是指进食后的人体反应状况。

人体进食后效果如何，会通过 11 类孔窍的排泄物来检验，此外身体的其他部位也会产生相应征候。如长期缺乏某种营养素会让人罹患脚气，会在指甲上形成纵向条纹等等。又如过食造成的营养过剩，对内会形成脂肪肝，对外会让人体脂肪堆积，形成过食体态。除物质的反应之外，食后征还可以影响到人的精气神。

从时间维度看，食后征可以分近期反应和远期反应。近期反应是食后即时或食后不久发生的反应，例如体味的变化，某些器官的不适，炎症的发生乃至食物中毒；远期反应则为身体产生某种积累性变化，这种变化最终会带来两个结果：正向的少病、长寿或是逆向的多病、短寿。简而言之，对食后征的研究就是"观察两个反应，关注两个结果"。

### §3-5.3.4 进食 5 步环

食学进食坐标图科学表达了食者进食的结构原理，属于进食学的理论层面。在它的实践层面，我设计了一个"进食 5 步环"，而它又是一个小循环。希望人们能够借此更好地把握自己的进食行为（如图 3-15 所示）。

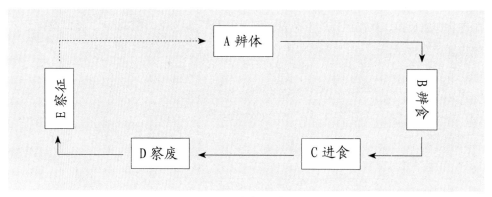

图 3-15 进食 5 步环

进食 5 步环，由辨体、辨食、进食、察废和察征 5 个步骤组成，形象地表达了进食要遵循的 5 个步骤。进食 5 步环强调瞻前顾后，食前要"二辨"，食后要"二察"，这才是进食的全过程。从另一角度看，这又是一个不断循环的过程，由"察征"再到"辨体"，进行新一轮的辨体、辨食、进食、察废、察征，如此反复，不断循环，实现生存。进食 5 步环和后边介绍的 12 维进食法合在一起，被称为"5 步 12 维进食法"。

## §3-5.3.5 膳食指南

膳食指南是对人类进食的指导。但是长期以来，关于进食的方法与经验一直以口传心授的形式存在，例如家庭成员间长辈向晚辈的传授，医生向患者的传授。政府部门或行业组织发布的膳食指南始于 20 世纪 90 年代。

美国的"膳食金字塔指南"。1992 年，美国农业部首次制定、颁布了指导大众健康膳食的"USDA 金字塔"。这个金字塔根据食物营养与健康的关系，把日常食物分成"应该多吃"（包括大米、面包、谷物和面条）、"适量多吃"（包括蔬菜和水果）、"适量少吃"（包括鱼、家禽、蛋、干果、牛奶、奶酪和肉类）和"少吃或不吃"（包括脂肪和糖类）四大类。因其形状为正三角形，所以被称为膳食金字塔指南。2005 年根据意见反馈，美国农业部又对这个金字塔进行了修改，把横结构改为竖结构，强调个体对食物的不同需求，由 2 个维度增加至 3 个维度，并将其更名为"我的金字塔"（如图 3-16 所示）。

图 3-16 美国膳食金字塔指南（2005）

　　中国的"膳食宝塔指南"。1997 年，为了指导广大居民更好地平衡膳食获得合理营养，提高国民健康水平，中国营养学会发布了《中国居民膳食指南》和《中国居民平衡膳食宝塔》。2007 年，中国营养学会又发布了新版的《中国居民膳食指南（2007）》和《中国居民平衡膳食宝塔（2007）》。与膳食宝塔（1997）相比，膳食宝塔（2007）的塔基在原来谷类的基础上增加了薯类和杂豆类，宝塔的第四层则将豆类及豆制品改为了大豆类及坚果，塔尖增加了盐<6g 的内容，并上调了蔬菜、水果、鱼虾、奶类及奶制品、油的建议摄入量，下调了谷类、畜禽肉类的建议摄入量。此外，膳食宝塔（2007）还增加了饮水图案、身体活动图案和"每天活动 6000 步"的建议，由 2 个维度增加至 3 个维度（如图 3-17 所示）。

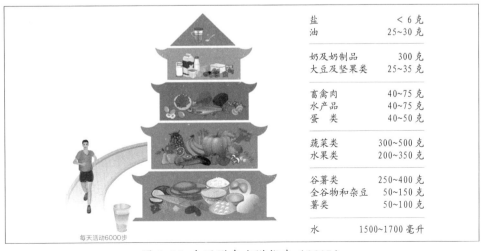

| 盐 | <6 克 |
| 油 | 25~30 克 |
| 奶及奶制品 | 300 克 |
| 大豆及坚果类 | 25~35 克 |
| 畜禽肉 | 40~75 克 |
| 水产品 | 40~75 克 |
| 蛋　类 | 40~50 克 |
| 蔬菜类 | 300~500 克 |
| 水果类 | 200~350 克 |
| 谷薯类 | 250~400 克 |
| 全谷物和杂豆 | 50~150 克 |
| 薯类 | 50~100 克 |
| 水 | 1500~1700 毫升 |

每天活动6000步

图 3-17 中国膳食宝塔指南（2007）

　　日本的"膳食平衡指南"。不同于美国的膳食金字塔和中国的膳食宝塔，日本的膳食平衡指南是一个倒三角形状，倒过来的目的是为了强调"平衡"。该指南依旧按食物摄取量分层，上面的一层是主食，包括米饭，谷类，面食；其次是副菜，包括蔬菜类、菌类、芋类、海藻等；接着是主菜，包括肉、鱼、蛋、大豆食品；然后是牛奶、牛奶制品以及水果。（如图 3-18 所示）。

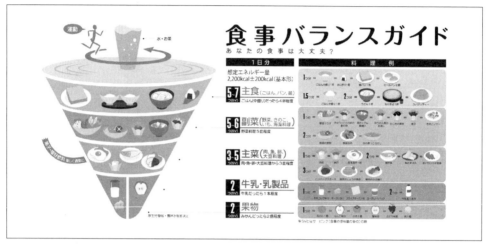

图 3-18 日本膳食平衡指南（2005）

　　其他国家的膳食指南。美、中、日等国之外，世界上还有不少国家根据本国居民膳食实际情况，颁布了自己的膳食指南。如欧美一些发达国家颁布了以动物性食物为主的膳食指南，印度、巴基斯坦等发展中国家颁布了以植物性食物为主的膳食指南，意大利、希腊等国颁布了地中海式膳食指南。

　　上述三国的膳食指南，可以统称为金字塔式的膳食指南，在指导国民健康饮食方面功不可没，但是它们在指导进食方面也有一个共同的不足：大多属于食物种类＋食物数量＋食者的 3 维认知。为了弥补上述不足，也为了更好地指导 76 亿人的科学进食，我设计了一个"膳食表盘指南"。"膳食表盘指南"又名"长寿膳食指南"，它包括 12 个维度，即进食数量、进食质量、进食种类、进食频率、食物温度、进食速度、进食顺序、进食时节、食物性格、食物元素、食者心态、食者体征，它借用人们生活中常见的钟表图形，并以 12° 30′ 45″的指针，标出了首选项、次选项、关注项三类使用权重（见下页）。

# 膳食表盘指南

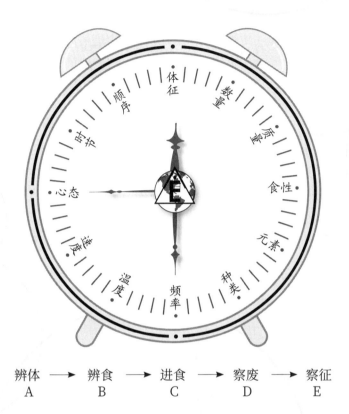

辨体 ⟶ 辨食 ⟶ 进食 ⟶ 察废 ⟶ 察征
A　　　B　　　C　　　D　　　E

　　"膳食表盘指南"有12个维度，比"3维"的膳食金字塔式指南多出了9个维度。表盘上的指针为12° 30′ 45″，形象地标示了这12个维度的食用权重，即首选类、次选类、关注类。

　　表盘下面标注的是5步进食顺序，强调吃饭要瞻前顾后。所谓瞻前，是指在进食前要辨别肌体状态、辨别食物特性；所谓顾后，是指在进食后要察验食废变化、察验食后体征。本指南是定性指南，不是定量指南。因为只有自己最了解自己，因为每一个人的体质体征都是不一样的。也就是说，定量的问题要由您自己解决，这才能最科学的。

　　金字塔式的膳食指南和膳食表盘指南的区别是：这三种膳食指南均是从近代营养学的角度出发，膳食表盘指南是对人类数千年食识的总结；这三种膳食指南是3维指南，膳食表盘指南是涵盖食物、食法和食者的全方位指南（见表3-6）；另外这三种膳食指南是基于定量＋定性指南，膳食表盘指南是主张定性靠指南，定量靠自己，这是因为人类每个个体的身体状况各不相同，即使是同一个体，在不同时间段的身体状况也不相同，在进食时，只能根据不同的个体情况选择适合自己的进食方法。从这点看，定性指南更科学。

表 3-6　膳食指南维度对比表

| | 进食数量 | 食物质量 | 进食种类 | 进食频率 | 食物温度 | 进食速度 | 进食顺序 | 进食时节 | 食物性格 | 食物元素 | 食者心态 | 食者体征 |
|---|---|---|---|---|---|---|---|---|---|---|---|---|
| 美国膳食金字塔 | √ | | √ | | | | | | | | | √ |
| 中国膳食宝塔 | √ | | √ | | | | | | | | | √ |
| 日本膳食陀螺 | √ | | √ | | | | | | | | √ | |
| 膳食表盘 | √ | √ | √ | √ | √ | √ | √ | √ | √ | √ | √ | √ |

## §3-5.3.6 膳食健康罗盘

　　无论是膳食金字塔式的指南还是膳食表盘指南，针对的都是人类进食这一阶段。如果把眼界放宽，从食物与健康的角度看，需要关注的内容也更为宽泛。为了更清晰地表明食者、食物、食法和食废、食后征之间的关系，我又设计了一个"膳食健康罗盘"。"膳食健康罗盘"有四个可以转动的圆环，从里到外分别为食者环、食物环、食法环、食废和食后征环，每个环上又有若干维度，形成了一个4-33维度体系。其中，食者环标明了食者的6种基本状态，食物环涵盖了食物的7种类型，食法环是进食方法的8个要素，食废环罗列了食后反应的12个方面。这四个环，让人与食物、食法、食废的相互关系更清晰，更明了，也更利于食者对它们的理解和应用（如图3-19所示）。

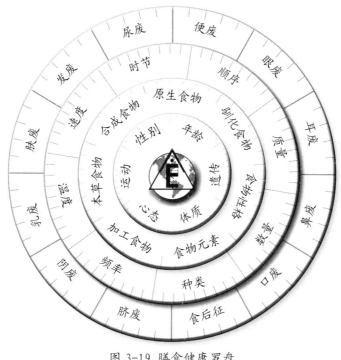

图 3-19 膳食健康罗盘

"膳食健康罗盘"和"膳食表盘指南"都强调了人类摄食的变化本质，适用于不同国家、不同民族、不同文化、不同年龄、不同阶层的每个人，是 21 世纪的人类膳食指南。我期待它们能够让 76.3 亿地球人因此延长 3~5 年的寿期，能够为人类迈入 120 岁寿期做出贡献。

## §3-5.4 进食学的体系

现代科学中没有关于进食的学科体系。这门学科的建立使其在食学中有了明确位置，也使诸如素食主义、辟谷、斋戒等饮食行为有了理论依据。

进食学体系包括进食数量、食物质量、进食种类、进食频率、食物温度、进食速度、进食顺序、进食时节、食物性格、食物元素、食者心态、食者体征 12 门子学科（如图 3-20 所示）。

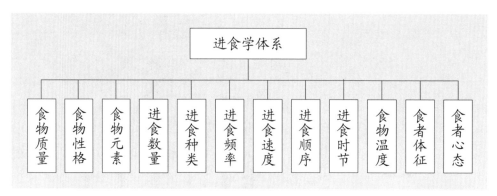

图 3-20 进食学体系

从性质的角度可以分为辨体类、辨物类、控制类。辨体类包括食者体征和食者心态两个维度，是对进食者身体和精神状态的把握。辨物类包括食物质量、食物性格和食物元素 3 个维度，是对食物自身的辨识。控制类包括进食数量、进食种类、进食频率、进食速度、进食顺序、进食时节、食物温度等 7 个维度，是对进食的把握。

从权重的角度可以分为首选类、次选类、关注类。食者体征、进食数量、进食质量、食物性格、食物元素、进食种类是首选类，与人体健康关联度最高，是"12维进食"中的核心，在进食时需要首先考虑，随时注意；进食频率、食物温度、进食速度是关注类，关注类与人体健康关联紧密，如果给予足够关注，养成良好的习惯，会终生受益，如果不甚关注，时间稍久，会出现很多意想不到的疾病；食者心态、进食时节、进食顺序是注意类，注意类内容掌握不好会导致身体不适，甚至引起食病，但发生频率相对较低，只有在比较极端的情况下才会出现明显的反应。

进食数量。进食数量，即食量，指一个人每天进食的总量。进食数量包括主副食的总量，其核心是食物所含的能量。能量是决定食物摄入量的首要因素，摄入量与消耗量之间保持均衡，才是人体最佳健康状态。人类肌体的食系统，是历经亿万年进化而来的，是为恶劣自然环境下的长期饥饿状态而准备的，具有强大的储备能力，而在食物丰足的时期，这种储备机制成为人们因进食过多而获病的机制。进食过多会导致患过食病，如高血压、高血脂；进食过少则会患饥食病，导致营养不良、身体虚弱等。作为科学进食中不可缺少的重要环节，食量是进食中首先要注意和考虑的，最好是"八分饱"（如图 3-21 所示）。

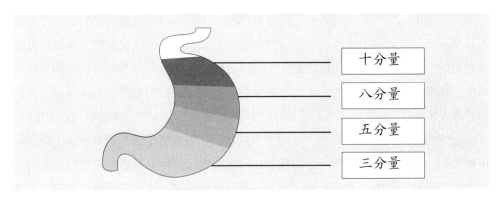

图 3-21 食量示意图

　　食物质量。食物质量是进食时所吃食物的品质。食品的质量与人体健康、生命安全有着极为密切的关系。营养丰富的食品，如鱼、肉、蛋、奶等，有时会由于微生物的生长繁殖而引起腐败变质；或者是在生长、采收（屠宰）、加工、运输、销售等过程中受到有害、有毒物质的污染，这样的食品一旦被人食用，就可能引发传染病、寄生虫病或食物中毒，造成人体各种组织、器官的损害，严重者甚至会危及生命。良好的食物质量，能提高人类的进食质量，是进食中的首先要注意和考虑的内容之一。

　　进食种类。进食种类是指提供给人们进食的食物品种、类别。人类是以植物性食物为主、动物性食物为辅的杂食动物，进食种类比较复杂，进食种类因民族而异、因地区而异、因人而异。进食种类之所以重要，是因为食物种类的选择影响人体的健康水平，也影响人与自然界的能量交换，影响人类的可持续发展。多样的食物种类可以给人体提供全面的营养，维持身体健康。人类在进食的品种上，应以多样化品种为进食基本原则，同时改变偏食、挑食习惯等，注意根据人体性格和食物性格选择食物，使其符合维护自身健康的需求，符合科学进食的行为。

　　食物性格。食物性格是指不同的食物具有不同的个性，例如食物的寒、热、温、凉。如同人类的性格复杂多样，食物的性格也多种多样，有的食物只有一种性格，有的食物有两种性格，还有的食物有多种性格，因此食物可以分为单格食物、双格食物、多格食物。食物性格认知是一种经验认知，人类对食物性格的认知来源于史前时期，先民从无数次选择食物的过程中，发现了食物的某些影响人体的特性，并自觉加以利用。早在几千年前，中国传统医学就开始运用食物性格来调节人体健康，并卓有成效。

食物元素。食物元素是指食物的元素成分。人类对食物元素的认识建立在现代化学的基础上，是一种视觉认知，只有看得到包括借助科学仪器看得到的，才被列入认知范畴，在时间上也远远短于对食物性格的认识。人们认识食物元素是从营养素开始的，然而食物元素的概念要大于食用营养素的概念，因为在食物中除了营养素外，还有非养素和未知的元素，这些非养素和未知素有的会促进人体健康，有的会造成人体紊乱，有的也可能无益无害。当今，对非养素和未知元素的研究还属空白。

进食频率。进食频率是指一天中进食的次数。进食频率是与进食质量、数量紧密相关的。人们进食的频率，是依靠食欲和饱腹感这两种主观感觉来进行调节的。在漫长的进食历史中，人类形成了一天三餐的进食频率。这样的频率较为符合人体对食物的生理需求，但是否对每一个具体而特定的个体合适，还需要具体对待。专家认为，人体的消化机能、生理功能和各种酶的活动，都具有时间节律性，只有建立稳定的规律，才能够使代谢正常，达到健康长寿。东方所说的辟谷、过午不食，汉族的零食节、日本流行的一日一食、伊斯兰的斋月和斋日，以及西方的轻断食，都是对进食频率实行控制和调节的代表。

食物温度。温度与食物的营养、品质等有密切关系。适宜的温度可以提高口感，减少刺激，增进食欲，有利健康。进食温度的过高和过低，都会对人体造成伤害。人的体温为37℃左右。进食的温度，一般不宜与体温相差过大，比口腔温度高5℃~10℃比较好。从全球来看，东方人偏好热食，食物温度一般较高，欧美国家偏好凉食，食物温度偏低；从人群来看，青年人偏好低温食物，中老年人偏好温度较高的食物。食品寒温适中，则阴阳协调，有益于身体健康；反之则会对身体造成损伤。人体的阴阳是相对平衡的，如果吃得过凉或过热，就会打乱阴阳平衡。

进食速度。进食速度是指具体一餐中进食所花的时间，主要取决于咀嚼和吞咽的速度，它影响食物被咀嚼的程度和进入消化道获得消化吸收的程度，因此它最终与人体的营养吸收和人体健康相关。人类的进食，有吞食和嚼食两种，从而出现吞速和嚼速两种不同的进食速度。进食速度原则上以细嚼慢咽为好。当前随着人们生活节奏的加快，进食速度也随之提高，快餐文化大行其道，但这种进食速度不利于人体健康，针对这种情况，已经有人开始倡导"慢食文化"，以求细嚼慢咽，帮助消化。

进食顺序。进食顺序就是指在进食过程中进食品种的顺序。随着医学界对疾病研究的不断深入，人们发现进餐顺序很有讲究，顺序不对不利于营养吸收，还可能损害肠胃和健康。美国营养学家发现，人体消化食物的顺序是严格按照进食的次序进行的。如果人们一开始吃的是一些成分过于复杂且需要长时间消化的食物，接着再吃可以较短时间消化的食物，就会妨碍后者的吸收和营养价值的实现。理想的进食顺序应为：先吃热量密度低的食物，密度越高越要后面吃。

进食时节。进食时节有两层意思，一是指进食的时间，二是指进食的季节性特点。人体消化是需要时间的，进食的时间间隔对人体健康十分重要。此外，不当的进食时间，例如距离睡眠太近，会给身体带来危害。自然是有季节的，不同季节有不同的物产品种。顺应季节，就是顺应这些与季节相关的品种所提供给人体相应的营养和物质。因为不同季节的食物，正好是人体在不同季节中所需要的，这是在长期的环境适应中形成的人与自然和谐相处的结果。只有与季节相符的食物，才能最大限度地为人体提供有益的补给和营养。

食者体征。进食体征是指人体在进食前的身体状态和进食后的系列变化。食学是研究人和食物关系的学科，有了人和食物，才能产生进食行为。在进食学体系的12个维度中，进食体征和进食心情同属食者一方，是进食学不可或缺的组成部分。人体体征分为九种不同体态，征候不同，对食物的需求也千差万别。正确的进食方法，不仅要对食物的质量、数量、性格、元素、温度等进行选择，还要明了自己当前的身体属于哪种体态，这样才能做到对征择食、科学进食。

食者心态。进食时有一个专注的好心态，对增进食欲，增加进食的愉悦感，以及对人的健康，都至关重要，然而，进食时的心态却是一个被人们忽视的问题。进食时的心态不宜大喜大悲，过分兴奋、激动、狂躁、忧郁、愤怒都会给食物的消化吸收带来副作用。人们在进食时不专注，坐立不安、手舞足蹈、不停说话，不仅会影响进食效果，有时还会将食物吞入气管，造成呼吸障碍，危及生命。

# §3-5.5 进食学的问题

进食是人类每天都要完成的动作，只有科学进食才能保证身体健康，减少疾病，但人类对进食的关注还远远不够。进食学主要面临两大问题：科学进食方法不普及；对摄食的认知以偏概全。

## §3-5.5.1 科学进食方法不普及

目前科学的进食方法还不普及，多数人对进食方法存在着或多或少的盲目性，不知道自己到底应该怎样进食，而是凭感觉想当然，这就造成了现代人进食方法不当，导致疾病频发，人类健康水平下降，寿命不够长。应尽快普及科学进食方法，让人类意识到科学合理进食的重要性，摒弃以往对进食方法认知的片面性，深入获得对进食方法科学性和完整性的认识。

另外，当代对于营养素的研究已经很透彻，但是对食物中的非养素、未知素的研究尚属空白；对食物温度、进食顺序、进食心情等，对营养吸收的影响也没有涉及。

## §3-5.5.2 对摄食的认知以偏概全

现在人们对摄食认知方面的话题是数不胜数，如吃的主食、鸡鸭鱼肉、瓜果蔬菜的食材……只要打开各种媒体，都自说自话，各有观点。其实，其中一些摄食观是以偏概全的。比如最近的"炝锅大蒜会致癌"的说法，说炝锅的大蒜致癌，是因为大蒜在高温的热油中会产生致癌物丙烯酰胺，这种说法没有考虑到摄入量的大小。毒理学之父帕拉塞尔斯说"剂量决定毒性"，没有剂量摄入的范围，那么任何物质都有可能产生毒副作用，就连水摄入过多也有可能。大蒜用高温的热油煸炒的确会产生丙烯酰胺，但是相对于生活中其他的油炸、烧烤类食物来说，一方面产生的剂量少，另一方面摄入的食物总量也少。这种以偏概全说法的存在，既说明了实际生活中公众在相关科学摄食知识方面的空白，也是社会个体对食品安全焦虑的体现。

进食学汇集了人类数千年的进食经验和智慧，对人体健康影响巨大，在食学中的位置十分重要，但是迄今为止，尚未形成一个完整的学科体系。目前亟须解决的是将经验上升为理论，将智慧提炼成科学。此外，还需在食教育方面花大工夫下大力气。如果12维进食法能够被更多的人群所知晓并接受，进而成为全人类的共识和进食的准则，人类的健康水准肯定会有一个大的提升。

# §3-6 食物审美学

食物审美学是食学的三级学科，是一门新的学科，是食学与美学的交叉学科。音乐是听觉审美，绘画是视觉审美，电影是视觉和听觉的两觉审美，食物是味觉、嗅觉、触觉和视觉、听觉的五觉审美。任何审美都有一个时间过程，这个过程的结果都有两个反应，一是心理反应，如喜悦与悲伤，二是生理反应，如正常与反常（呕吐）等。绘画与音乐的审美主要体现在心理反应，生理反应不常见，但确实有生理反应。食物审美过程同样存在两个反应，即心理反应和生理反应。其心理反应体现及时，其生理反应体现需要一定时间，或一段阶段，它的反应与肌体的健康息息相关。这一点正是食物审美与其他审美不同之处，是食物审美反应的双元性强的表现。

审美体验离不开人的感官。人的眼、耳、鼻、舌、身，对应于视、听、嗅、味、触五种感知能力。传统审美体验基本上是以视和听为主的，比如视觉对应造型艺术，听觉对应音乐艺术。食物审美与传统审美最大的区别，就是五官同时参与，我称之为"五觉审美"。传统美学的不同，一是只论述心理反应，没有论述生理反应；二是只承认视听审美，未提五觉审美。在民间一直有美食、美食家的说法，这说明在人的意识中，食物审美确实存在，只不过没有上升到理论层面。因此，探索食物审美的规律和特点，是一个全新的课题，是对传统美学的发展与完善，其对生理反应的确认，最大的价值在于有利于人的健康，有利于世界每一个人的健康。

# §3-6.1 概述

美是普遍存在的，无论是在自然界还是社会生活中，只要有人类的生活，就有美的踪迹。"劳动创造了美"。从历史的角度看，人类最初的各种劳动都是为了生存下去，最早的生存劳动就是获得食物。从这个角度说，食物审美可以分为三个阶段，第一个是美源于食阶段，第二个是美学无食阶段，第三个是五觉食物审美阶段。

美源于食。当人获取食物时甜甜的滋味是美感的源头。审美起源于食物的甘甜与香醇。先民在长期的饮食生活的积累中，也逐渐产生了如"甜""淡""香""鲜"等审美意识。中国汉代许慎在《说文解字》中说："美，甘也。从羊从大。"意思是，美在本质上是味美（甘），美在起源上与羊和大相关。宋代文人将饮食烹调视为审美对象，饮食有了独立的审美价值。到16、17世纪的明清时期，文人关心物欲人生、讲究饮食艺术的风气高涨，一些士大夫将饮食生活引向艺术化，形成独特的士大夫饮食文化，讲究"味外之味"，并将"味道""品味"延伸文学作品和人们生活之中，同时也延伸到书画作品、音乐作品的鉴赏评价的境界。中国古人就将味觉与嗅觉放在同视觉和听觉同等的地位加以讨论，《左传》中提出"声亦如味"，是味觉与审美的初次碰撞，是中国味美学理论的萌芽。

美学的创立。西方美学思想的历史从柏拉图开始，他率先从哲学思辨的高度讨论美学问题。"美学"的概念是1735年德国哲学家鲍姆加登首次提出的。1750年，鲍姆加登以这个词为书名，发表了巨著《美学》。"美学"创立的一个重要标志，是"美的艺术"概念的出现和现代艺术体系的诞生。1746年，夏尔·巴图神父出版了一部名为《归结为单一原理的美的艺术》一书，书中将音乐、诗、绘画、雕塑和舞蹈这五种艺术说成是"美的艺术"，以此与工艺区分开，这是此后一切艺术体系的雏形。近400年，西方文化的美学以自身的逻辑不断地演化，非西方文化在西方这一世界主流文化的影响下，学习西方，按照西方的学科方式建立起了自己的美学，构成了西方美学与非西方美学之间的互动。

现代美学研究始终存在着一个致命的缺陷，它把人类对美的感受和对美的追求，局限于人的视觉和听觉的范围之内。传统的美学理论只认为人的视觉和听觉是高级感官，具有审美功能，能产生审美感受，而其他感官都与人的生理本能相联系，是低级感官，并不能产生精神性的审美感受，因此食物的鉴赏未被纳入美学体系。

五觉审美的提出。面对味觉没有纳入审美理论体系的情况，中国的孙中山先生曾提出质疑："夫悦目之画，悦耳之音，皆为美术；然悦口之味，何独不然……"把味觉列入审美范畴，是孙中山先生的一大贡献，但他的理论也存在着明显的不足，把食物之美局限于味觉，忽视了其他感官的作用，按照这个思路去研究食物审美是走不通的，我称其为"孙中山胡同"。按感官角度来看，审美可以分为单觉审美和多觉审美两种类型。单觉审美是用一种感官来感受外界的美，也称之为一觉审美，例如视觉（绘画、雕塑）和听觉（音乐、歌曲），传统的美学理论只认可这两种感官的审美过程。多觉审美是通过两种以上感官共同完成的审美，例如电影与戏剧是"视觉＋听觉"的审美艺术。那么，食物品鉴就是味觉、嗅觉、触觉（口腔）及视觉、听觉的审美艺术，这就是五觉审美（见表3-7）。

表 3-7 烹饪艺术的五觉审美

|  | 视觉 | 听觉 | 嗅觉 | 味觉 | 触觉 |
|---|---|---|---|---|---|
| 绘画艺术 | √ |  |  |  |  |
| 雕塑艺术 | √ |  |  |  | √ |
| 音乐艺术 |  | √ |  |  |  |
| 唱歌艺术 |  | √ |  |  |  |
| 电影艺术 | √ | √ |  |  |  |
| 戏剧艺术 | √ | √ |  |  |  |
| 烹饪艺术 | √ | √ | √ | √ | √ |

五觉在食物审美中的权重是不同的，我把它们分为两个组，一组为食物审美的核心要素——嗅觉、味觉、触觉，一组为食物审美辅助要素——视觉、听觉。通俗地讲，五觉审美是3+2，不能是2+3，权重顺序不可颠倒。举个极端的例子，盲人没有视觉，面对美食，只有四觉，但他们同样可以体验到食物之美。聋人没有听觉，也能够完成食物的审美过程。也就是说，视觉和听觉在食物审美的过程中起到的是辅助性的作用。但是，如果没有嗅觉，则人们吃饭不香；如果没有味觉，则食物入口无味；如果没有触觉，则不辨酥脆软嫩。所以说，味觉、嗅觉和口腔触觉是食物审美的核心，是食物审美的基础（如图3-22所示）。

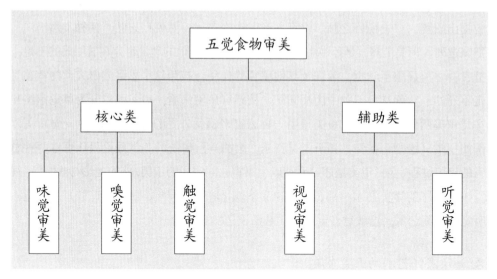

图 3-22 五觉食物审美

# §3-6.2 食物审美学的定义和任务

## §3-6.2.1 食物审美学的定义

食物审美学是研究人类用味觉、嗅觉、触觉和视觉、听觉，鉴赏食物及其心理与生理反应的学科。

食物审美学是研究人与食物之间审美关系的一门学科，是研究解决食物审美过程中的种种问题的学科。食物审美学研究人类在进食过程中对食物的反应特征，使人获得更多的愉悦和更健康的身体。

## §3-6.2.2 食物审美学的任务

食物审美学的任务是指导人类提高食物审美鉴赏能力，从而带来心理愉悦和生理健康。

食物审美学的具体任务还包括归纳、总结食物审美规律，弘扬美的食为，批评丑的食为，提高食物审美的修养。

食物审美学的任务是指导人们从单纯追求食物的心理反应，转为追求心理＋生理的双重反应，指导人们认清四种美食家，吃出健康来。

# §3-6.3 食物审美学的体系

食物审美学体系包括味觉审美学、嗅觉审美学、触觉审美学、视觉审美学、听觉审美学5个四级子学科（如图3-23所示）。

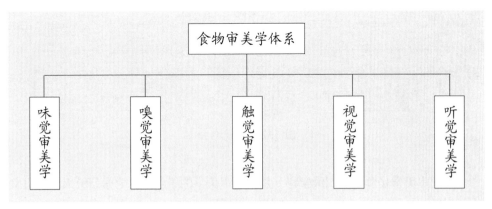

图 3-23 食物审美学体系

味觉审美学是食学的四级学科，是五觉食物审美学的子学科。它是研究人类在进食过程中通过味觉器官来鉴赏食物的学科，其任务是指导人类全方位利用味觉器官鉴别食物。味觉审美在食物审美中具有举足轻重的地位，人类对食物的评价摆在首位的就是味道。在五觉食物审美中，味觉的感知是一个十分复杂的过程，不仅甜、咸、酸、鲜、苦等味道会互为对比、相互转化、相互转换，呈味浓度、食物温度以及触觉、嗅觉等器官的感知能力，也会影响味觉审美（如图3-24所示）。

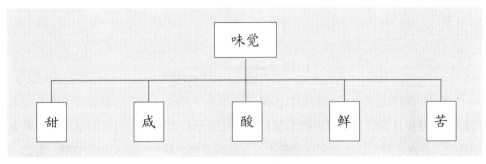

图 3-24 味觉感知

嗅觉审美学是食学的四级学科，是食物审美学的子学科。它是研究人类在进食过程中通过嗅觉器官来鉴赏食物的学科，其任务是指导人类全方位利用嗅觉器官鉴别食物。食物的腥、膻、香、臭等味道，是需要嗅觉辨别审美的。在五觉食物审美中，嗅觉审美学的地位十分重要。据研究，人们对食物滋味的感知，有80%来自嗅觉（如图3-25所示）。

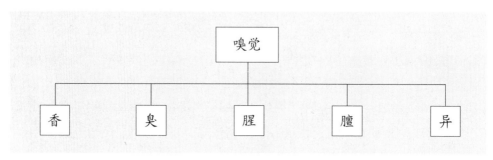

图 3-25 嗅觉感知

触觉审美学是食学的四级学科，是食物审美学的子学科。它是研究人类在进食过程中通过口腔内的触觉器官来鉴赏食物的学科，其任务是指导人类全方位利用口腔内的触觉器官鉴别食物。触觉器官可以感受到食物的温度、湿度、压力等信息，食物的脆、嫩、酥、爽、冻、热、软、硬，都是要靠触觉来感知的。这里的触觉，主要是口腔触觉，也包括取食时手部触觉（如图3-26所示）。

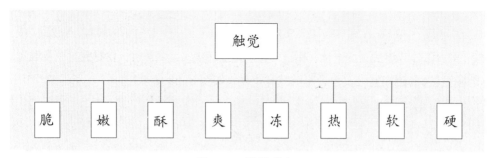

图 3-26 触觉感知

视觉审美学是食学的四级学科，是食物审美学的子学科。它是研究人类在进食过程中通过视觉器官来鉴赏食物的学科，其任务是指导人类全方位利用视觉器官鉴别食物。美食之美，首先表现在视觉上，食品的造型、颜色以及相应的食雕、盘饰、盛器等，无不具有美形美色。"色香味形"的东方食物评价标准中，眼睛看到的色和形均位列其中，色还被排在第一位。重视外在美的日餐被人们誉为目食（如图3-27所示）。

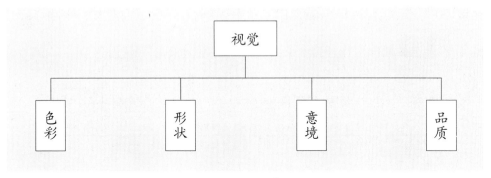

图 3-27 视觉感知

听觉审美学是食学的四级学科，是食物审美学的子学科。它是研究人类在进食过程中通过听觉器官来鉴赏食物的学科，其任务是指导人类全方位利用听觉器官鉴别食物。铁板烧、锅巴虾仁等菜品在铁板上发出"滋滋"的响声，能带给食客独特的听觉感受；食物的"脆"也是进到嘴里后，通过口腔触觉和听觉使人感受到的（如图3-28所示）。

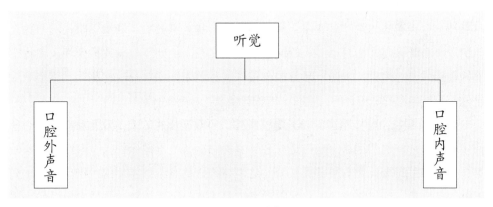

图 3-28 听觉感知

# §3-6.4 五种美食家

"美食家"是近代的一个概念，多指哪些会吃且会说的人。随着时代的发展，我们有必要进一步厘清、规范它的内涵，让它为人类的健康美好生活提供支持。

从理论上讲，美食家是指精通美食创作和鉴赏的人。美食家主要有五种类型，精通美食创作的人，有"烹饪艺术家"和"发酵艺术家"；精通美食鉴赏的人，有"美食家"和"双元美食家"；既精通创作又精通鉴赏的人，叫"美食通家"（见表3-8）。

表 3-8 美食家分类

| 类别 | 属性 | | |
| --- | --- | --- | --- |
| | 美食创造 | 美食鉴赏 | |
| | | 心理 | 生理 |
| 烹饪艺术家 | ✓ | ✓ | |
| 发酵艺术家 | ✓ | ✓ | |
| 美食家 | | ✓ | |
| 双元美食家 | | ✓ | ✓ |
| 美食通家 | ✓ | ✓ | ✓ |

烹饪艺术家，是指精通美食烹饪制作且形成独特风格的人，是美食创造过程中的专家。

发酵艺术家，是指精通美食发酵（如制酒、制茶、火腿等）工艺且形成独特风格的人。是美食创造过程中的专家。

美食家，是指善于品鉴食物，具有很好的写作和讲演水平，能够对食物进行详尽点评。今天看来这种"美食家"是过去式了，是人类社会"缺食"时代的产物，他们以"有吃会吃"为特征，人们仰视他们的口福，他们不注重或很少涉及食物审美的健康性，总是把"美味"品鉴放在首位，甚至主张"拼死吃河豚"。感官享受是他们鉴赏美食的唯一目的，也叫"传统美食家"。

双元美食家，是指精通食物五觉鉴赏并认可双元反应的人，双元反应是指心理和生理的反应。通俗地讲，他们是既会品鉴美味又能吃出健康的人。现代美食家的第一个标准就是要比常人更健康长寿，这是与传统美食家最本质的区别。否则，只能称为"吃货"或"吃家"。双元美食家主张美味与健康的统一，是引导当代人民大众吃出健康长寿的楷模。也叫现代美食家、长寿美食家。

美食通家，是指既精通烹饪工艺或发酵工艺，又精通美食鉴赏，且比常人更加健康长寿的人。也叫全能美食家、美食大家。

# §3-6.5 食物审美学面临的问题

大部分人在进食过程中都会用到五种感官，但不是所有人都能用五种感官来完成对食物的审美活动，没有充分的审美指导，人就无法获得最大化的愉悦感。在审美活动中，人们对视觉、听觉的研究非常透彻，看电影、听音乐、欣赏舞蹈表演等，都是利用视觉或听觉或两种感官结合起来获得愉悦的活动，并且针对视觉和听觉的产品已经实现数字化，可以大量复制，人们可以随时随地通过视觉和听觉进行审美活动。食物审美学面临的主要问题有三个：一是对嗅觉的研究深度不够；二是对味觉的研究深度不够；三是对生理反应认知不够。

## §3-6.5.1 对嗅觉的研究深度不够

人们对于嗅觉在食物审美中的研究，不够全面、深入。人类对嗅觉的研究还没有实现数字化，不能批量复制和快速传播。人类嗅觉还没有通过对气味物质的气味信息研究，扩大其时空功能，实现"万里飘香"的美好期待。

## §3-6.5.2 对味觉的研究深度不够

对味觉人类同样也没能研究透彻，也还没有实现数字化。所谓味觉的数字化，即如果你品尝了一种美食，希望在社交媒体上的每个粉丝都知道食物有多么美味，你也不必再依赖拍照了，你可以发一个链接，让大家都可以体验到模拟的美味。味觉是不可或缺的基本感觉之一，但是在互联网传播中，味觉传播几乎是闻所未闻的，这主要是由于味觉缺乏数字可控性，还没有实现数字化。

## §3-6.5.3 对生理健康认知不够

食物审美的生理反应是一种时间维度的认知。许多人群在进食时，只注重心理愉悦的，却忽视了生理健康。这种只知道吃食物、鉴赏食物，却不注重吃出健康的做法，容易导致各种疾病，例如过食导致身体肥胖，势必会增加患糖尿病、高血压、高血脂、癌症等疾病的风险。

食物是人类"不可一日无此君"的伙伴，也是人类种群延续的主要物质。在饱腹问题解决之后，食物审美就成了人类摄食时的一项重要内容。食物审美是一种全方位的审美，五觉食物审美为烹饪是艺术、美食是艺术品奠定了理论基础。伴随着食学的发扬壮大，伴随着感官审美研究的深入，它将得到越来越多的人的认可。

# §3-7 食物调疗学

食物调疗学是食学的三级学科，食物利用学的子学科，（如图 3-29 所示）。食物调疗学研究如何利用天然食物及食物性格来治疗和预防疾病。

人体的生存状况分为三个阶段：健康、亚衡和疾病。健康阶段是人体各项指标正常的阶段；疾病阶段是人体处于失衡的阶段；亚衡是人体处于健康和疾病之间的阶段，传统医学将其称为未病，现代医学称为亚健康。

食物调疗学的作用有两个：一是用食物维护健康，调理人体的亚衡状态；二是用食物包括本草食物治疗各种食病和非食病。

食物调疗学中的食病是一个新概念，全称为食源性疾病。与当代医学中的食源性疾病不同，当代医学中的食源性疾病仅指污食病，而食学中的食病包括所有因饮食而来的疾病，包括缺食病、污食病、偏食病、过食病、敏食病和厌食病。以患病原因为疾病命名代替以患病结果、患病器官给疾病命名，是食学的一大创新。它可以直指病源，给预防疾病建立了一个抓手。

食物调疗是人类健康经验的总结，具有三千年以上的历史。从食物调疗的角度看，调理亚衡状态，治疗肌体疾病，有三个层次的选择，首选天然日常食物，其次是天然功能食物（口服本草），最后是合成食物（口服药品）。天然食物最贴近人类肠胃机制，食物调疗简便易行，成本低，接受程度高，副作用小，应该是人类面对亚衡和疾病的第一选择。

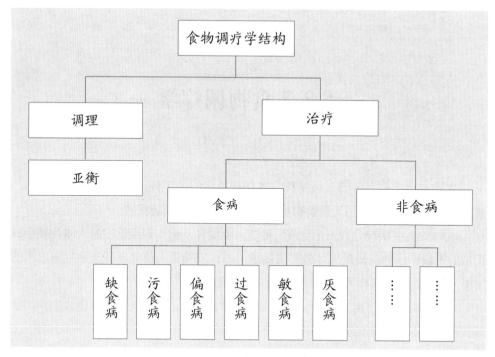

图 3-29 食物调疗学结构示意图

# §3-7.1 概述

食物调疗起源于古代原始人类寻找食物的过程之中，在这一漫长的过程中人们发现了某些食物的偏性，可以用来调理身体和治疗疾病。食物调疗学是一门全球性的学科。从古至今，世界各地的学者都曾致力于食物药性的研究，无论是西方的微观疗养法还是东方的宏观疗养法，都有过各自的发现与进步。中华民族具有悠久的食物调疗历史，在卷帙浩繁的典籍中，记载有食物常识、食物须知、食物疗病强身等的典籍很多，仅根据《全国中医图书联合目录》检索出中国人民共和国成立前与食物、食品有关的食疗本草类、救荒本草类、饮馔类的书籍，就多达 80 余种。回顾人类食物调疗的历史，可以分为四个阶段：食物调疗起源阶段、形成阶段、现代阶段、食源性疾病提出阶段。

起源阶段。据文献记载，食物调疗已有 3600 年的历史。古埃及的文献记载了用牛肝做治疗夜盲的药物史实。希波克拉底在他的饮食著作《养生法》中，推荐用成年狗烤肉做特定的食疗，又把小狗的肉用在另外的食疗中。关于食物调疗的应用，中国自古就有"药食同源"的说法，即认为食物调疗的起源与医药的起源是一致的。神农尝百草的传说反映了远古时期人们在发现某些食物的同时也发现了某些药物（偏性食物）和毒物。据周代的《书经》记载，商代人已知酒为日常饮料，也是防病治病之品。同时也有酒曲用于治病的记载。

随着社会的进步，生产的发展，食物品种的增多，与疾病和自然斗争经验的积累，同源的药食逐步分化，食物调理与药物疗病渐渐分开，为其后食物调疗的形成奠定了基础。

形成阶段。西周（公元前 1046~前 771 年）是中国奴隶社会的鼎盛时期。统治阶级对饮食保健极为重视，设置了食医和食官以专司其事。西周至春秋战国，医药比较发达，并注意到饮食调养和饮食卫生。成书于西周的《周礼·天官·疾病》载"以五味、五谷、五药养其病"，说明当时已认识到食品要与药品相互结合才有利疗养疾病。成书于战国时期的《黄帝内经》是中国现存较早的一部重要医学文献，其在食治食养方面确定了明确的原则和实施的方法，指出饮食的五味必须调和，不能偏胜，偏胜则引起种种疾病。若能五味调和，饮食合宜，则健康能获保证，寿命就长。又说："毒药攻邪，五谷为养，五果为助，五畜为益，五菜为充，气味合而服之，以补益精气。"

食物调疗经过前代的发展，到了唐朝集其大成，出现了专著。由唐朝孙思邈编著的《备急千金要方·食治篇》重视"食养"，强调"食养为先"的调治原则，对食性的研究从实践上升到理论层面。成书于唐开元年间孟诜的《食疗本草》是一部最早的专讲食物疗法的药物学专著，共收药物食物 241 种。其中不少品种为唐初本草书中所未收录的。宋、金、元时期食物调疗学有较全面的发展。如宋朝王怀隐等编的《太平圣惠方》记载了 28 种疾病的食治方法。《饮膳正要》系元代营养学兼医学家忽思慧所撰，是中国历史上第一部营养学专著。明、清两代时期食物调疗本草有了进一步发展，食物调疗著作很多，其中有的从营养学观点出发讨论食物的营养价值，有的从治疗学观点论述各种食物的治疗作用，并且把食物按治疗作用进行分类。明代李时珍的《本草纲目》共载药 1892 种，增加新药 347 种，其中不少是食物。

现代阶段。近些年，中国的科技工作者开始注重食物调疗学术理论的发掘、整理、研究和实际应用开发，有关食物调疗的专著也如雨后春笋般问世。据不完全统计，1973 年至 1984 年平均每年有 2 本食物调疗专著出版，到 1985 年至 1995 年则增长到平均每年有 10 本。作者不仅有中医药界人士，还有西医药作者、营养学家和高级厨师。

在当代西方社会，对食物调疗的研究也有一定的发展。现代学科体系中开始出现中医食物调疗学，其理论核心是根据"辨证论治"的原则，结合脏象、经络、诊法和治则的内容，选择相应的食物进行防治。通过辨证、全面掌握病人的情况，再结合天时气候、地理环境、生活习惯的影响，遵循扶正祛邪、补虚泻实、寒者热之、热者寒之等治疗原则，确立汗、吐、下、和、温、清、消、补的治疗方法，并联系食物的寒、热、温、凉和辛、甘、酸、苦、咸，制定相应的配方。

食源性疾病提出阶段。我在2013年出版的《食学概论》中，首次提出了以病源给疾病分类和命名的理念⑤，梳理出六种食源性疾病。传统的疾病命名方法，是以疾病或患病器官命名，如高血脂、高血糖、心脑血管疾病、脂肪肝。我认为，以来源为它们命名，更科学更准确。这种命名法的价值在于：一是将聚焦点从结果转移到原因，让因何而病更为明了清晰；二是以病源命名，从病名即可知道病因，便于对症治疗；三是强调了食在医前，预防大于治疗。对于疾病，预防是釜底抽薪，治疗是扬汤止沸；四是和食物调疗学相对应，为食物调疗学提供了理论基础和应用对象。

此外，在这一阶段亚衡概念的提出，也让食物调疗学中的"调"即调理，有了分工领域和发展方向。

# §3-7.2 食物调疗学的定义和任务

## §3-7.2.1 食物调疗学的定义

食物调疗学是研究人类利用食物防病疗疾的学科，是利用食物的偏性来调节机体功能、使其健康的学科。食物调疗学是研究食物偏性与人体健康之间关系的学科。食物调疗学是研究用食物解决人体亚衡与疾病问题的学科。食物调疗学可用于调疗食源性疾病，也能用于非食源性疾病的治疗。

食物调疗学的下属学科食病学，是食源性疾病学的简称。食病学是研究由食行为引发的疾病及其预防、治疗的学科。食病以缺食、污食、过食、偏食、敏食、厌食等病源命名，可以直观地直指病源所在，直观地告知该如何控制和预防疾病。

---

⑤刘广伟、张振楣：《食学概论》，华夏出版社2013年版，第188页。

## §3-7.2.2 食物调疗学的任务

食物调疗学的任务是研究指导人类更好地利用食物防病治病。实践证明，食物调疗不仅可以调理人体亚衡状态，也可以用来治疗疾病；不仅可以调疗食病，也可以调疗非食病。因此，食物调疗学的具体任务有两个，一是通过调整食物结构，改变摄食方式，克服不良摄食习惯，防止食病被"吃出来"，走出先吃出病再治疗病的恶性循环；二是针对食病之外的其他疾病，积极研究和探讨、总结用食物调疗治愈的方法，为人类抵抗疾病增加一个新的途径。

# §3-7.3 食物调疗学的体系

食物调疗学是一个完整的体系。它包括两个方面 4 个四级子学科。两个方面是亚衡和疾病；4 个四级子学科是食源性肌体亚衡调理学、非食源性肌体亚衡调理学、食源病治疗学、非食源病治疗学（如图 3-30 所示）。

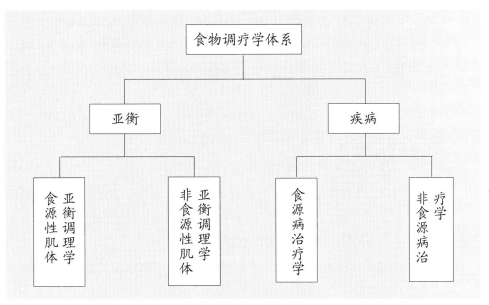

图 3-30 食物调疗学体系

食源性肌体亚衡调理学。食源肌体亚衡调理学是食学的四级学科，食物调疗学的子学科。亚衡是人体处于健康或已病的中间阶段，食源亚衡是人体因不当饮食形成的非健康状态。在这一状态，如果及时给予食物调疗，"饮食有节"人体可以避免向食病发展，重回健康。经过三千年的积累，针对食源亚衡的食物调理方法非常丰富。中医崇尚"治未病"，食源亚衡调理学是食物调疗学的精华。

非食源性肌体亚衡调理学。非食源性肌体亚衡调理学是食学的四级学科，食物调疗学的子学科。人体的亚衡状态，有些不是因为饮食形成的，非食源亚衡调理学面对和研究的，就是对这些非食源亚衡的调理。食物调疗是一座宝库，囊括了高深的东方智慧和东方哲学。数千年的实践证明，食物调理不仅能调理食源性的亚衡，对于非食源亚衡，也有着良好的调理效果。

食源病治疗学。食源病治疗学是食学的四级学科，食物调疗学的子学科。人类有缺食病、污食病、过食病、偏食病、敏食病、厌食病等六大食源性疾病，食源病调疗学是针对这六大食源性疾病而设。以饮食治疗食病，是食源病调疗学显著特色。需要注意的是，由于上述六大食源性疾病患者都到了"已病"阶段，所以在进行食物治疗之外，及时到医院问诊服药，采取各种不同的医疗措施，也必不可少。

非食源病治疗学。非食源病治疗学是食学的四级学科，食物调疗学的子学科。人的疾病，除了食源性疾病外，也有一些非食源性疾病，或者与食物关联度不太大的疾病，如泌尿系统疾病、妇科疾病、眼科疾病、咳喘感冒等等。这些非食源性疾病，也可以用食物调疗的方法给予治疗，例如用生姜葱白汤来调疗感冒。和食源病的治疗一样，对于非食源疾病，也要食物治疗和其他治疗手段共用，方能取得完满的疗效。

# §3-7.4 食病

食病自古有之。百万年间，人类的饮食状况和结构发生了重要变化，从之前的缺食到如今的足食、丰食，此起彼伏、轮番更替，这种食物供给不充足、不均衡以及食用方法的不得当，是食病一直伴随的重要原因。

食病全称为食源性疾病。食病包括缺食病、污食病、偏食病、过食病、敏食病、厌食病六种，都以病因命名。不同于现代医学疾病的命名方式，食病强调的是病因，而现代医学强调的是病症。知道了病因，就增强了病人的自主性；知道了病症，病人主要依靠医生。食病概念的确立，对疾病的预防将起到非常积极的作用，使许多疾病的预防有了具体的着力点。食是人类获取能量的基础，可以带来健康，也可以带来疾病。从食着手，依据5步12维的方式进食，能抓住健康的主动权，可以推动以治疗为主向以预防为主变革，让人类的健康寿命水平提高到新阶段。

现代医学中的"食源性疾病"定义为"由于使用或饮用了被致病因素污染的食品或饮品引起的疾病"，仅指污食病。而食学中食源性疾病的范围则广得多，我们上边列举的六种病症，都属于食病的范畴。因此，俗语中的"病从口入"也有了更丰富的含义：不仅是吃了不干净的东西而致病，还指因缺食、过食、偏食、敏食、厌食而带来的疾病。

从人类有了进食行为以后，食病一直困扰着人类，但病源却并不相同。在很长一个历史时期，饥饿（缺食病）是主要的食病；随着社会的发展，技术的进步，除了遭遇大的自然灾害和由于食物分配不均造成的个别地区、个别人群食物供给仍然不足，在大部分地区，食物的供给量不仅能够满足多数人口的需求，而且种类丰富。科学因素推动了食品工业的发展，也为食品安全带来了隐患。在这一历史时期，过食病和添加剂带来的新的污食病，又成了人类的主要食病。

## §3-7.4.1 六种食病

依据不同的病源，食病分为缺食病、污食病、偏食病、过食病、敏食病、厌食病6种（如图3-31所示）。其中，缺食病、污食病、偏食病、过食病涉及多数食者；敏食病、厌食病只涉及一部分食者。

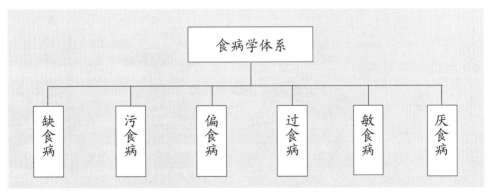

图 3-31 食病学体系

缺食病。缺食病是由食物摄入不足造成的疾病，如营养不良、水肿等。缺食病的原因主要包括社会原因和个人原因。社会原因主要表现为粮食供给不足。这里有自然灾害的原因，也有分配不公等人为因素。个人原因主要表现为由某些错误观念所造成，例如不当减肥。缺食病的防治，首先要保证该类病人的食物来源量，在此基础上做到合理饮食，均衡膳食，做到吃得安全、吃得营养、吃得健康。

污食病。污食病是在生产、运输、销售、储藏、加工和烹调过程中，食物受到外部污染或发生内部变质，摄入后导致人体出现不适或病变。污食病大多源于对食物、食品知识的匮乏，在不自觉的情况下，误食了有毒有害的食物，造成对身体的伤害。污食病的成因主要有三个方面（如图3-32所示）：一是食物自身被污染；二是摄食过程中的食具污染；三是误食有毒食物造成的污染。在现阶段，因生产环境和加工过程所产生的"污食"所占比例越来越大，新的污食病层出不穷，"污食"环节遍及从农田到餐桌的全过程（如图3-33所示）。污食病的防治首先要学会鉴别食物是否污染，要从源头杜绝污染食物。另外，食具要保持卫生洁净，饭前认真洗手也是预防污食病的有效措施。一旦得了污食病，可以采取一定的食疗方法，如果病情严重，还应及时到医院进行专业救治。

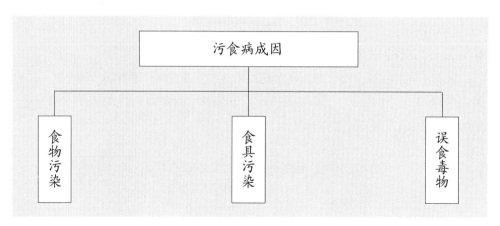

图 3-32 污食病成因

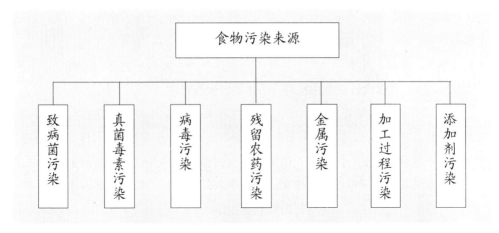

图 3-33 食物污染来源

偏食病。偏食病是由于某种食物摄入过多或过少引发的疾病。世界卫生组织将偏食病造成的营养失衡称为"隐性饥饿"，包括缺铁、碘、锌等矿物质和维生素。这种疾病多数出现在盲目节食和儿童妇女两大群体中，是食育缺失和摄食观念不正确导致的疾病。偏食病往往是个人行为，也经常会在某一种理念指导下，致使某一类人群不约而同地减少某一类食物的摄入量，其结果往往会导致对人体的伤害。偏食性的防治，首先要正确认识人体所需的营养成分，用科学的理论指导进食。其次是了解营养成分的重要作用，从而进行均衡饮食。如得了偏食病，应针对具体情况采取一定的食疗，如果病情严重，还应及时到医院进行专业救治。

过食病。过食病是因食物摄入过多而引发的疾病。过食病是现代的常见病，占整个食病人群的 60% 以上。人们常说的"富贵病"，其实就是过食病。住豪宅、穿名牌、开豪车的富贵，不会带来疾病，因此没有富贵病，只有过食病。过食病形成的原因有四个：一是有些人从长期缺食时代一步跨进今天的足食、丰食时代，却改变不了以往形成的饮食习惯；二是现代商业社会，人际间应酬增多，增加了过食的环境和机会；三是待客时求多求丰的陋习未改；四是吃喝中有多余的食物，怕浪费，勉强多吃，形成过食。过食病最容易表达出来的身体状况是肥胖，其他继发性疾病如高血脂、高血糖、高血压、痛风，都是在肥胖的基础上形成的。过食病的防治，首先要正确认识过食病，形成正确的饮食习惯，规律饮食，依据 12 维进食法合理科学进食。对于一些过食病患者，药物治疗外，可以搭配食疗进行治疗。

敏食病。敏食病不是普遍现象，是某些食者对某类某种食物的过敏反应。某些人在吃了某种食物之后，引起身体某一组织、某一器官甚至全身的强烈反应，以致出现各种各样的功能障碍或组织损伤。由于机体对食物的适应性的差异，而致敏的食物也不同。易引起过敏的食物有：牛奶、鸡蛋、巧克力、小麦、玉米、坚果类、花生、橘子、柠檬、洋葱、猪肉，某些海产及鱼类等。敏食病的防治，首先应明确个体的过敏源，在饮食过程中注意避开个体易过敏的食物。

厌食病。厌食病的患病极为少见，是食者对食物摄入的一种变态反应。其症状为食欲减退或消失。厌食病多见于1~6岁小儿及部分青年女性。病因有身体、精神、食物、气候等多个维度，例如，一些年轻女性对身材和体重过分苛求而引发厌食，由减肥引发厌食的情况也在逐年增加。厌食病的防治，一是树立健康的饮食观念，二是结合健康心理治疗，三是必要时辅以药物治疗。

# §3-7.5 食学干预

在人体生存状态3阶段中，食学、传统医学和现代医学，对这3个阶段的干预度是不相同的（如图3-34所示）。

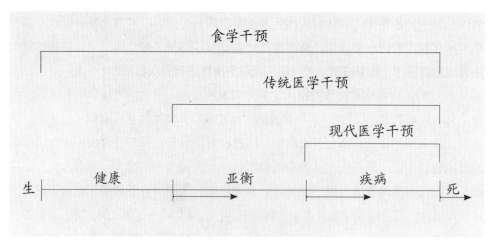

图 3-34 食学、医学与健康关系

现代医学主要干预第三阶段，也就是人患上疾病的阶段，研究病理是为治疗疾病服务的；传统医学干预第二和第三阶段，干预手段以介入治疗和药物治疗为主，食疗是药疗的辅助手段；食学干预贯穿三个阶段。加强食学干预，强调预防疾病为先，追求延长第一阶段和第二阶段，缩短第三阶段，这就是健康干预的"两长一短"法则，是使人更健康、更长寿的有效方法。

对于人类健康而言，食学干预人的一生，医学只干预人的一段。食学的干预是主动的，医学的干预是被动的。决定人类健康的，首先是食，食在医前。医中有食，医半为食，医不离食。无论是传统医学还是现代医学口服治疗都在 50% 以上。另外 50% 非口服治疗，患者每天也要吃饭以维持肌体运转。所以说从食物和食法着手，才能牢牢抓住健康的主动权，才能真正从以治疗为主转移到预防为主，才能把人类的健康寿命水平提高到新阶段。通过以上分析，我们可以看到食物、食法与健康的重要性，远远大于其他因素。

# §3-7.6 食物调疗学面临的问题

食物调疗作为东方民族优秀的传统养生文化，是对食物性格的利用典范，面临着巨大的市场需求。当前食物调疗学面临的问题主要有 3 个：一是对食物调疗的价值认识不够；二是对食物调疗研究不够深入；三是对从食源上控制食病重视程度不够。

## §3-7.6.1 对食物调疗的价值认识不够

食物调疗是利用食物性格来调节人体功能，帮助人体养生保健或愈疾防病的一种方法。食物调疗不仅能减少医疗费，还能减少药物给人体带来的负面作用；食物调疗，价格低廉；食物调疗在日常用餐中便可达到调理、祛病的目的。随着人们对健康的重视，对食物调疗的关注也日益加强，但对食物调疗的价值认识还不够。食物调疗的价值就是节省医疗费，减少病人痛苦，实现预防为主，从而延长个体寿命。

## §3-7.6.2 对食物调疗研究不够深入

由于现代医学的流行，人们对食物调疗的研究非常欠缺，食物调疗体系应更科学，更完善，更合理；食物调疗是传统的食疗配方和食疗方法濒临失传；有许多古方、古法需要进一步验证总结。传统饮食文化的宝库，其中有很多食物和疾病的关系还需要更多角度的研究。例如，食物的偏性发挥不当常常会影响健康。现代餐桌的食物品种日益丰富，由于不懂得食物的搭配禁忌，疾病就会产生。

### §3-7.6.3 控制食病的重视程度不够

食病在全世界范围内都是一个日益严重的问题。一方面缺食病依然存在，联合国在 2018 年 6 月 20 日发布《2018 年可持续发展目标报告》指出，全球营养不良人口从 2015 年的 7.77 亿人升至 2016 年的 8.15 亿人，占全球人口的比例从 10.6% 升至 11.0%。另一方面，因饮食失衡造成的过食病，在发达国家正在大面积流行。据统计，美国 3.25 亿人口中有三分之一的人患有肥胖症，大多数美国人预计将会在 2030 年变成胖子，因肥胖致病的比比皆是。对于上述疾病，许多人只是把目光聚焦于治疗上，而对于从病因、病源上寻找原因，树立食在医前理念，从科学进食预防入手，做得还很不够。

决定人类健康长寿的，不仅是医，更重要的是食。人类的健康理念应从以治疗为主的传统观念，逐步转移到预防为主上来。在认识食病的前提下，发现培养食疗人才，普及食物调疗，从食着手，牢牢抓住健康长寿的主动权，才能把人类的健康长寿水平提高到新阶段。

# §3-8 本草食物疗疾学（略）

本草食物疗疾学中的"本草食物"，即俗称的"口服中草药"。本草食物疗疾学是研究利用本草食物治疗疾病的学科。

# §3-9 合成食物疗疾学（略）

合成食物疗疾学中的"合成食物"，即俗称的"口服西药片"。合成食物疗疾学是研究利用合成食物治疗疾病的学科。

# §4 食为秩序学

食为秩序是人类食事的条理性、连续性，是指食为系统的条理性、连续性、效率性的动态平衡状态。而这种平衡状态的形成，需要从约束和教化两个方面着力，以预防和减少因食为引起的社会纠纷、对抗、冲突、战乱和个体的压力、焦虑、食病等问题。食为秩序主要是指食物生产、食物利用领域中的种种行为规范的和谐。食为秩序的目标就是通过高效协作来优化配置社会的各种食资源，不浪费一粒粮食，不放弃一个生命，实现种群可持续。

构建人类食为秩序体系，是食学的根本任务。当前状况是只有区域经济体和国家范围内的食为秩序体系，缺少一个关怀每一个人的世界食为秩序体系。目前以国家和企业利益为核心的世界食为秩序，不是以人类整体利益为核心的秩序，不是关怀世界上每一个人的秩序。如何构建人类食为秩序体系？需要从六个方面去思考。第一，建立健全五位一体的结构体系（五星结构）；第二，保障人类食物可持续；第三，食物的公平分享且不浪费；第四，放弃食物生产的伪高效，追求食物利用的高效率；第五，端正食业与医业的关系，加大食业投入；第六，控制人口增长，使其与食物产能相匹配。

关于近代经济体制下的食为秩序，加拿大学者罗伯特阿尔布里坦的观点比较客观，"资本主义社会有史以来从未形成过一个有效的食品供应管理体系，其根本原因在于企业家一心追求利益，而忽视了对食品供应及其重要的社会生活质量的关注"。[①]

①［加拿大］罗伯特·阿布里坦：《大对比——人类是饱的还是饿的？》，陈倩等译，南开大学出版社2013年版，第7页。

## §4-0.0.1 食为秩序学的定义

食为秩序学是研究人类食事条理性、连续性及其规律的学科。人类的食事包括所有与食相关的事情。食为秩序学是研究人类所有与食相关的行为的和谐与持续。包括食为与食母系统的和谐，还包括食为与食化系统的和谐。食为秩序学是研究人类食为与食问题之间关系的学科。食为秩序学是研究解决人类食事与食为问题的学科。

## §4-0.0.2 食为秩序学的任务

食为秩序学的任务是，指导人类食物生产与食物利用行为的公平与和谐，建设人类食为的整体秩序；调整食物生产模式，挖掘食物利用潜力，构建世界食为新秩序。食为秩序学要规范人与人之间的食为关系，建设人类文明的食为秩序，构建一个新的文明和谐的食为秩序体系。食为秩序学的具体任务包括尊重每个人的食权，完善食政部门职能，合理分配食物资源，建立健全食为法律体系，普及和推广食为教育，纠正丑陋食为习俗，加大对食为文献和历史的研究，指导当下的新食为秩序的建设，促进世界秩序 4.0 进化。

## §4-0.0.3 食为秩序学的体系

食为秩序学体系具有创新性和整体性，这个体系以构建食为秩序的要素为依据，组成食为秩序学内在的合理结构，厘清了食为秩序学与相关学科之间的关系，并使其在本体系中有自己的位置，同时便于开展向下一级的深入研究。食为秩序学包括食为经济学、食为行政学、食为法律学、食为教育学、食为习俗学、食为文献学、食为历史学 7 门学科（如图 4-1 所示）。

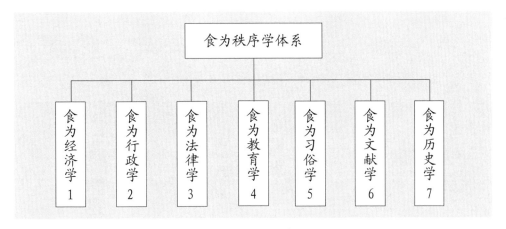

图 4-1 食为秩序学体系

食为秩序学体系中，食为经济学、食为行政学、食为法律学属于控制约束范畴；食为教育学、食为习俗学属于教化指导范畴；食为文献学、食为历史学属于食史研究范畴。食为经济学研究的是食物资源的配置；食为行政学研究的是政府对食为和食物以及人口的控制与管理；食为法律学研究的是人类食行为的规范；食为教育学是研究食学的传播与运用；食为习俗学研究的是民间长期沿袭并自觉遵守的群体食为的传承与改良；食为文献学研究的是对人类食为和食物的文献记录及其价值；食为历史学是研究人类过去的食事与规律。

## §4-0.0.4 食为秩序学的结构

食为秩序学的结构为"五星结构"，是指行政、经济、法律、教育及习俗5个方面，是食为秩序构成的必备要素（如图4-2所示）。将食政纳入"五星结构"，是为了强调食物和食为及人口的管理，发挥对于国民的生存健康和人类与生态和谐共处的重要性，改变当下食政主体割裂的、不完善的状态。将食教育纳入"五星结构"，是因为当下人类的食教育体系并不完善，特别是食者的教育尤其短缺。将食经济纳入"五星结构"，是因为目前面临着严重的食物资源分配失衡，并由此导致的世界范围内的冲突和战乱。将食法律纳入"五星结构"，是因为当下食为的法律缺少整体体系，有些方面力度不够，例如面对严重的食物浪费，人类亟须一部"反食物浪费法"。将食俗纳入"五星结构"，是因为人类还存在许多食为陋俗。建设良好和谐的食为秩序，仅靠法律是远远不够的。

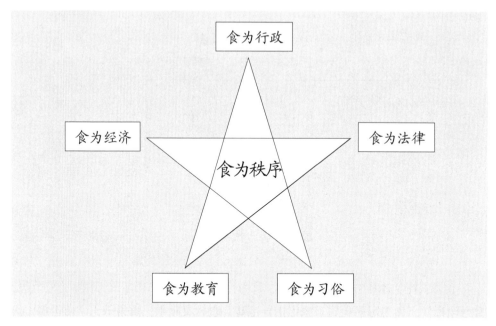

图 4-2 食为秩序"五星结构"

## §4-0.0.5 食权是食为秩序的核心思想

食为秩序的建设,说到底是由每一个人的行为组成。或者说是由每个人获得食物的权利与分享食物的责任组成。食权是人权的基础。人权由两大部分组成,一是自然人权,二是社会人权,自然人权是基础人权,先于社会人权而存在。我提出"食权"的概念,就是想强调食权是自然人权的基础,食权不是食物权利,是人获得食物的权利。食权,是人的权利不是物的权利。没有食权,人将不存,何谈人权?有了食权支撑的人权理论才会更加光彩,有了食权内核的人权运动才会更加完美。人选择、利用食物的权利是与生俱来的,食权理论的价值无论如何评价都不会被高估。食权的基本底线就是维持生命,不能让一个人因食物短缺而丧失生命。因此,人类不仅有获得食物的权利,也有分享食物的责任,二者是相互依存的关系。按照权利主体可以划分为人类权责、群体权责、个体权责;每个主体都拥有食物获得的权利和食物分享的责任(如图 4-3 所示)。

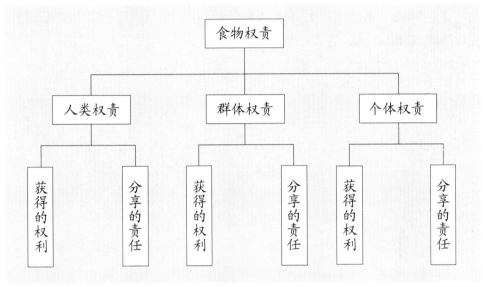

图 4-3 食权体系

获得食物的权利与分享食物的责任互为一体，是食权理论的核心基础。世界食为秩序是以食权为出发点的，是关怀世界每一个人食权利的和谐秩序，是促进世界秩序4.0进化的基础。

## §4-0.0.6 人类理想社会的实现路径

进入文明社会以来，人类思想界的先行者，对理想社会做过各种各样的设想，例如天下大同、乌托邦、理想国等等。

天下大同。天下大同是中国古代儒家宣扬的"人人为公"的社会，也是历代政治家推崇的理想社会。其基本特征为人人友爱互助，家家安居乐业，没有差异，没有战争。

理想国。古希腊哲学家柏拉图在其著作《理想国》中，在谈到理想国家时，以对话的方式设计了一个真、善、美相统一的政体。

乌托邦（Utopia）。英国空想社会主义者托马斯·莫尔在他的名著《乌托邦》里描绘了一个理想国度"乌托邦"。在那里，财产是公有的，人民是平等的，实行着按需分配的原则，大家穿统一的工作服，在公共餐厅就餐，官吏由公共选举产生。

上述理想都是美好的，但基本上属于一种空想，因为设想者都没有找到一条可以实现理想的路径。在食学的研究过程中，这条路径被找到了，这就是从人类和地球生态可持续角度着眼，建立一个"人类食物共同体"，发展以食业为首的生存必需产业，控制生存非必需产业、割除威胁生存产业。这一路径，可以帮助人类跨过先哲们难以跨越的门槛，进入理想世界的大门。

# 食为控制

　　本单元包括食学的三个 3 级学科：食为经济学、食为行政学、食为法律学。从食学学科体系看，食为经济学、食为行政学和食为法律学都是交叉学科。从学科成熟度看，都是新学科。

　　食为控制就是对人类食行为的约束和指导。人类的食行为包括采捕、种植、养殖、烹饪、发酵、碎解以及食物利用等领域所有与食相关的行为。对人类食行为进行理性的约束和控制，目的是为了延长个体寿期，维护种群延续。

　　对人类食为的控制是社会和谐发展的基础，如果管控失衡会造成严重的后果。个体失衡会影响健康，群体失衡会引发社会动乱，整体失衡会危及种群延续。食为控制强调的是约束，主要体现在三个方面：食为经济、食为行政、食为法律（如图 4-4 所示）。力求通过这三方面的协同作用，对人的食行为进行有效的约束和控制，纠正不当的食行为，鼓励优良的食行为。总结地域和国度的食为控制经验，逐渐构建一个新的文明和谐的世界食为秩序体系。

　　确定"食为经济学"而不是"食物经济学"，是因为经济学的本质是研究人的行为，食为经济学已包括了食物经济学。食为行政学是食学与行政学的交叉学科，主要研究如何建立一个高效、和谐的食为体系。组建一个将食为和食物统管的大食政部门，是其中一个重要课题。食为法律是国家颁布的强制人们食行为的守则，食为法律学的设立，是通过对人类食行为相关法律的整体研究，规范人类食行为，推动人类食为秩序体系的构建。

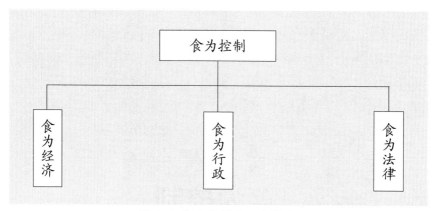

图 4-4 食为控制的三个维度

当今人类食为秩序的最大问题是控制失衡，这种失衡体现在两个层面和四个方面。两个层面是指在时间层面上呈段段状态，食产、食用诸环节缺乏统一管理，相互贯穿不畅；在空间层面上呈片片状态，各国、各地区各自为政，缺少全球统一有效的控制体系。四个方面：一是食物供应失衡，缺食群存在；二是食物需求失衡，人口增长过快；三是食物资源分配失衡，冲突、争抢不断；四是食物浪费严重。因此，研究食为控制理论，强化食为控制管理刻不容缓。

本单元的学术创新点有两个：一是对食为经济学、食为行政学和食学法律学 3 个学科的创建；二是对食为经济和食为法律的世界视角认知。

# §4-1 食为经济学

　　食为经济学是食学的三级学科，是食学与经济学的交叉学科。食为经济学在食学体系里主要有两个作用，一个是研究食物资源的合理配置和高效利用，特别是在世界范围内的配置；另一个是研究如何建立一个平等、和谐的世界食为经济体系。

　　食为经济学是研究人类食物配置的高效与合理的学科，是根据经济学的基本原理，从食物供给和需求的一般原理出发，遵循食物供给、食物需求、食物市场、食物宏观调控与食物政策等理论建立的学科体系。食为经济学可以分为微观食为经济学、宏观食为经济学和世界食为经济学。食为经济学目前最大的短板是世界食物经济学建设短缺。

　　人类进入 21 世纪，无论是技术、资金，还是粮食产量，都有能力对世界食物资源进行有效的配制，从而建立起更公平、高效的世界食物体系，来保证每一个人都能拥有充足食物，但是我们还没有做到。这就是"食为经济学"的使命。

## §4-1.1 概述

　　人类的食为经济活动经历了漫长发展过程，食为经济理论在经济学的孕育中，也经历了一个从启蒙到发展的过程。

　　启蒙阶段。关于食为经济理论的启蒙，可以追溯到中国的经济思想和希腊色诺芬以及西欧中世纪的经济思想。公元前 645 年，管子就提出一个职业划分理论；司马迁的《史记》除了继承和发展先秦思想家的分工理论，还主张经济自由化政策，反对政府对经济生活的过多干预。范蠡提出了"谷贱伤农"的概念，表明他已认识到价格机制对生产者的激励作用。他还创立了一个经济循环学说，将"天道循环"引起的年岁丰歉现象与整个社会经济情况联系起来。雅典历史学家色诺芬（公元前

440~前355年）在《经济论》中论述了农工的重要性，从使用价值角度考察了社会分工问题，阐述了物品有使用和交换两种功用，说明了货币有着不同的作用。在第一部分中，色诺芬借苏格拉底之口阐述了农业对国家经济的重要性，认为农业是国民赖以生存的基础，是希腊自由民众最重要的职业。17世纪中叶以后，英国开始盛行古典经济学，认为流通过程不创造财富，只有农业和畜牧业才是财富的源泉。这些理论都为食为经济学的启蒙奠定了基础。

确立阶段。1770年，英国经济学家阿瑟·扬（Arthur Yang）通过对欧洲大陆和英国各地的考察，出版了《农业经济学》，这是与食物相关的第一本经济学著作。1776年3月，由英国经济学家亚当·斯密著述的《国富论》正式面世，首次提出了全面系统的经济学说。之后，马克思和恩格斯的经济学说问世。马克思从分析商品开始，分析了资本主义生产方式，批判地继承并发展了资产阶级古典经济学派奠立的劳动价值理论，指出商品的使用价值和价值的二重性是由生产商品的劳动具有劳动的二重性决定的。剩余价值学说是马克思主义政治经济学的基石。学说中涉及土地价格（土地出售时的价格，实质是资本化地租）、租金（农业资本家在一定时期内，向土地的所有者缴纳的全部货币额）等相关理论，都与农业息息相关。

全球角度阶段。从全球角度看食物经济，食物交流和贸易不仅出现得早，而且是人类经济贸易的主要内容。公元前140~前126年张骞通西域，带动了包括粮食、蔬菜、调料在内的多种食物的交流。16~17世纪，世界贸易网开始形成，其主要内容就是进行食物贸易。进入21世纪，世界性的食物贸易网逐渐步入成熟阶段，但是这一阶段仍然问题频发。一是四大粮商垄断国际粮食交易。四大粮商是指美国ADM、美国邦吉、美国嘉吉、法国路易达孚，这四大国际粮商操纵着全世界粮食的进出口买卖、食品的制造与包装，以及价格的制定，控制着当今80%的国际谷物市场份额。二是国与国之间的食物贸易摩擦不断。三是联合国粮农组织虽然组织了多次粮食调配，但多数是救济性、慈善性活动，无法对全球食物经济发挥决定性作用。要解决上述问题，应该在食学暨食物经济学的指导下，形成全球范围对食物经济的共识、共知、共管。

## §4-1.2 食为经济学的定义和任务

### §4-1.2.1 食为经济学的定义

食为经济学是研究人类对食物资源配置及其规律的学科。食为经济学是研究食物资源与配置行为之间关系的学科。食为经济学是解决配置食物资源过程中问题的学科。

食为经济学是运用经济学的基本原理，使食物体系与经济系统结合起来，在食物产能有限，劳动力、技术、信息等资源稀缺的约束条件下，研究食物体系与经济系统各因素相互联系、制约、转化规律的经济学科。

食为经济学的两个核心是效率和公平。处理二者的关系和市场起着重要的作用。但是在某些情况下，会出现市场失灵的现象，此时就需要政府介入，通过宏观调控以保证市场运行的效率和公平。在保证公平与效率的问题上，市场机制自身的调节与政府适时的宏观调控均不可缺。

### §4-1.2.2 食为经济学的任务

食为经济学的任务是指导人类实现食物资源的最优配置，提高食物的利用效率。食物资源的配置与一般资源不同，食物关系到全人类的生存，也关系到每个人的生命与健康，因此食物资源既要通过市场来完成配置，实现食物资源供求均衡、市场出清，又要通过国家的宏观调控来实现利用效率最大化，弥补市场调节的滞后性，及时解决市场无法解决的问题。

食为经济学的具体任务，包含为政府和企业等各层级组织提供组织管理、规划计划、调节控制、监督约束食物市场经济运行的经济理论、思想理念、工具手段和方式方法等。食为经济学的任务指明了食为经济学的研究方向，为科学指导人类优化食物资源的配置，提高食物利用效率奠定理论基础。

## §4-1.3 食为经济学的体系

食为经济学包括三个分支，即微观食为经济学、宏观食为经济学、世界食为经济学。微观食为经济学是从市场的角度研究食物经济，研究食物生产者和消费者之间的关系。宏观食为经济学是从国家的角度研究食物经济，研究政府对食市场的宏观调控。世界食为经济学是研究世界食物经济总量、世界食物总需求与总供给、世界食物经济预期与世界食物经济政策和食物贸易等现象的学科。它与宏观食为经济学的特征不同，是宏观经济学之外的体系。它是从人类整体的角度研究食物的生产、分配、交换、消费等经济活动，它的难点是缺少政策调控。

三个分支下共设17门四级子学科：食物经济特征学、食物需求学、食物供给学、食物价格学、食物生产行为学、食物消费行为学、食物市场学，食物总需求学、食物总供给学、食物经济政策学、食物总供求均衡学，世界食物总需求学、世界食物总供给学、世界食物经济政策学、世界食物供求均衡学、世界食物贸易学、世界食物金融学（如图4-5所示）。

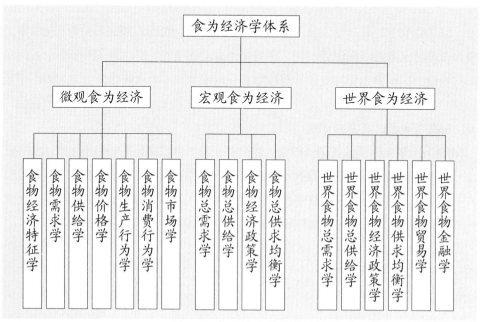

图 4-5 食为经济学体系

食物经济特征学。食物经济特征学是食学的四级学科，是食为经济学的子学科，是从经济角度研究食物特征的学科。食物具有伪高效性、资源依赖性、弱质性和公益性特征。食物的伪高效性，是指厂商为降低成本、提高利润，不惜一切办法提高社会生产率，导致食物的原生性被破坏。食物的资源依赖性特征表现为食物对生态环境、土地资源的依赖，以及对品种、技术、资金、人力资源的依赖。食物的弱质性特征的表现是，受生产、市场与环境的影响，受自然风险和市场风险的影响，食物产业处于弱势地位，且很难扭转。食物的公益性特征表现为，食物关系到国民生计，国家具有保障食物安全与国民食物基本需求的义务与责任。

食物需求学。食物需求学是食学的四级学科，是食为经济学的子学科，是研究消费者在一定价格条件下对食物商品的需求的学科，是研究影响食物需求的因素，研究食物需求规律以及食物需求弹性的学科。消费者对食物的需求是影响食物商品价格的因素之一，商品价格又反作用于市场需求。影响市场需求的因素主要有食物商品的价格、消费者偏好、消费者收入、替代品价格、互补品价格、对未来的价格预期和其他因素。

食物供给学。食物供给学是食学的四级学科，是食为经济学的子学科，是研究在某一特定时期内，在某一价格水平上食物生产者愿意并且能够提供的一定数量的食物或劳务的学科，是研究影响食物供给的因素，研究食物供给规律以及食物供给弹性的学科。食物的供给量是影响食物商品价格的因素之一，商品价格又反作用于市场供给。影响食物供给的因素主要有食物商品的价格、食物相关商品的价格、食物生产技术的变动、食物生产要素的变动、政府对食业的税收和扶持政策、厂商对未来的预期和自然条件等。

食物价格学。食物价格学是食学的四级学科，是食为经济学的子学科，是研究食物价格变动规律的学科。食物价格是影响食物资源在需求和供给者之间重新分配的重要影响因素之一，价格也是由供给与需求之间的相互影响、平衡产生的。食物的特殊性在于，虽然食物是商品，但由于关系国计民生，因而食物价格受政府保护，设有地板价格和"天花板"价格，但无论是地板价格还是"天花板"价格都对市场产生负面影响。首先，随着市场价格的下降，粮食保护价也在下降。其次，受食物出售价格的限制，食品企业为追求效益而使用假冒伪劣产品，以次充好。

食物生产行为学。食物生产行为学是食学的四级学科，是食为经济学的子学科，是研究食物生产者在运用可支配的生产要素，以实现利润最大化为目的方面所作抉择和决策的学科。食物的生产过程可视为一个投入产出过程，食物厂商将各种生产要素转换为产品，在这个过程中，限制厂商追求利润最大化的因素有市场约束、技术约束、预算约束等，此外，税收政策也会影响食生产者行为。食物生产行为学研究的生产主体有三个，一是个人食生产者，二是公司食生产者，三是食生产者联合群体。

食物消费行为学。食物消费行为学是食学的四级学科，是食为经济学的子学科，是研究食物消费者在获取、使用、消费和处置食物产品和服务过程中所发生的心理活动特征和行为规律的学科。食物消费行为学的基本问题是食消费者的特征辨析，尤其是食消费者的心理行为，如何解释食消费者的行为，如何影响消费者行为。消费者行为学的研究原则是理论联系实际原则、发展的原则、全面性原则。

食物市场学。食物市场学是食学的四级学科，是食为经济学的子学科，是研究食物市场运行规则的学科。食物市场学的研究对象和课题包括食物市场类型及特点、食物市场需求、食物市场机会分析、食物市场营销规划、食物市场营销管理、消费者与市场组织、食物市场信息补充、食物市场开发战略，以及不同类型市场中食生产者和消费者的行为特点等多门学科。

食物总需求学。食物总需求学是食学的四级学科，是食为经济学的子学科，是研究国家或地区在指定时期及物价的经济体系内对最终物品及服务的需求总和的学科。食物总需求是指食物商品及服务在一个经济体系中任何可能价格水平下会被消费的总量，是当一国的食物库存水平是静态时，对国内食物生产总值的需求，是一个国家或地区在一定时期内由社会可用于投资和消费的支出所实际形成的对食物产品和劳动的购买力总量。它取决于总的食物价格水平，并受到国内投资、净出口、政府开支、消费水平和货币供应等因素的影响。食物总需求包括两部分：一是国内食物需求，包括投资需求和消费需求；二是国外食物需求，即食物产品和劳务输出。

食物总供给学。食物总供给学是食学的四级学科，是食为经济学的子学科，是研究国家或地区在一定时期内由社会食物生产活动实际可以提供给市场的可供最终使用的食物产品和劳务总量的学科。食物的总供给量包括两部分：一是国内生产活动提供的食物产品和劳务；二是国外提供的食物产品和劳务，即食物商品和劳务输入。

食物经济政策学。食物经济政策学是食学的四级学科，是食为经济学的子学科。其研究对象是国家或政府为实现一定的政治和经济任务，或为指导和调节经济活动，所规定的在经济生活上的行动准则和措施。调节食物经济的两大政策是货币食政策、财政食政策。

食物总供求均衡学。食物总供求均衡学是食学的四级学科，是食为经济学的子学科，是研究使食物供给与需求相互适应、相对一致，消除供求差异，实现供求均衡的学科。食物总供求均衡学具体研究食产业产量均衡，食产业结构均衡，食物进出口均衡，以及供求不平衡的调节方法等问题。

世界食物总需求学。世界食物总需求学是食学的四级学科，是食为经济学的子学科，是研究在指定时期及物价的经济体系内人类对食品及服务的需求总和的学科。人类对食物的需求，是人类生存和延续的基础，但是迄今为止，还没有一个从世界角度观察把握这一需求的学科。

世界食物总供给学。世界食物总供给学是食学的四级学科，是食为经济学的子学科，是研究全人类在一定时期内（通常1年）由社会食物生产活动实际可以提供给市场的可供最终使用的食物产品和劳务总量的学科。和世界食物总需求学面临的尴尬一样，对世界食物总供给研究也有大量的空白。

世界食物经济政策学。世界食物经济政策学是食学的四级学科，是食为经济学的子学科。世界食物经济政策学的研究对象和研究内容，是研究为指导、调节全球范围的食经济活动，优化食物资源在全球范围内的配置，提高全球食物利用效率等所规定的在经济生活上的行动准则和措施。

世界食物供求均衡学。世界食物供求均衡学是食学的四级学科，是食为经济学的子学科，是研究使人类对食物供给与需求相互适应、相对一致，消除供求差异，实现供求均衡的学科。世界食物总供求均衡学具体研究人类食产业产量均衡，食产业结构均衡，食物进出口均衡，以及人类供求不平衡的调节方法等问题。

世界食物贸易学。世界食物贸易学是食学的四级学科，是食为经济学的子学科，是研究食物在全球范围内进行交易的学科。世界食物贸易学研究内容主要包括世界食物贸易发展史、世界食物贸易理论、世界食物贸易政策、世界食物贸易格局、世界食物贸易壁垒与打破等多门学科。

世界食物金融学。世界食物金融学是食学的四级学科，是食为经济学的子学科，是研究食物在全球范围内的价值判断和价值规律的学科。世界食物金融即全球食物资源与金融资源整合，实现人类食产业资本与金融资本的优化聚合，形成食产业与金融产业的良性互动。

# §4-1.4 食为经济学面临的问题

食为经济是经济体系中占据比例很大的一个部分，食为经济的平稳运行关乎人类生存和世界和平。目前对食为经济的研究已经越来越引起人们的注意，但要使食为经济沿正确轨道运行还需要人类做出更大的努力。食物经济学面临的主要问题有两个，一是全球食物资源分配不均；二是缺乏世界食为经济学视角。

## §4-1.4.1 全球食物资源分配不均

研究食为经济问题，归根结底是研究食物资源在短缺状态下如何做到分配平衡问题。过去的数十年中，世界范围内粮食供应充足，但粮食价格上升、人口井喷式增长以及一系列社会、政治问题给世界各国，特别是低收入国家带来了极大的困扰。据联合国统计，共有 37 国面临粮食短缺的危险。早在之前，经济学家就对全球范围内由饥荒引发的灾难做过统计，数据表明，历史上大多数的饥荒最主要的问题就在于食物的分配不均。食物分配不均和不公还会导致更大的冲突和战争。如何掌控食母系统的产能供给与不断增加的人口需求之间的平衡，或者说如何保障人类食物供给的可持续，是食为经济学所面临的重大课题。

## §4-1.4.2 缺乏世界食为经济学视角

过去对食为经济学的研究，多是局限在国度范围内，虽有对国际贸易学、国际金融学的研究和学科设置，但都是站在一国视角，研究对他国的贸易和金融。从全球视角研究世界食物贸易食物金融的著作几近空白，为了改善这一状况，我们在食学体系中特意增设了世界食物贸易学、世界食物金融学两个四级学科，但是从实际情况看，这两个学科还有大量需要充实的内容。

尽管当今世界上的粮食总产量和总需求可以达到基本平衡，但据统计，全球食不果腹、营养不良的人口，由 2016 年的 8.15 亿人，增至 2017 年的近 8.21 亿人[②]。由此可见，为能解决资源利用问题而设立的宏观经济学并没有解决好全球食物资源

---

② 联合国粮农组织，等五机构：《世界粮食安全和营养状况 2018 年报告》，2018 年 9 月 11 日发布。

的有效利用，因此迫切需要搭建起食为经济学的学科规划，建立起更公平、高效的世界食物体系，以履行食为经济学的使命。未来的食为经济学就是要站在全球的角度，在现有的国与国之间、大粮商与大粮商之间贸易的基础上，创造一种新的食物供需规则和全新的食为新规则，扭转严重的食物资源分配不公的现象。同时研究饥荒发生的原因和防止饥荒发生的方法，让挨饿的人群不再饥饿，以保障全球每个人的食权。它的设立与发展，对提高全人类的健康寿期和维护种群持续、减少因食而起的战争和冲突，具有重要意义。

# §4-2 食为行政学

食为行政学是食学的三级学科，是食学与行政学的交叉学科。食为行政学在食学体系中的主要作用是研究如何围绕食学宗旨建立一个高效、和谐的食物行政体系。

从人类学的角度来看，食物生产导致了城镇、大都市和国家的出现。食物的控制是权力的来源，食物的控制与管理依旧是行政的重要内容。食行政即一个组织、国家对食物生产、食物利用和食为秩序的统筹管理。食行政是以国度为单位的。奴隶社会和封建社会国政与食行政重叠很多，食行政占的比例很大，在中国有"国以民为本、民以食为天"的说法，欧洲有"控制了食物就可以让任何一个组织或国家屈服"的观点，当代的食行政则更多的是考虑国民的食物安全和机体健康。历史的一个基本规律是，国家有足够的粮食，人民不挨饥受饿，国家便是稳定的、安全的，国力便强盛。反之，国家就面临动荡不安。由此可见，食为政首。

综观当今世界，许多国家实际上都蕴含着食物风险。食为行政管理体系是食为秩序的重要内容，食政优民、食业优先是 21 世纪人类面临的新课题。设立一个统管食为和食物的食行政学，建立一个全球化的食为经济秩序，是食政 2.0 时代的新目标。

## §4-2.1 概述

公元前 3000 多年前，世界上第一个国度——古埃及诞生。有了国度的诞生，食行政就随之出现，到目前为止大致经历了三个阶段。

食权阶段。在以国家为政治权利中心的古代社会，人们的饮食活动、饮食行为对政治形态有很大的影响，往往会脱离饮食本身的物质享受意义而向其他非饮食的社会功能转化。统治者往往会把饮食行为与国家统治相互联系。以中国为例，一个显著的特征是：具有政治意味的物化符号多与饮食器物、炊具有关。比如皇家庆典和礼仪中的祭祀礼物主要是饮食器具和炊具，最为典型的当属"鼎"。它是权力的象征，帝王的尊严。成语"问鼎中原"所说的"问鼎"，实际上指的是图谋政权。另外，"宰相"是对中国古代君主之下的最高行政长官的通称或俗称，其来源是封建时代贵族家庭最重要的事是祭祀，而祭祀时最重要的事是宰杀耕牛，所以一应近似管家的人都称为宰。从这种带有华夏政治文明的历史结构中，人们清晰可见"食"之政治意涵。与列维·斯特劳斯的三角构造相似，中国饮食政治传统也构成了一个"饮食—民生—政治"三角结构。即饮食决定民生和政治，国以民为本，民以食为天，粮食是一个国家的基础，否则国无以安。

食政阶段。食政，就是将食产、食用、食秩序形成一个整体，统一监管。仍以中国为例，中国是个人口众多的大国，解决好吃饭问题始终是治国理政的头等大事。先秦（公元前 21 世纪～前 221 年）时以后稷为农官，名为治粟内史。汉景帝（公元前 188～前 141 年）时更名大农令，汉武帝（公元前 156～前 87 年）时为大司农，东汉复称大司农。大司农在中央的属官有太仓令，主收贮米粟，负责供应官吏口粮并掌管量制，还有籍田令，负责安排皇帝亲耕，并掌管籍田的收获以供祭祀。在行政制度方面，农业在夏代（公关前 2146 年～前 1675 年）已占有重要地位；到了商代（公元前 1675 年～前 1029 年），农业已经是重要的生产部门；周人在消灭商朝成为全国共主之后，把代表土地的社神和谷神并称为社稷；春秋时期管仲推行变法，建立粮食储备立法；秦朝制定了《仓律》，对谷物入仓加以管理；西汉时，政治家晁错向汉文帝上《论贵粟疏》，建议以立法的形式明确国家粮食战略；隋朝（581～618 年）建立了中国古代最完善的粮食仓储制度；唐中期陆贽提议建立民间粮食储备。中国自秦朝一统之后延续了 2000 多年，其中一个非常重要的因素就是历代政府都强调重农抑商。

农政阶段。19 世纪中期到 20 世纪初全球进入工业文明时代。伴随着工业化、城市化、机械化大生产的到来，非农业人口的比例大幅度增长，劳动分工精细化、组织集中化、经济集权化是全世界的生产趋势。传统农耕文明向工业文明转轨，食物的产量不再是唯一被关注的焦点，原本在一个生产单位内进行的生产环节被分离为在多个独立的生产单位进行。科技不断发展，展现工业文明的农业成为食体系的引领和代表，农业部成为食的核心管理部门，农政时代开启。在这一阶段食政从国政变成了国政的一部分，且行政权力开始分散，除了农业部主管食物的种植、养殖外，

---

③ 联合国人口基金会：《世界人口状况报告》，2011 年 10 月 31 日发布。

轻工业下面的食品工业部门，还有卫生部、环保部、交通运输部、民政部、林业部、海洋局也都涉及食的管理职能，食体系最终形成分而治之的局面。这种权力分散的现状并不利于食物安全管理，解决的办法是重回食政，整合组织统一的大食政国家机构。

食政与人口控制。比较有限的食物资源，加上世界人口的爆炸式增长。势必引起全球性的食品短缺和粮荒。

在人类、食物与生态的相互关系方面，当今存在的最大问题是人口增长。相对于比较有限的食物资源，人口增长堪称爆炸式的。公元前 70000 年，世界人口约为 100 万人；此后经过 6 万多年的发展，至公元前 8000 年，才达到 500 万人；公元 1 年的人口数为 2 亿人；1340 年增加到 4.5 亿人；1804 年左右突破 10 亿人；1927 年突破 20 亿人；1960 年突破了 30 亿人；1974 年突破 40 亿人；1987 突破 50 亿人；1999 年突破 60 亿人；联合国的数据显示 2011 年 10 月世界人口突破 70 亿人[3]；至今这一数字已经达到 76.3 亿人。短短 200 余年间，就增加了 66 亿人口，而与此同时，世界可耕地约 14 亿公顷，生产谷物 26.11 亿吨。人均占有可耕地和食物产量，已经接近地球自然资源的"天花板"，控制人口无序增长已经成为迫在眉睫的任务。

控制人口增长属于食为行政组织的社会功能，食为行政手段可起到较好的对人口继续增长的控制效应。食政的干预，还有助于防止人类食物的收获和消费的平衡被打破。

# §4-2.2 食为行政学的定义和任务

## §4-2.2.1 食为行政学的定义

食为行政学是研究政府对食物、食为、人口的有效管理与控制的学科。食为行政学是从食物的角度研究人与人秩序的关系的学科，是研究政府对食物和食为及人口进行有效管理的学科，是用来解决人类食物和食为的行政问题的学科，是从政治的角度研究管理并控制食物资源的学科。

## §4-2.2.2 食为行政学的任务

食为行政学的任务是指导相关部门对食行为进行更有效的管理。食为行政学的具体任务包括整合与食相关的相对分散的行业，设立与食物相关的行政机构，制定并完善专门的法律法规，用行政手段控制人口；普及食业者教育，普及食者教育，提高人们的食学修养；提高食物生产效率，提高食物利用效率，控制人口总量，维护食物供给可持续。食为行政学当前一个重要的任务目标，是指导食政进入2.0时代。

## §4-2.3 食为行政学的体系

食为行政学体系是以行政内容划分的，包括食政理论学、食政主体学、食政过程学、食政保障学、食政人口学5门四级子学科（如图4-6所示）。

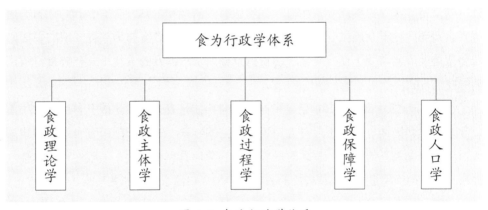

图 4-6 食为行政学体系

食政理论学。食政理论学是食学的四级学科，是食为行政学的子学科。食政理论是支撑食为行政学体系的理论依据，主要包括食学和人类行为学。食学作为研究食行为及相关事物的学科，是食政理论的支撑。人类行为学在某种程度上诠释了食政的行为依据，在食政中则表现为通过人类的自我控制和食行政部门对社会的监管控制，提高社会整体的食效率，致力于全人类达到康而寿的目标。

食政主体学。食政主体学是食学的四级学科，是食为行政学的子学科。食政主体是食为行政学的执行者。自古以来国家政权就对农业的管理相当重视。人类发展到今天，农事、农业、农政已远远涵盖、替代不了食事、食业、食政，或者说，"农"只是"食"的一部分，"农政"只是"食政"的一部分。发达国家对食业的管理普遍采用整合集中的方法，将所有职能相近或相同的部门合并到一个部门。如美国、德国、法国、英国和日本，都是四五个政府部门管理全国经济，而且"食"业统归一个部门管理。

食政过程学。食政过程学是食学的四级学科，是食为行政学的子学科。食政的过程是食政主体做出决策、实施决策、协调行动、获取信息、接受监督的过程。在食政实施过程中，这五大过程相互协作，相互支撑，例如接受监督过程，不仅有食行政部门内部由领导人或者负责督导的人员、机构实行的监控，还要有执政党、国家权力机关、司法机关和人民群众等实施的监控，目的在于防止食政执行偏离决策、政策的方向。

食政保障学。食政保障学是食学的四级学科，是食为行政学的子学科。食政若想顺利地实施，单靠体系构建是远远不够的，还需要经济、法治、道德、教育等多方面的支持和约束。经济基础决定上层建筑，经济是基础，行政政策的落实离不开经济的支持；法律为食政部门和群众提供了行为规范和准则，有很强的约束力；道德为食政部门和群众提供了社会意识形态层面的标准；教育作为获得知识的主要方法和塑造灵魂的首要工作，能够辅助食行政部门引导群众的食行为，把握食行政正确的发展方向。

食政人口学。食政人口学是食学的四级学科，是食为行政学的子学科。食政人口学是一门研究通过食政手段对人口进行调控的学科，还是一门研究食学、行政与人口数量之间关系的学科。食政对世界人口的管理具有权威性、强制性和具体性。食政人口学的作用是指导维持较好的食物供给与人口需求之间的关系。

食物供给与人口需求的关系可分为三种：供大于求、供求平衡和供小于求（如图4-7、图4-8、图4-9所示）。

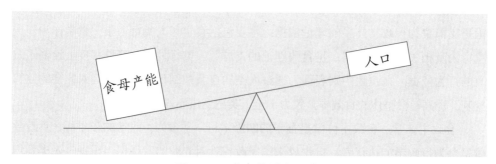

图 4-7 人类食物供大于求

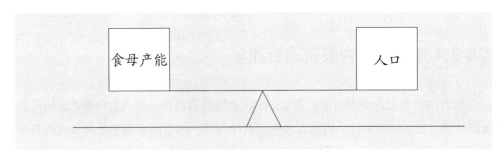

图 4-8 人类食物供求平衡

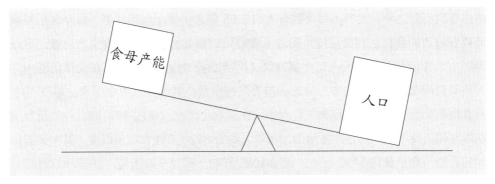

图 4-9 人类食物求大于供

图 4-7、图 4-8、图 4-9 所表现的是食母产能与人口数量的变化关系。例如，19 世纪初的全球人口约为 10 亿人，生态提供的食物充足。目前全球人口约为 76.3 亿人，2017 年全球的谷物产量约为 26.11 亿吨，食生态与人口呈现相对平衡状态。如果按照每年世界人口增加 7800 万人的速度，到 2070 年人口将近 120 亿人，食母系统的产能将小于人口的食物需求。

人们的择食观随着人口环境等因素的变化不断改变。在早期，人类不考虑人口数量问题，也不担心食母生态产能的问题，人们的基本思路是不断扩大食物生产。食物的丰产，又促进了人口的增长，人口的增长，又带来更大规模的食物生产，如此反复走到了今天。然而食物的产能是有限的，并非取之不尽，用之不竭。人口不断的增加，就会出现供小于求的状态。食物产能有限，则食物有限，人口数量也应该有限。俗话说，吃饭穿衣量家当，如果人类人口数量不断增长，不顾及食物的产能有限，以需求的无限来挑战供给的有限，必然因失衡而引发灾难。

# §4-2.4 强化对食物浪费的管理

联合国粮食及农业组织曾发表了一份《食物浪费足迹：对自然资源的影响》的研究报告，从环境的角度分析全球食物浪费给气候、水土的利用和生物多样性带来的影响后果。

再来看看几组惊人的数据：全世界每年浪费的食物高达 13 亿吨[④]，约占粮食生产总量的三分之一。世界上每天都有大约 8.05 亿人仍处于饥饿状态。每年富裕国家消费者浪费的食物达到 3 亿吨，超过了撒哈拉以南非洲国家的粮食生产总量，足以养活全世界近 9 亿的饥饿人口。据网媒《纵情欧洲》提供的资料，在全球范围内，人类消费的食物中，大约有三分之一被丢失或浪费。其中在发展中国家，超过 40% 的食物损失发生在收获后和加工过程中；在工业化国家，超过 40% 的食物浪费发生在零售和消费者层面。在欧盟诸国，每年大约有 8920 万吨食物被浪费。其中英国每年的食物浪费总量达 1430 万吨，德国 1030 万吨，荷兰 940 万吨，法国 900 万吨，波兰 890 万吨。由此可见，强化对食物浪费的管理刻不容缓。而食为行政则可以对食物浪费起到强有力的监管作用，增强反食物浪费相关政策、法规的执行力度。

食物浪费遍布食物生产、食物利用等领域的多个环节，既有技术原因、设备原因，也有管理原因、习俗原因。食物浪费表现为如下七种类型：损失型浪费是指食物在生产加工中产生的损失，如庄稼收割不净等；丢失型浪费是由于管理不善或责任心不强产生的食物浪费；变质型浪费是由于管理不善或科技水平落后，致使食物变质无法食用；奢侈型浪费是由于不良社会风气习俗侵蚀；时效型浪费是指人工为某些食品设定时效标准，过期销毁，其实食物的质量有一个衰减期，即使过了这个期限也可以改作他用，销毁既浪费资源，也浪费人力物力；商竞型浪费也叫稳价型浪费，例如商家为了维持既有价格，宁可把牛奶倒进海里也不降价销售；过食型浪费是在足食社会仍沿袭饥食社会的进食方式，食用过量的食物，这不仅浪费了食物，也损害了肌体健康（如图 4-10 所示）。

---

④ 美国 Tech Insider 网站。

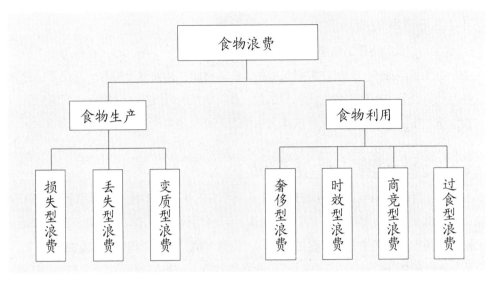

图 4-10 食物浪费的种类

如何控制和减少食物浪费，是保障食物供给的一个领域。当今世界人口已有76.3亿之众，食物母体系统的产能已接近极限。在这种情况下，减少和杜绝食物浪费，必须提高到一个更重要的位置加以对待，从食物生产与利用的六种浪费类型入手，建立更加严格的法律法规，倡导节俭食物为荣、浪费食物为耻的道德风尚，是保障食物供给的一个重要方面。

# §4-2.5 食为行政学面临的问题

行政的核心要义是效率和效益，食为行政也是如此。尽管世界范围内的食为行政体系在逐渐发展和完善，但是依然存在着诸多问题，这些问题不仅导致了整体社会效率低，而且掩盖了许多潜在的食威胁，比如追求高效的产量导致价廉物不美，导致消费者利益受到侵犯而又没有相关的政策来保护。目前食为行政学面临的问题主要有3个：一是管理失衡导致食利用效率不高，二是管理主体分散危及食品安全，三是由农政转食政缺少行动。

### §4-2.5.1 管理失衡导致食利用效率不高

食生产、食利用都是食学的重要组成部分，二者缺一不可，而且食利用是中心，食生产是为其服务的。但是在实际工作中，食为行政往往偏重于前者，忽视了后者。这种行政管理的失衡造成食生产的超高效，食物质量的低质化，食物安全问题丛生，食物浪费严重，食病泛滥，医疗成本大为增加，结果是食利用的效率大大降低。

### §4-2.5.2 管理主体分散危及食品安全

当今，食品安全问题此起彼伏，成了一个令人头疼的难题。究其原因，食政管理主体分散是其中重要的一环。以中国为例，涉及食品管理的部门有农业、卫生、质监、工商、食药、工业等多个食行政主体机构，设置分散，令各个部门之间职能有交叉、有重复，也有空白。这种部门、权力、监管状态的分散，造成食行政乏力、缺位、低效，缺少整体性、系统性和协调性，已经不能适应国家治理实际的需要。

### §4-2.5.3 由农政转食政缺少行动

纵观世界食史，大多经历了一个从食政转为农政的阶段。工业革命以来，食产效率大力提高，食政变成了农政。其结果是，"粮食安全"问题虽然得到缓解但尚未根本解决，与此同时，"食品安全"问题却日益突出，人类食事陷入"两个安全"自顾不暇的泥潭。

我在 2016 年 1 月出版的《以食为天》一书中，针对食为行政的改革，提出了由农政向食政转变的建议，主要观点是：农政的本质是以食产为中心，而这种以生产为中心的行政体系，是一种数量效率导向，当其效率超过一个限度时，则适得其反。我们现在遇到的种种食问题，仅仅依靠农政是解决不了的。食政，就是使食生产、食利用、食秩序三者形成一个整体，整合组建统一的国家大食政机构，统一监管。由农政向食政转变，应该是 21 世纪人类食为行政发展的大趋势。

由"农政"向"食政"转变，是食为行政学的一个核心观点，也是 21 世纪人类食事行政的必由之路。事实上，近一二十年来欧洲等少数国家已经开始了由"农政"向"食政"的过渡。这种倡导和转变，对于有效解决全球的粮食安全、食品安全问题，对于挖掘各种食产和食用资源的效益，对于提高全人类的健康水平、促进全人类人均寿命的提高，都有十分重要的意义。

# §4-3 食为法律学

食为法律学是食学的三级学科，是食学与法学的交叉学科，是关于人类食行为法律的学科。食为法学作为人类食行为的强制性规范，其直接目的在于维持社会食为秩序，并通过食为秩序的构建，实现人类食物公正地获取与利用，提升个体的寿期和种群的持续。

自人类进入文明社会以来，其食行为的规范离不开法律手段。从人类整体角度来看，世界有五大法系，现存的是大陆法系、英美法系、伊斯兰法系。在食为法系的体系里，目前最缺的是国际食法里的公法。这类法律将为构建人类食秩序起到重要作用。在食为系统中，食物生产、分配、利用是人类第一件大事，不可避免会出现各种矛盾，人们如何让自己的行为得到普遍认可？如何对他人的侵害进行抵御？这就要求制定约束规则，以规范各种行为，达到"定纷止争"的目的。于是，食法律便应运而生了。食为立法的基本原则有两条，一是要贯通生产、利用、秩序三大领域，实现全覆盖；二是尽快从国家法和国际法两方面填补空白领域。

## §4-3.1 概述

法学是一门古老的学科，食为法律学是法律体系中重要的组成部分。按历史阶段，人类食为法律学可以分为3个阶段，第一个是食法启蒙阶段，第二个是食法建设阶段，第三个是当代食法。

食法启蒙阶段。公元前18世纪，中东地区的汉谟拉比法典是迄今世界上最早的一部较为完整地保存下来的成文法典，法典中就有对当时人们食为进行规范的法律条文，如"如果任何人开挖沟渠以浇灌田地，但是不小心淹没了邻居的田，则他将赔偿邻居小麦作为补偿"。此外，亚述语碑文曾记载正确计量粮谷的方法，埃及卷轴古书中也记载了某些食品要求使用标签的情况。古雅典检查啤酒和葡萄酒是否纯净和卫生，罗马帝国则有较好的食品控制系统以保护消费者免受欺骗和不良影响，中世纪欧洲的部分国家已制定了鸡蛋、香肠、奶酪、啤酒、葡萄酒和面包的质量和安全法规，中国自从汉代开始，有了食品安全监管的法规。

食法建设阶段。19世纪下半叶，世界上第一部食品法规生效启用，基本的食品控制系统也初步形成。1897年至1911年间的奥匈帝国时期，通过对不同食品的描述和标准的收集发展形成了奥地利食品法典，尽管其不具备法律的强制力，但法院已将其作为判定特殊食品是否符合标准的参考，现今的食品法典就是沿用奥地利食品法典的名称。

1960年和1961年是食品法典创立过程中的里程碑。1960年10月，粮农组织欧洲区域会议明确达成共识："有关食品限量标准及相关问题（包括标签要求、分析方法等）是保护消费者健康的一种重要手段。确保质量和减少贸易壁垒，尤其是要迅速形成欧洲一体化市场的发展趋势，都希望早日达成国际一致的意见。"1962年，联合国和世界卫生组织召开全球性会议，讨论建立一套国际食品标准，指导日趋发展的世界食品工业，从而保护公众健康，促进公平的国际食品贸易发展，并成立了食品法典委员会。此后，食品法典委员会颁布了《食品添加剂通用法典》。1972年联合国召开"第一届联合国人类环境会议"，提出了著名的《人类环境宣言》，这是环境保护事业引起世界各国政府重视的开端。此后各国加强环境立法。1974年，联合国粮农组织提出"食品安全"的概念，通过《世界粮食安全国际约定》，提出食品应当"无毒、无害"，符合应当有的营养要求，对人体健康不造成任何危害。在此之后，世界组织及各国分别颁布了一系列规范食品安全的法律条文及相关要求。

当代食法阶段。发展至今，从国家层面看，食法律已形成了涉及面广、缜密全面的法律系统。目前，美国食品安全和卫生的标准大约有660项，形成了一个互为补充、相互独立、复杂而有效的食品安全标准体系。其中包括100多部重要、完善的农业法律和许多调整农业经济关系的法律。食品加工方面，美国标准众多，700多家标准制定机构已制定了9万多个标准，用以检验检测方法和食品质量标准。食品安全方面，有相关标准660余项。日本"二战"后制定了200多部配套的农业法律，其中食物生产法律114部，农业经营类法律50部，农村发展类法律45部，其他类食法律38部。农产品已有了2000多个质量标准，营养方面，日本已颁布10多部法规，以《营养改善法》和《健康增进法》为基本法，其他营养法律配套，形成完整体系覆盖全社会。中国改革开放后出台了20多部农业法律，涉及食品的法律、法规、规章、司法解释以及各类规范性文件等840篇左右，已发布食品标准近3000项，中国的食品安全标准已经与国际社会接轨，有 30 多部有关环境保护的法律，1300 余项国家环保标准。欧洲到目前为止已发布 300 多个欧洲食品标准，德国大约有 8000 部联邦和各州的环境法律、法规。在野生动物保护方面，有 100 多个国家制定了动物福利法律。

但是，从国际层面看，食法律又处于不统一、分散、各自为政的状态。食法律大多是以国度为单位分别制定的，法律条文并不一致，给国际间的诠释和执行带来困难。真正从全球、全人类视角制定的食法，迄今仍属空白。

# §4-3.2 食为法律学的定义和任务

## §4-3.2.1 食为法律学的定义

食为法律学是研究强制规范人类食行为的法律的学科。食为法律学是从食行为的角度研究人与人之间法律关系的学科。食为法律学是研究强制规范食行为问题的学科。食法律赋予人类一定的食权利，同时规定了相应的食义务，禁止不良食行为，发扬良好食行为。

## §4-3.2.2 食为法律学的任务

食为法律学的任务是指导人类建立并执行食行为的法律体系。目前食为法律体系内容有很多，但并不完善，需要进行补充和完善。食为法律学的具体任务包括建立完整的立法体系、执法体系和监督体系，制定相关法律，维护食生产、食物利用、食为秩序的良好运转，尊重和保障人的食权。制定《人类食为法典》，设立全球世界食为法院，也是食为法律学倡导、推进的任务目标。

# §4-3.3 食为法律学的体系

食为法律学体系可以采用多种维度分类，例如以空间维度，将食为法律学分为国家食法学和国际食法学（如图 4-11 所示）。国家食法学的内容是将主要的、法律制度完备的国家的相关法律进行汇总和研究；国际食法学是要借鉴国家食法学的相关经验和内容，从全球的角度制定法律。两大类别之下又可以不同维度再次划分，例如国家食为法学又分为食为生产法律、食为利用法律和食为秩序法律。其下仍可细分，如食为生产法律可以细分为食为生产民法、食为生产刑法、食为生产行政法、食为生产经济法、食为生产环保法等食法律学科。

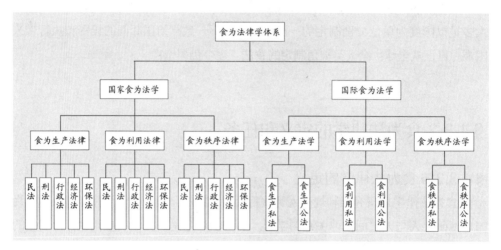

图 4-11 空间维度的食为法律学体系

对于食为法律学的体系划分，本书采用的是依据食学体系分类划分法，即将食为法律分为三大类：食生产法律学、食利用法律学、食秩序法律学。包括食物生态法、食物采捕法、食物种植法、食物养殖法、食物培养法、合成食物法、食物加工法、食物包装法、食物贮藏法、食物运输法，食物利用法、反食物浪费法，食为行政法、食为经济法、食为教育法 15 门四级子学科（如图 4-12 所示）。

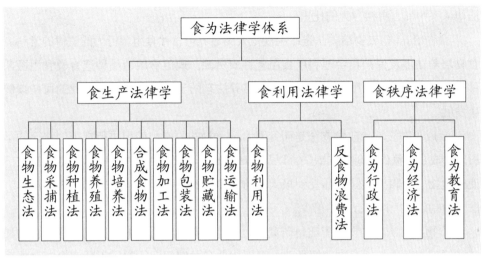

图 4-12 食为法律学体系

食物生态法。食物生态法是研究规范人类行为以保护生态环境的法律的学科。现代西方发达国家对环境保护的重视源自工业革命时期，当时对资源的开发和利用已经超过了环境承载力，导致 20 世纪 30~60 年代频繁发生环境公害事件。1972 年联合国提出著名的《人类环境宣言》，开始环境保护事业，引起世界各国政府的重视。随后，联合国通过多项环境保护宣言与公约，把可持续发展由理论和概念推向行动。目前，国际社会已初步形成了相对完善的保护生态安全的国际法律体系。

食物采捕法。食物采捕法是研究规范人类采捕行为的法律的学科。当今，不合理采摘、过度捕捞和非法狩猎等行为给人类和天然食物资源都带来了巨大的伤害。目前这方面的法律还有所欠缺，致使偷猎、滥采、滥补事件时有发生。为了保护地球生态健康，维护生物链完整，让人类种群延续，需要尽快补足食物采捕相关法律，并严格执行。

食物种植法。食物种植法是研究规范人类食物种植行为的法律的学科。目前各国在食物种植领域颁布的法律有很多，涉及食物种植的方方面面，已经比较系统和完善。在经济发展的过程中，食物种植业的发展为国民经济提供了劳动力、原料和资本积累。各国政府通过颁布法律、制定政策，减少市场波动和自然灾害对农业的影响，保护农民的正当利益，维护市场秩序，保证公平交易，促进农业发展。

食物养殖法。食物养殖法是研究规范人类食物养殖行为的法律的学科。人类养殖食物的历史同食物种植的历史同样悠久，作为食物的重要来源之一，人类对食物养殖的关注不少于食物种植领域，因此食物养殖法的体系也比较完善，在世界各国法律体系中都占有相当大的比重。

食物培养法。食物培养法是研究规范人类培养可食性食用菌行为的法律的学科。食物培养法涉及保护和合理利用食用菌种质资源，规范食用菌品种选育及食用菌菌种的生产、经营、使用和管理等。食物培养法有助于可食性食用菌产业的可持续健康发展。

合成食物法。合成食物法是研究对合成食物的生产和使用进行规范的法律的学科。合成食物负作用研究的缺失，以及合成食物的不当使用、生产失控和监管缺失，使得食物安全和人类健康都受到极大威胁。要从源头上解决这个问题，相关法律、法规的制定和严格执行必不可少。

食物加工法。食物加工法是研究规范人类食物加工行为的法律的学科。食物加工法的效力范围包括食物碎解行业、烹饪行业和发酵行业。除了不断健全法律体系之外，还要加快制定完善大量技术性文件，包括各种标准、规范等，严格规范食品生产经营者必须遵守的法律义务。

食物包装法。食物包装法是研究制定食物包装标准和规范食物包装行业的法律的学科。食物包装法的制定，是为了保护生态环境，节约地球资源，有利于人体健康，造福子孙后代，进而给人类创造一个良好的自我生存空间。

食物贮藏法。食物贮藏法是研究规范人类储存食物行为的法律的学科。食物贮藏法能正确引导食物贮藏业的发展方向，促进食物贮藏业体系的形成、发展，规范各种食物贮藏行为，促进食物贮藏业的健康发展。

食物运输法。食物运输法是研究规范人类运输食物行为的法律的学科。食物运输除了涉及众多科技学科外，还涉及众多社会学科。因此食物运输法的制定和执行，对维护食物质量，维护食物运输市场秩序，保障道路运输安全等方面都会产生积极作用。

食物利用法。食物利用法是研究规定人类及特殊群体进食标准的法律的学科。目前很多国家颁布了营养法，还有针对特殊人群的膳食标准，如小学生早餐法等，但食物利用法系统需要进一步完善，没有相关立法的国家应尽早出台有关法律法规，保证人类合理、健康进食。

反食物浪费法。反食物浪费法是研究禁止人们浪费食物，对浪费食物的行为进行相应处罚的法律的学科。食物浪费是全球性的问题，出台反食物浪费法的目的就是从生产和利用环节最大程度地减少浪费，节约食物资源。许多浪费现象得以长期存在的一个重要的原因就是，对于浪费损失缺少专门法律，无法定性，难以处理。应该像制定《交通法规》一样，制定实施《饮食法规》，将惩治铺张浪费行为纳入《刑法》惩治范畴。

食为行政法。食为行政法是以食行政及食行政相关的社会关系为研究对象的一门法律学科，研究对象为食行政管理关系以及在这种关系中当事人的地位，由此确立食为行政法的原则、原理和理论体系。食政管理体系是食秩序的重要内容，有了食为法律但是缺少有效的执行，食为法律也形同虚设。因此，食为行政法的执行显得殊为重要。

食为经济法。食为经济法是研究食经济及其发展规律的法律的学科，对于深入开展食经济法理论问题和实际问题的研究，规范经济学发展，完善食经济法制至关重要。食为经济法包括微观食物经济法、宏观食物经济法和世界食物经济法三个组成部分，其中微观食物经济法较为全面，宏观食物经济法尚有空白，世界食物经济法多有空缺。

食为教育法。食为教育法是研究调整食教育活动中各种社会关系的法律规范的学科，对于推动食为教育的开展与普及，规范食为教育活动有积极影响。从世界角度看，食为教育在各国开展情况参差不齐，各国的食为教育法律法规也多寡不一，有的国家甚至没有一部与食为教育相关的法律法规。食为教育和人类健康、食者个体健康息息相关，食为教育法的制定和执行刻不容缓。

# §4-3.4 食为法律学面临的问题

食为法律学面临的主要问题有3个：一是不当管理影响食法效力，二是空白领域尚需填补，三是缺少和谐的世界食法律。

## §4-3.4.1 不当管理影响食法效力

从现状看，食法律法出多门、相互交叉重复的现象比较普遍，在较大程度上影响了食法效力。以中国为例，由于食业管理"九龙治水"，缺乏一个统一的管理机构，仅食品安全一项，就有农业、卫生、质检、工商、食药等多个职能部门参与监管，结果造成法出多门，彼此交叉，多有重复，给相关食法的协调、落实带来困难。解决这类问题，需要由国家进行食政结构的顶层设计。此外，从执法角度看，有法不依、执法偏软、"法不责众"现象，在食法执政领域表现得较为突出。

## §4-3.4.2 空白领域尚需填补

食法律建设已初具规模，但在一些领域尚有空白，主要表现在一些过去认为应以道德引导而实际上应以法律去规范的地方，例如与饮食浪费相关的法律目前看还很不完备；规范捕杀、销售、食用野生动植物的法律还不多；一些食法还存在着力度不够、法规欠准的弊病。这类法规的制定与调整应该尽快提上议事日程。

## §4-3.4.3 缺少和谐的世界食法律

目前的食法律大多是以国家或地区为单位制定的，国际组织颁布的食法律，一是数量不多，二是基本局限于条文规范，缺乏法制应有的强制性，难以保障人类的健康、和谐发展。因此，必须强化对国际性食法的研究和制定，对人类的食为做出整体性的规范。

为了解决当前食为法律领域存在空白、重复的问题，应按食学的框架建立起一整套完备的食法律，并且用食学的框架来给食法律分类。比如食物种植法、食物养殖法、食物烹饪法等，然后厘清每类食法律的条款是否全面完善，对食法律的条款做细致增减。食学的任务是维护人类健康和地球健康，食法律要围绕食学的这两个任务来制定，从而达到高效率约束人类食行为的目的。要将目前碎片化的食品法律法规完善、系统起来，同时填补食法律的空白。要强化国际性食法律的制定，各个国家之间的食法律应有一定的统一性，比如都要针对食物浪费制定惩罚性的法律条文等。

# 食为教化

　　本单元包括食学的两个 3 级学科: 食为教育学和食为习俗学。从食学学科体系看, 食为教育学和食为习俗学都属于交叉学科。从学科成熟度看, 食为教育学和食为习俗学属于新学科。

　　食为教化是对人类食行为的教化培育, 与食为控制互相补充。食为教化包括食为教育学和食为习俗学。其中食为教育分为食者教育、食业者教育, 食为习俗分为发扬良俗和革除陋俗两部分 (如图 4-13 所示)。

　　构建人类的食为秩序, 有控制和教化两个方面, 控制属于法制层面, 具有强制性; 教化属于道德层面, 具有自觉性。只有二者携手共建, 人类食秩序的大厦才能根基牢固。

　　人类的食者教育处于一个初始阶段, 当今人类各种食病的发生和蔓延, 从某个角度说明了食者教化培育的力度还不够。通过加强对食者的教化培育, 普及科学的进食观, 才能减少由食带来的病害, 革除食为的陋习, 减轻个人的医疗负担, 节约社会的医疗资源, 提升人们的健康水平, 延长人的寿命。食者教育还要增进环保理念, 知道什么能吃, 什么不能吃, 什么生物应该保护, 什么动物不应该随便吃。

　　食为习俗作为一种文化现象, 是各民族文化的重要组成部分。

　　其形成与发展受当时社会物质条件的制约, 还受政治因素及宗教的影响。

　　食为教化的主要问题有三个: 一是科研院校在食为教化工作中所发挥的作用有待增强; 二是对儿童、青少年的食为教化力度不够; 三是对食习俗的认识和抵制尚需强化。建议让食教育进入小学主科课程，享有与语文、数学的"同等待遇"。

本章的学术创新点有两个：一是把食者教育和食业者教育放在一起，强化食者教育的重要性；二是把食俗拆分为良俗和陋俗两部分，强调了丑陋食俗对人类食为的危害。

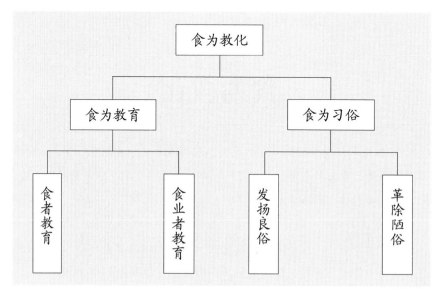

图 4-13 食为教化体系

# §4-4 食为教育学

食为教育学是食学的三级学科，是食学和教育学的交叉学科。食为教育是一门对人类进行饮食行为教育的学科。食为教育学在食学体系中的主要作用有2个方面，一是研究建立向从业者传授食学的教育体系，二是研究建立向食用者传授食学相关知识的教育体系。

饮食是人类最基本、最永久的消费行为。然而随着食品工业的兴起，短短几十年，人类的饮食健康和安全就表现出了深刻的社会问题。

食为教育是指将科学的进食知识和适合本国国情的先进饮食文化，通过各种教育形式深入到社会全体民众中，提升食学在民众认识中的位置，让国民养成良好的饮食习惯。它不仅关系到国民的生命健康，而且关系到人与自然的和谐，关系到资源的合理分配。

食为教育是人类生存、发展最重要的教育。当前学校教育和社会教育的许多学科，像生态、生物、生理以及食道德、食法律、食病、食疗、营养、健康等，都可以纳入它的体系。

## §4-4.1 概述

公元前 403~221 年间中国的《学记》是世界上最早专门论述教育问题的著作，但作为教育科学体系中的一门独立学科，教育学是在总结人类教育实践中逐渐形成，经过长期积累而发展起来的。食为教育学也是如此，食为教育学的发展可以分为3个主要阶段，第一个是体验式教育阶段，第二个是现代食业者教育阶段，第三个是现代食者教育阶段。

体验式教育阶段。最早出现的食为教育是一种体验式的教育，即施育者不是通过课堂、课本教育，而是通过家庭、劳动场所进行经验传授式的教育。中国自古以来就有类似"食育"的思想，公元前 2 世纪典籍《礼记》有云："子能食食，教以右手。"这反映了中国传统食为教育家庭教育模式。另外从《黄帝内经·素问》对食疗食补的阐述中，从《朱子家训》对"饭食约而精，园蔬愈珍馐"的论述中，以及从"上床萝卜下床姜"等饮食养生谚语中都可以看出古代食为教育一般都是通过对种植、养殖、农业生产过程中的经验记录、研究，对食为的理念进行传播。

现代食业者教育阶段。1896 年，日本明治时代学者石塚左玄提出"食育"一词。石塚左玄是日本明治时代对西医和营养学持批判态度的一位学者，他在《化学的食养长首论》中提到"体育、智育、才育，归根结底皆是食育"。"食育"是日本独特的教育理念，泛指以"食物"为载体的各种教育方式。食育包含感恩、环保、卫生、劳动、协作等各个层面。

工业文明以后，食为教育出现了系统的规划。主要表现在院校里有了饮食相关的专业，例如食品科学与工程、食品生物技术、营养与食品安全、中医学科等几个专业。另外还相继设立了专业的农业院校。各国政府都高度重视食业者职前教育，美国开设农学类专业的大学院校有 140 多所，开设食品类专业的有 31 所大学；中国开设农林水专业的本科院校有 92 所，开设食品科学与营养类专业的高校约有 200 所。在中等、高等教育院校中，涉及食业的学科专业已有：种植、养殖、水产、畜牧兽医、环境生态、生物技术、预防医学、动植物检疫、工商管理、农业经济、海洋经济、食品工程、农业林业水利工程、酿酒工程、食品包装、酒店管理等几十个专业门类。这一阶段食为教育的主要针对人群是从业者的系统教育。

现代食者教育阶段。近代，由于现代科技和食品工业化和商业化的划时代发展，食品安全的问题已成为人们越来越关注的焦点，食品安全的教育不再为专业人士所独有，针对一部分人群进行的食业者教育上升为针对全人类进行的食者教育。

2005 年，日本颁布了《食育基本法》[5]，这是世界上规定国民饮食行为的第一部法律。日本更是在国家主导下开展了全国范围的食育推进计划，取得了令世界瞩目的成绩。每年 6 月是日本的"食育月"，每月 19 日为"食育日"。至 2012 年，日本学校营养教师数量达 4262 人，覆盖全国 47 个省级单位。欧盟国家并未像日本那样形成了明确的食育法，但是它们有较为完善的食品安全立法体系、食品法规等，涵盖了"从农田到餐桌"的所有食物链，同时由于其相关食品安全机构的协调配合，以及合理的

---

⑤ 丁诺舟、张敏：《何妨尝试"食育"》，《外国中小学教育》2016 年第 9 期。

运行机制，使其拥有了其他国家无可比拟的优越性。而法律法规体系的完备也是推广和保证饮食教育的重要组成部分。英国教育部的具体课程规定，全国各公立中学必须开设烹饪课，面向 11~16 岁的中学生，总学时不少于 24 小时。学生将从这门课中了解到各种食物的基本成分和营养指数，熟悉如何烹饪才不会减损食物的营养，掌握基本的营养午餐搭配，能独立制作一份营养餐。在美国，越来越多的学校开始采购更多的当地食物，并为学生提供强调食物、农业和营养的配套教育活动。这项全国性活动丰富了孩子的身体和心灵，同时支持了当地经济，被称为"从农场到学校"运动。该运动包括动手实践活动，如学校园艺、农场参观、烹饪课等，并将食物相关的教育纳入正规、标准的学校课程内容。[⑥]

# §4-4.2 食为教育学的定义与任务

## §4-4.2.1 食为教育学的定义

食为教育学是研究传授和传播食学知识的学科。食为教育学是研究食学知识与受教育者之间关系的学科。食为教育学是研究解决食学传授和传播问题的学科。食为教育是传授和传播食学知识的方法。教育是以知识为工具教会他人思考的过程，食为教育是以人类的食知识为工具，教会他人认识事食物，认识食为的过程。食为教育学是研究食生产、食利用和食秩序教育的学科，是对人类饮食行为的教育，分为食者教育、食业者教育。从全球的发展情况看，食者教育还处于一种起步阶段。

## §4-4.2.2 食为教育学的任务

食为教育学的任务是更好地向人类传授、传播、普及食学知识。食为教育学的对象分为两类：一类是食者，一类是食业者。食为教育学的设立是为了解决人类食为教育缺失的问题，尤其是对食者教育的缺失，是为了增进人类对食物和食行为的了解，减少不当食行为带来的问题。

食为教育学的任务具体包括推动建立完善的食为教育系统，针对两类食为教育对象食者和食业者推出不同的食育课程，不断完善食学理论体系，对各种营养健康

---

⑥ 生吉萍、刘丽媛：《国内外饮食为教育发展状况分析》（上），《中国食物与营养》2013年第 6 期。

知识科普工作进行梳理鉴别，不仅能够提高食业者的职业能力，而且还能向公众普及正确的科学摄食知识和正确的食德理念及相关的食法律知识。

食为教育学的世纪目标是，在21世纪内，培养出三代（25年为一代）用食学武装起来的年轻人。他们从小接受系统的食学教育，身体健康，行为自我约束，具有坚定的生态环保理念，以发扬光大食学理念为己任。

## §4-4.3 食为教育学的体系

食为教育学体系从受教育人群分，可分为食者教育学和食业者教育学两类，其中食者教育学包括未成年食为教育学、成年食为教育学、患者食为教育学3门子学科；食业者教育学包括中等食为教育学、高等食为教育学、食为教育研究学3门子学科，一共6门子学科（如图4-14所示）。

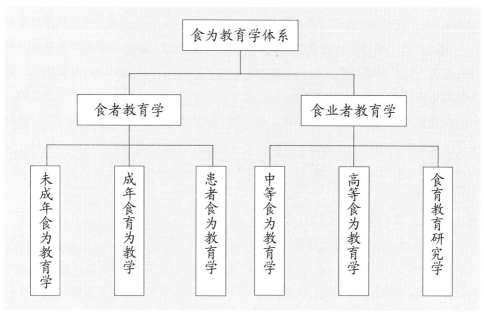

图 4-14 食为教育学体系

未成年食为教育学。未成年食为教育学是食学的四级学科，是食为教育学的子学科，它是对未成年人进行食者教育的学科。食学教育要从娃娃抓起，让人从小就能建立一个正确的摄食观，培养出一个科学的摄食习惯。未成年食为教育学又分为幼儿阶段的食为教育和青少年阶段的食为教育。食为教育应该成为幼儿园的必修课程，从幼儿阶段就开展食学教育，在课程上增加相应的食为教育内容。青少年阶段的食为教育要根据青少年的年龄和特点制定符合不同年龄层的教案。着重传播相关知识，讲明道理，培养学生健康的饮食行为，懂得如何做到均衡饮食，远离垃圾食品，吃得安全、吃得健康、吃得科学、吃得文明。

儿童饮食三字经：我出生，母乳养，吃粥饭，天天长；谷为主，肉为辅，蔬菜多，水果常；日三餐，顺时节，常饮水，平阴阳；热伤皮，寒伤脾，学会吃，身体强；细细嚼，慢慢咽，食不语，好心情；不洗手，污食病，爱挑食，偏食病；吃太少，饥食病，吃太多，过食病；食有德，饮有和，不浪费，感恩情。[⑦]

成年食为教育学。成年食为教育学是食学的四级学科，是食为教育学的子学科，它是研究对成年人进行食者教育的学科。成年食为教育至少要解决三个问题，一是澄清是非，对那些为了吸引眼球、增加卖点的虚假信息及时予以揭露，剥去虚假信息伪科学的外衣，必要时通过法律手段进行干预；二是去伪存真，多组织有专业水平和表达能力的专家向公众进行通俗营养指导，用普通大众听得懂的声音，发布真正科学的健康信息，传播食学知识，客观报道公共卫生事件，正确宣传社会健康问题及解决办法，提升传播效果；三是公众咨询，通过网站等双向交流媒体，为需要健康指导的公众提供个性化的咨询服务，只有这样才能传播真正权威、有益的饮食健康知识。

患者食为教育学。患者食为教育学是食学的四级学科，是食为教育学的子学科，它是研究对病患人员进行食者教育的学科。患者食为教育的教育内容比未成年食为教育学和成年食为教育学更有针对性，是针对不同的疾病和病症患者进行食为教育。患者食为教育学会告诉患病者应该吃什么，不应该吃什么，什么应该多吃，什么应该少吃，帮助患者认识自己身体的"六态"，认识食病，懂得用食物疗养疾病，促进身体健康。

中等食为教育学。中等食为教育学是食学的四级学科，是食为教育学的子学科，它是研究对中等职业学校相关专业学生进行食为教育的学科。其任务是使中等学历的食业者具备基本的从业知识和技能。中等食为教育学的学习形式、学时、课时和普通中等专业学校、技工学校等同。

高等食为教育学。高等食为教育学是食学的四级学科，是食为教育学的子学科，

---

⑦ 刘广伟、张振楣：《食学概论》，华夏出版社 2013 年版，第 315—316 页。

它是研究对高等学校相关专业学生进行食为教育的学科。其任务是使高等学历从业者掌握较高层次的丰富的从业知识和技能。高等食为教育学的学习形式、学时、课时与全日制普通本科、全日制普通专科同。学习成绩合格可授予学士学位。

食为教育研究学。食为教育研究学是食学的四级学科，是食为教育学的子学科，它是对整个食为教育系统进行研究的学科。其任务是从食学总体着眼研究，总结传播食生产、食利用、食秩序领域的专业知识和技能，提高人类对食物和食为的知识层次，提升人类的健康水平和寿期。食为教育研究学面对高级别的食学研究人才，根据学制，学习成绩合格者可分别授予硕士、博士学位。

# §4-4.4 食为教育学的范围和内容

食为教育学分为食者教育和食业者教育两个方面（见表4-1）。

食者教育学是研究对所有人进行食教育的学科，食者教育的对象是全体人类。通过加强食者教育，减少由饮食带来的疾病，减少食物的浪费，普及食学的进食观，减轻医疗负担，节省医疗资源，提升人们的健康水平和生活质量，延长人的寿期。食者教育的内容覆盖食物生产、食物利用和食为秩序，但重点是食物利用。

食者教育要从小抓起，从幼儿园开始，贯穿整个义务教育阶段。只有把食学知识灌输到每一个人的头脑中，才能使个体的寿期充分实现。我认为小学的基础课程，应该是语文、数学、食学。食学包含了小学生必学的自然、生物、生理、法律、道德、手工等多门学科的内容。

从健康长寿的角度看，食者教育具有不可替代的重要性，因为我们不可能每天、每时都去问医生，并且医生也不如我们自己更了解身体的变化。只有依靠对食者的教育，让每一个食者都能懂吃、会吃，才能吃出健康与长寿。推广和普及食者教育，是社会文明进步的标志，将对人类的发展产生积极的影响。

食业者教育学是研究对食业者进行教育的学科，食业者教育的对象是从业于食物生产、食物利用、食为秩序领域的一部分人类。对食业者的教育古已有之，进入工业革命时代后，食业者教育发展迅速，渐成系统，发展至今，已经形成了技校、高职、中专、大专、大本、硕士研究生、博士研究生等专业化、系列化的教育体系。

在教育体系日趋系统的同时，当今的食业者教育也存在着教育内容不完备、发展不均衡、教学结构不合理的三大不足。在教育内容方面，许多学科片面强调提升本行业的效率，没有从整体角度、人类角度、食学角度看待食现象和食问题，因而

表 4-1 全民食学教育大纲

| 类别 | 层级 | 课时 | 课程内容 | 食学学科 |
|---|---|---|---|---|
| 食者教育（重点内容是食物利用） | 幼儿园 | 48 | 食学（进食学：食物辨识、儿童饮食三字经；品德教育：AWE礼仪） | <u>食物生产学</u><br>1. 食物母体学<br>2. 食物采摘学<br>3. 食物狩猎学<br>4. 食物采集学<br>5. 食物捕捞学<br>6. 食物种植学<br>7. 食物养殖学<br>8. 食物培养学<br>9. 食物合成学<br>10. 食物烹饪学<br>11. 食物发酵学<br>12. 食物碎解学<br>13. 食物储存学<br>14. 食物运输学<br>15. 食物包装学<br>16. 食为设备学<br><br><u>食物利用学</u><br>17. 食物性格学<br>18. 食物元素学<br>19. 食者体构学<br>20. 食者体征学<br>21. 进食学<br>22. 食物审美学<br>23. 食物调疗学<br>24. 本草食物疗疾学<br>25. 合成食物疗疾学<br><br><u>食为秩序学</u><br>26. 食为经济学<br>27. 食为行政学<br>28. 食为法律学<br>29. 食为教育学<br>30. 食为习俗学<br>31. 食为文献学<br>32. 食为历史学 |
| | 小学 | 90 | 食学（进食学：5步12维进食、食学健康表盘；品德与社会：AWE礼仪、节约食物） | |
| | 初中 | 100 | 食学（进食学：食学健康坐标；生物：可食性动植物；思想品德：摒弃食陋俗；体育与健康：食物调疗；地理：食物地理学） | |
| | 高中 | 100 | 食学（进食学：食学健康罗盘；思想政治：食权利、食法律；化学：合成食物；生物：人类种群延续；通用技术：食物生产学） | |
| 食业者教育 | 中专 | – | 按食学体系设置课程、课时 | |
| | 大专 | – | 按食学体系设置课程、课时 | |
| | 本科 | – | 按食学体系设置课程、课时 | |
| | 硕士 | – | 按食学体系设置课程、课时 | |
| | 博士 | – | 按食学体系设置课程、课时 | |

造成了超高效、伪高效、食品安全问题频发。在教育平衡发展方面，食物生产领域的食业者教育比较完备，而食物利用、食为秩序领域的食业者教育相对较弱，甚至存在空白。在教学结构方面，也存在着诸多不尽如人意的地方，例如目前在世界范围内，还没有一所集食物生产、食物利用、食为秩序三大领域教育于一体的"食业大学"；食病、食灾、12维进食、五觉食物审美等食学课程，还没有堂堂正正进入到正规的教育体系。

食学的创建会对当今的食为教育产生重大影响。首先是把散落在不同学科下的食学内容集为一体，在学科分类上自成一体，取代农学的位置。其次是影响到院校的设置，会有一批专门的食学院、食学研究院拔地而起。最后会影响到人类对于食知识的划归和传播，课堂上和图书馆里的食知识会重新整合、分类，为人类的食教育服务。

# §4-4.5 食为教育学面临的问题

食为教育学是实用学科，是为解决现实问题而创立的学科。它所面对的问题主要有2个：一是食者教育不普及，二是食业者教育体系分散。

## §4-4.5.1 食者教育不普及

人类对食者的教育还不普及，目前只有少数国家把食者教育纳入了社会教育体系，但也是刚刚起步。许多国家对此尚未引起重视，没有意识到食者教育对国民健康、对人类进步、对社会资源的合理有序利用具有不可替代的作用。开设食者教育机构，大力普及全民食育教育，这将是今后一段时间各国调整政府管理模式的重要内容。

## §4-4.5.2 食业者教育体系分散

目前没有全面针对食业者的教育，这是因为人类还没有确立食学的学科体系。当下的现状是，食业者教育体系较为分散，表现为：在食学的三大系统食生产、食利用、食秩序方面还没有形成一个教育体系。首先在食生产方面，对食业者的教育内容分散于农学和食品科学中，具有二元化的特征。在食利用方面，对食业者的教育内容寄居于医学中；在食秩序方面，对食业者的教育内容分散在食物经济学、食为行政学、食为法律学、食为习俗学、食为教育学、食为文献学、食为历史学七个子学科里。

应尽快确立食学的学科体系，把散落在不同科目下的与食相关的科目划归到食学这个学科下，成立专门的教育和研究机构，对食业者进行全面、系统、专业的教育。

当前，人类对环境和食品质量的要求日益提高，对自身健康和寿期的期待日益提高，食为教育学面临着一个广阔的天地。食为教育工作者应抓住这一机遇，积极进行食为教育的宣传及实践，为全球民众的饮食健康，为提高全人类的健康和寿期，做出自己的贡献。

# §4-5 食为习俗学

食为习俗学是食学的三级学科，是食学与习俗学的交叉学科。食为习俗学在食学体系里的主要作用是研究如何从民间习惯和道德的角度认识食物，扬长避短。

习俗即民间风俗。食俗是人类在长期饮食活动中逐渐形成的相对稳定的民间习俗，其内容和形式，约定俗成，代代相传。在这个过程中同时形成了各种饮食礼仪和规则，也成为食俗的一部分。由于人类所处的地理环境、民族国度、历史进程以及宗教信仰等方面的差异，形成了多姿多彩各自不相同的食俗，构成了人类食俗庞大纷繁的体系。

食为习俗是一种软性的道德约束，但在某些方面，例如针对陋俗，也需伴以强制性约束，如制定、实施《反浪费食物法》，违反者需要承担相应的法律责任。

## §4-5.1 概述

自远古时期开始，人们就喜欢把美食与节庆、礼仪活动结合在一起，年节、生丧婚寿的祭典和宴请活动，都是表现食俗文化风格最集中、最有特色、最富情趣的活动。一个地区的食俗并不是一成不变的，民族间、地区间、国家间的交往，经济的发展，科技的进步都推动着食俗的演变。回顾人类食俗的历史，可以分为以下两个阶段。

食俗的形成。经济基础决定上层建筑，食俗作为一种文化现象，其形成与发展必然受物质条件的制约。例如由于食用器具、食用场所的限制，春秋、战国等历史阶段的宴会主要为坐席分食，并产生了相应的分食食俗；到了明清两代有了火锅，围锅共食的习俗得以出现。食俗作为一种文化现象，同样受政治因素的影响，当权者的习惯会辐射到民间。例如唐代一度禁食鲤鱼，元朝时期盛行吃羊肉等。食俗的形成也受到空间环境的影响，例如中国常见的北咸南甜、北麦南稻现象。民俗还受到

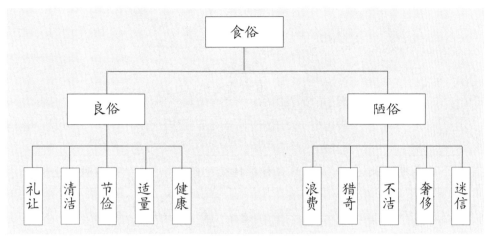

图 4-15 食俗中良俗和陋俗分类

宗教的影响，现存的很多食俗都有原始宗教活动的影子，例如佛教过午不食等食俗。另外民族英雄的故事和传说对食俗影响颇深，如端午节吃粽子、中秋节吃月饼等习俗。

不同族群对食物的认知不同，因而形成不同的进食观。进食观建立在地域物质基础之上，受到地域物质生活的制约。按食材类型来分，进食观可以分为主肉、主素和全素三大类。

食俗的现状。人类的进食文化发展至今，形成了三大流派，即手食、箸食、叉食。三大进食方式孕育了各自不同的灿烂文化。以手抓食是人类最早使用的进食方式，从手进食到用筷子、刀叉进食，是人类文明的不同表达。在现代社会，直接用手进食仍是普遍存在的现象，手食文化的主要代表是阿拉伯伊斯兰文化和印度文化。手食者能够更好地体验食物的质感和灵性，他们认为用手进食比用其他工具更洁净、更安全，饭前洗手比洗工具更可靠、更卫生。箸食是东方人特有的进食方式，用筷子食用谷物最方便，所以筷子只能出现在以农耕为主的东方。箸食至少已有两千多年历史，竹木制的箸是农业文明的象征。西方进食的餐具主要是刀和叉，这与西方以肉食为主有关，叉食人群主要分布在欧洲和北美洲，体现的是一种进食的优雅，金属制的叉是工业文明的象征。

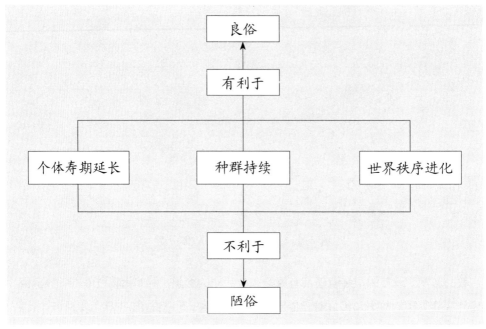

图 4-16 良俗与陋俗的区分标准

## §4-5.2 食为习俗学的定义和任务

### §4-5.2.1 食为习俗学的定义

食为习俗学是研究长期沿袭并自觉遵守的民间食为群体模式的学科，食为民俗学是研究食者与食物的习俗关系的学科，食为习俗学是研究食俗及所有与食俗相关的事物的学科，食为习俗学是研究解决人类食俗问题的学科。食俗是民间长期沿袭并自觉遵守的群体食行为模式。

食俗并不是一成不变的，民族间、地区间、国家间的交往，经济的发展，科技的进步都推动着食俗的演变，食俗既是一个国家悠久而普遍的历史文化传承，又是一个民族约定俗成的社会标准，还是一个地区言行、心理上的日常生活惯例或惯制。

### §4-5.2.2 食为习俗学的任务

食为习俗学的任务是研究地理环境、历史进程、人文传承、宗教差异以及其他促使食俗形成的原因，了解不同地域、不同民族的饮食文化习俗，分辨其中的良俗、陋俗，推动人类在食行为领域发扬良俗，改正陋俗。食为习俗学来源于大众生活，是相关从业者需要掌握的知识。传承好的食俗对于发展烹饪业、服务业，调节人类饮食习惯，传承民族地域文化具有重要意义。

## §4-5.3 食为习俗学的体系

世界各地各民族的行为习惯、宗教信仰、地理环境、历史进程等方面的差异，致使人们的饮食习俗也不尽相同，构成了庞大纷繁的食俗体系。食为习俗学体系按照习俗内容可以划分为4+1个分类。4，即事件食为习俗学、年节食为习俗、宗教食为习俗、地域食为习俗；1，即丑陋食为习俗（如图4-17所示）。其中丑陋食为习俗和前4个分类不在一个逻辑层面，之所以将其划分到食为习俗学体系中，是为了强调丑陋食俗的危害性。丑陋食俗已经成为威胁人类健康与种群延续的重要问题，如何根除或抑制是迫在眉睫的事项。

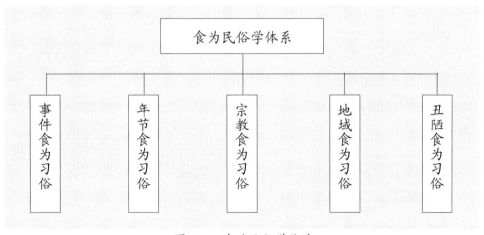

图 4-17 食为民俗学体系

事件食为习俗。事件食为习俗是指以饮食生活作为主要方式的食俗。如婚嫁、生日、小孩满月、搬家等事件的食俗。中国人婚嫁新人多喝喜茶，吃喜糖、喜蛋、喜饼、喜面。日本婚宴中必不可少的就是虾、黑豆、海葡萄，寓意长寿、多金与多子多孙。西式婚宴中情调尤为重要，注重以酒配菜，主要有各式牛排或烤牛肉，羊肉类菜肴如羊扒、烤羊肉，搭配适合的红葡萄酒。在埃及，生日时候一定要吃很多水果，象征生命和繁衍；在南美的圭亚那，咖喱、鸡、鸭、羊是生日的主食；在韩国，过生日多喝海带汤。

年节食为习俗。年节食为民俗是指重大节日食俗。年节食俗把美食与节庆、礼仪活动结合在一起，年节祭典和宴请活动是表现食俗文化风格最集中、最有特色、最富情趣的活动。中国的传统节日多种多样，是中国悠久历史文化的一个重要组成部分。除夕之夜阖家团圆吃年夜饭，农历五月初五端午节吃粽子，农历八月十五中秋节吃月饼。这些都表达了人们对阖家团聚、亲人安康的美好祝愿。世界各地不同的传统节日食俗也不尽相同。庆贺新年，法国人喝"完余酒"，西班牙吃葡萄，瑞士吃黄瓜，阿根廷喝蒜瓣汤，日本吃素三天。

宗教食为习俗。宗教食为习俗是指不同宗教体系里独特的饮食习俗。在食俗的形成和演变过程中，宗教产生了强大的影响。伊斯兰教倡导穆斯林有所食有所不食，只吃伊斯兰教教法许可的有益于人体健康的食品，对一些有损人们身心健康的食物形成了一定的饮食禁忌。佛教有过午不食的说法，规定僧人食素，不食五荤，不食有异味的食品，不饮酒。欧美各国普遍信仰基督教，圣诞节是基督教最重要的节日，不仅是教徒们要隆重纪念的日子，也是每个家庭聚会的大喜日子。在美国圣诞晚餐的主要食物是烤火鸡，复活节多吃羔羊肉、面包、火腿、彩蛋。

地域食为习俗。地域食为习俗是指具有地域特色的食俗。例如辣椒是墨西哥的三大基本食品之一，墨西哥人喜欢将又香又甜的芒果切开，撒上一层辣椒末再吃；乌干达盛产香蕉，客人光临，先敬一杯香蕉酒，再品尝烤蕉点心；韩国人吃狗肉世界闻名，韩国每年要吃掉200万只狗，"狗肉生意"是一项大产业；印度人喜食咖喱，常用的咖喱粉有二十多种；中国少数民族众多，也具有许多特点的地域食为习俗。

丑陋食为习俗。丑陋食为习俗是指在食俗中表现出来的不利于饮食文化的延续的食俗。这些陋俗是在食俗延续发展过程中长期积累产生，已经对当下的饮食环境造成了恶劣的影响，丑陋食俗主要表现为以下几个方面。

浪费。人类食物浪费的现象令人触目惊心。食俗中的餐桌浪费尤为严重，演化成"以丰为贵"的不良习俗。中国许多宴席以"满""多""全"为标准，桌子要满，菜量要大，菜品要全，造成严重浪费。联合国粮农组织2011年发布的报告指出，全世界每年浪费的食物高达13亿吨，约占全球粮食生产总量的三分之一，直接经济损失大约7.5千亿美元，相当于瑞士一年的GDP。

奢侈。奢侈反映在与饮食有关的各个方面，包括原料的挑剔、环境的豪华、餐具的过分精致、菜品的繁多、价格的昂贵以及包装的贵重等。奢侈的食为不仅浪费了大量资源，而且给社会风气和人的精神品质带来了腐蚀和污染，是一种万人侧目的丑陋食俗。

猎奇。在猎奇心态的驱使下，部分人群逐渐形成了"以奇为贵"的不良食俗，野生动物成了人们的盘中餐。餐桌上的野生动物大都被毒饵猎杀并以不卫生的方式由非法渠道运输，没有经过检疫，进食时有可能使野生动物所携带的细菌、病毒和寄生虫等传染病源在人类中间传播，食用后对健康有害无益。过度捕食野生动物也使有些物种在地球上濒临灭绝。

不洁。由于世界经济发展的不平衡，许多地区的人们长期以来未能形成卫生的进食习惯。不讲卫生的习俗表现在食材的选择、初加工、烹饪、就餐的整个过程中。这种情况在贫困地区表现得更为明显，成了一种习惯。有些地区有在不采取任何卫生措施的情况下生食鱼肉的习俗，以及将家畜或内脏放置发酵后生食的习惯。

迷信。人们对饮食中的某些食材，受到长期形成的习惯偏见的影响，而出现一种近乎迷信的观念。如人们迷信燕窝鱼翅，但其实这两种食物对人体并无多大功效，民间流行的"食物相克"，除极少的案例外，更多的是"以讹传讹"，是另一类饮食中的迷信。


# §4-5.4 AWE 礼仪


今天，食物对于人类有两大特性，即必需性和稀缺性。其必需性是与生俱来的，没有食物人类就无法生存。其稀缺性是随着 300 年来人口剧增呈现出来的，并且没有任何缓解的迹象。食物的这两个特性，决定了我们今天和未来对待食物的态度，就是敬畏和珍惜。如何把这种态度变成行为，变成每一个人的行为，变成每一个人的持续行为，是一个非常难的问题，也是一个全人类都要面对的问题。为此，我提出了一个"AWE 礼仪"方案，以号召全人类从每一餐开始，敬畏食物，珍惜食物。"AWE 礼仪"包括敬语和手势两部分（如图 4-18 所示）。

图 4-18 AWE 礼仪

AWE 的发音。AWE 是世界语，含义是敬畏，其发音为 [awì]，汉语可发"阿畏"。选用世界语，是为了突出它的世界性，方便五大洲不同种族和国家的发音。

AWE 的手势。先双手相捧，持续 2 秒，念敬语 AWE，1 秒后双手并拢于嘴前，静止 1 秒后收拢十指缓缓放下。这种手势，参考了已有的礼仪手势，便于世界不同国家、种族的理解和普及。

需要说明的是，有些国家、民族和宗教，已有类似的食前礼仪。例如日本人在食前要念いただきます，并做出双手合十托夹筷子的手势；伊斯兰教在进食前要念"太思迷"；基督教在进食前要进行祷告，感谢主赐予自己食物。食前 AWE 礼仪方案的制定、实施和普及，有利于唤醒每一个心灵，面对必需、珍稀的食物，再也不能无动于衷。人类要通过这个礼仪，敬畏食物、珍惜食物，为美好的生活而AWE，为子孙延续而 AWE。

# §4-5.5 食为习俗学面临的问题

目前食为习俗学面临的问题有两个，一是对丑陋食俗遏制力度不够，二是对良俗的发扬不够。

## §4-5.5.1 对丑陋食俗遏制力度不够

人类应坚决摒弃"浪费、奢侈、猎奇、不洁、迷信"这五大丑陋的食俗。因为这些行为的存在以及继续为之将给人类带来不良的后果。由于人们猎奇食俗导致的野生动物数量逐年减少，物种减少导致的生物链破坏使得生态平衡不断被打破。另外，部分地区的食俗自古传承，其中部分食俗由于当时人类认知有限夹杂的不科学、不洁净的习惯也传承下来，导致或隐性或显性食病的发生，这种现象还未引起部分群体的重视。由此可见，目前全球对丑陋食俗的遏制力度还非常不够。遏制丑陋食俗不能单凭个体自觉、社会监督，应出台相应的法律来进行约束。

## §4-5.5.2 对良俗的发扬不够

人类目前对"礼让、清洁、节俭、适量、健康"这些优良的食俗的发扬力度还非常不够。目前世界各个国家的食物浪费现象十分严重，在德国每年被当作垃圾处理掉的食品高达 1100 万吨，美国民众每年丢弃多达 40% 的食物。人类如果不能把优良的食俗传承下去，发扬光大，那么人类丢失的将不仅仅是美德，更会是我们的生命或是整个地球。以中国为例，目前正在发起的"光盘行动"，就是对优良食俗比较好的发扬形式。希望全球能多些这样具有正能量的对优良食俗进行发扬的实际行动。

随着食为习俗学体系的搭建，人们对食俗良俗和陋俗的认识会日渐深入，优秀的食俗文化将得到较好的传承，丑陋的食俗文化将逐渐被摒弃，人类会吃得更科学、更洁净、更健康，寿命也会更长，在促进自身健康的同时，也会更加注意地球的生态健康。

# 食史研究

　　本单元包括食学的两个 3 级学科：食为文献学和食为历史学。从食学学科体系看，食为文献学和食为历史学都属于交叉学科。从学科成熟度看，它们都属于新学科。虽然前人对食为文献和食为历史都有过许多研究，但是让它们从历史学和文献学中剥离出来，独立成学，尚属首次。食为文献学和食为历史学的共同点在于：它们都是研究人类历史食为，为今天的人类食为提供借鉴与支持。

　　食为文献学是研究记录人类食行为和食物载体的学科。食为文献是记录人类食行为和食物的物质载体，是前人对食文化科学研究和技术研究结果的最终表现形式，是人们最直接、最大限度了解食文化的有效途径，是认识食文化和改造食文化的重要资源，是交流食文化、传递食知识的重要工具。

　　文献这个词汇有广义、狭义两种含义。狭义的文献仅指有价值的文字记录，广义的文献则包含图画、雕塑等记录手段。本书中的食文献是指广义的文献，即记录人类食物知识的一切载体。最早的食文献，可以追溯到公元前 3200 年两河流域楔形文字出现之际。

　　食为历史学是研究记载和解释人类过去重大食行为的学科。食为历史是对人类过去重大食行为的记载和解释。食为历史学研究人类历史几大阶段中的食为标志性的事件，研究人类过往社会中食为的客观存在及其发展过程，探索这种客观存在及其规律。

　　食为历史学可从四个维度进行分类：时间维度、空间维度、民族维度和类型维度，其中类型维度是我在本书中新提出的一个维度，即将食为历史分为食物生产历史、食物利用历史、食为秩序历史。

从食物供求关系看，食为历史还可以分为：缺食社会史、足食社会史、丰食社会史。

食为历史研究的主要问题有三个：体系自身建设不完善，研究现状散乱，对食历史文献利用度不够。

本单元的学术创新点有两个：一是确立食为文献学和食为历史学；二是提出缺食社会、足食社会、丰食社会、优食社会的历史划分方法。

# §4-6 食为文献学

食为文献是记录人类食知识的载体，食知识包括食为知识和食物知识，食为文献学是食学的三级学科，是食学与文献学的交叉学科。食为文献学在食学体系中的作用是研究历史的食文献，为当代人类的食为提供参考和支持。

文献三要素包括物质载体、知识信息和相应符号。从物质载体说，文献这个词有广义、狭义两个含义：广义的文献是指记录知识的一切载体。狭义的文献仅指有历史意义或研究价值的图书、期刊和典章。本书中的食文献是指广义的文献，并不限于文字记录和纸质载体。

食为文献是人类文化的重要源泉，许多文字、词汇产生于食生活。饮食是人类最重要的活动，在各个文化领域都有反映饮食的作品，这些都是人类精神文明的重要组成部分。系统梳理这些现象，对于我们总结继承前人遗产，解决今天遇到的种种食问题，都具有重大意义。

## §4-6.1 概述

在人类有了食行为之后，就有了对其相关活动的记录，人们将其刻画在洞穴中、石壁上，用以保存和流传。随着文字的出现，人们开始将食行为用文字进行记录。随着科技的发展，人们开始以电子为媒介记录食行为。回顾人类食为文献的发展历史，可以分为无纸时期、有纸时期和电子数字时期三个阶段。

无纸时期。公元前 40 世纪中期，苏美尔人首先发明了图画文字，这种文字的特点是，如要表示"食物"就画一个盛食物的碗。这种图画文字同后来出现的楔形文字大相径庭。公元前 3200 年两河流域出现的楔形文字，是世界上最早的文字之一，为两河流域食文明留下了大量见证。原始楔形文字，在象形的基础上，还有很多采用会意的方法。如：由 SAG（头）和 NINDA（面包）两个字组成，表示"吃"的意思；字形作杵与臼，会"捣碎、舂"之义。

水　　　　犁　　　锄头　　　　山羊

奶牛　牛犊　　驴　野山羊　鱼　无花果　鸟

图 4-19　与食物有关的原始楔形文字⑧

古埃及和中东地区曾长时间使用莎草纸做书写材料。已发现的草纸文献大多属于公元前 4 世纪至公元 6 世纪，数量不多。希波克拉底的饮食著作《养生法》就是用莎草纸写成。

古希腊有自己独特的文明记载——羊皮，于公元前 2 世纪发明，曾与纸莎草并行了很长时间，直到中世纪才停止使用。位于南亚的古印度主要以石料、树皮和树叶为文字载体，为我们留下了大量反映当时人们食生活的文字，主要体现的是行为文化。

甲骨文是中国古代商王朝晚期（公元前 14~ 前 11 世纪）和西周时期（公元前 11 世纪 ~ 前 771 年）使用的文字，其中许多涉及天文、历法、气象、地理、农业、畜牧、田猎、疾病、灾祸，都与食学相关。公元前 6 世纪，写在竹简上的《诗经》中大量记载了有关食物原料和饮食的状况，是研究古代饮食文化的珍贵资料，如"三之日于耜，四之日举趾"，就是记载种植活动的诗句。

有纸时期。公元 105 年，中国改进了造纸术，成为现代纸的渊源，此后在中国，纸张基本取代了竹简，成为唯一的书写材料。此后，造纸术先后传到东亚、中东和欧洲地区，12 世纪，欧洲开始使用纸张书写。

纸质食为文献数量繁多，如 6 世纪，中国写成了堪称中国古代农业百科全书的《齐民要术》，其书"序"中称"舜命后稷，食为政首"，认为"食为政首"是帝舜任

⑧ 搜狐网 - 文化：《文字知识》苏美尔楔形文字——世界最古老的文字，2018 年 6 月 18 日。

用后稷为农官时的命辞。8世纪初，中国唐代韦巨源的《烧尾食单》记载了许多隋唐两代宫廷与官府宴席。到18世纪，出现了中国最著名的纸质食文献——《红楼梦》和《金瓶梅》。据统计，《红楼梦》中仅前八十回，就写了大大小小二十几次宴会。《金瓶梅》中，"酒"字出现了2100次，宴席约300次，几乎回回有酒宴，描绘了一幅真实生动的中国古代社会风土人情全景图。法国研究者道格拉斯·斯特劳斯在《洁净与危险》中，从动物的基本分类原则上来确定宗教仪式中的牺牲以及食物在文化观念中的分类系统，明确给出了动物作为食物的区分原则和关系。20世纪80年代，古迪《烹饪、菜肴与阶级：一项比较社会学的研究》出版，标志着人类学对食物研究的转型，将特定的食物体系作为独立的文化表述范式。这一时期著名的食文献，还有影响极广的西敏司的著作《甜与权力——糖在近代历史上的地位》等。

电子数字时期。伴随着科技进步，食为文献开始步入电子数字时期。摄影器材和摄影技术的普及，让人类对食物和食为的记录，从文字的不直观变成了视觉形象的直观。摄像等视频技术的出现，使人类对于食物和食为的记录，从固态的影像变成了动态的影像。从20世纪下半叶开始，人类开始步入电子数字时代。数字化、虚拟化的互联网改变了食文献的记录、保存、传播方式，使食文献进入了一个崭新的时代。在这个时代，几乎人人都可以记录和传播自己身边的食物和食为，撰写、拍摄食文献由少数人的行为变成了多数人的行为。与此同时，由于数字化的出现，食文献的保存也由附着于纸张等实体变成了数字化的虚拟保存，可以保存得更清晰、更无损，传播得更快捷、更久远。

# §4-6.2 食为文献学的定义和任务

## §4-6.2.1 食为文献学的定义

食为文献学是研究记录在某种载体上的有历史价值和研究价值的食物、食为知识的学科。食为文献学是研究一定载体与有历史价值的食物、食为知识之间关系的学科。食为文献学是用来解决人类食为文献问题的学科，是认识人类食文献的学科。

食为文献是记录人类食行为和食物的载体，是前人对食文化科学研究和技术研究结果的最终表现形式，是人们最直接、最大限度了解食为和食物的有效途径。食文献是认识和改造人类食事的重要资源，是交流食文化、传递食知识的重要工具。

### §4-6.2.2 食为文献学的任务

食为文献学的任务是指导人类更好地搜集、整理食为文献，为当今服务。

通过对文献的搜集整理，可以了解古今中外学者对于人类食行为及食物的研究程度、观点论述及食学现状；阅读研究食文献，能够开阔视野，扩大食文化的知识面，发现目前食业存在的问题以及待解决的问题，或借鉴前人之经验，或规避前人之错误，以有效解决这些问题；通过对食文献的整合分析比较出异同优劣，明确食学源流，从而达到正确鉴别、准确选择所需食文献资料的目的，为当下食学的研究提供背景材料和有益的信息，并在此基础上为学科提供新的研究思路和研究方法。

食为文献学的任务指明了食为文献学的研究方向。

## §4-6.3 食为文献学的体系

食为文献学体系以文献载体为分类依据，将食为文献学分为甲骨食为文献、石板食为文献、金属食为文献、竹简食为文献、绢帛食为文献、纸质食为文献、电子食为文献7个分类（如图4—20所示）。

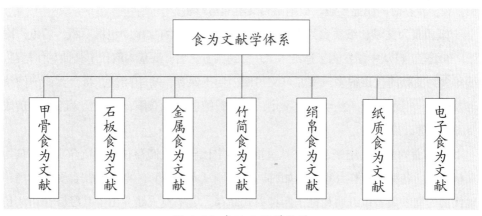

图 4-20 食为文献学体系

甲骨食为文献。甲骨食为文献是指记录在甲骨上的食为文献，包括写、刻在兽皮和动物骨头上的食为文献。甲骨文由世界上最早的文字——象形文字演变而来的，是中国古代的一种文字，是汉字的最早形式。古希腊应用较广的书写材料是羊皮，最早出现于公元前 2 世纪的小亚细亚，以羊皮书写便于装订。

石板食为文献。石板食为文献是指写在石板上的食为文献，包括写在泥板上的文字、画在石头上的壁画、陶土制品上的文字和花纹等。两河流域的楔形文字多写于泥板上，古埃及石料丰富，书写材料中石碑占很大比例，陶器上的花纹多数反映了当时的食行为。

金属食为文献。金属食为文献是指铸造和铭刻在金属器具上的食为文献，较为典型的是中国古代的金文。金文又叫钟鼎文，其应用的时间，上自西周早期，下至秦灭亡国，约 800 年。据记载，金文共计 3722 个，其中可以辨识的有 2420 个，很多与食有关。

竹简食为文献。竹简食为文献是指书写在树皮、树叶等植物性材料上的食为文献。在古印度和玛雅文明中树皮和树叶做书写材料非常流行，古埃及曾广泛使用莎草纸。中国古代在造纸术发明以前，竹简是普遍流行的书写材料。我国现存最古老的有关烹饪的著作之一《吕氏春秋》，确定了明确的食疗养生原则和实施方法的《黄帝内经》，还有中国现存最早的一部农学专著《氾胜之书》等，都是记载在竹简上的。

绢帛食为文献。绢帛食为文献是指写在丝织物上的食为文献。绢帛在没有纸张之前，一直是重要的书画材料，记录保存了一批十分珍贵的食物、食为资料。绢帛价格昂贵，历史资料显示，汉代一匹绢帛的价格相当于 720 斤大米，绢帛相比甲骨和金属，保存时间明显要短。故绢帛食文献非常珍贵。

纸质食为文献。纸质食为文献是指写在纸上的食为文献，包括草纸、藤纸、网纸、布纸等。自从中国发明了造纸术，并传到西方之后，纸基本取代了其他写作材料。纸质食为文献的优点很多，例如可文可图、便于保存、易于阅读、符合人们的阅读习惯等等。但纸也有一些明显的不足，如录载的信息量有限、信息检索不便和造成资源浪费等缺点。

电子食为文献。电子食为文献是指以数字代码方式储存在磁光电介质上的食为文献，包括各种影视作品在内，如韩国电视剧《大长今》，电影《饮食男女》等。现代食为文献大多以纸质和电子两种模式储存，电子模式储存由于其经济性和久长性，已经日益成为主要模式。

# §4-6.4 食为文献学面临的问题

人类的生存和发展都离不开食物，因此，历史上留下的食为文献也浩如烟海，洋洋大观。然而由于食为文献的数量庞大、类型复杂、文种多样、出版分散、重复交叉严重、新陈代谢频繁，导致食为文献学面临许多问题。主要表现为：对文献利用不够，保存力度不够，缺少全人类的共知共享。

## §4-6.4.1 对文献利用不够

食为文献的利用不够主要表现在搜集的内容浅显单一，大部分是针对食物特性和饮食文化进行整理，与食相关的跨行业文献的搜集屈指可数；另外还表现为头疼医头脚疼医脚，例如为了某个节日、某款菜品的宣传需要，到食为文献里找故事、找历史依据，对于浩繁的食为文献缺乏系统的整合和深入的分析。

## §4-6.4.2 保存力度不够

食为文献多为纸质著述，由于纸和印刷术的物理化学特性，不利于食为文献的长期保存。同时，许多古志的食为文献都属于文物，出于保护需要，多数深藏于库中，这非常不利于对它们的调研和传播。一个科学有效的解决方法，就是用当代数字技术予以翻制保护。但是截至目前，这种科学保护的力度还很不够，从而在客观上影响了这门学科的发展。

## §4-6.4.3 缺少全人类的共知共享

食为文献产生于不同时代、不同地区，时代的隔膜和地区的差异影响了它的共知共享。从历史看，许多国家和地区都有大量的食为文献存在，但是由于文化的差异，这些食为文献很难进行世界性的传播。例如中国古代的食为文献是用文言文写成，当今国人想准确解读已属不易，又何谈人类的共享？这是一个急需解决的问题。

食为文献是有关人类与食物关系的客观记录，对了解人类的食历史、指导当今人类的食实践，都具有非常重要的意义。只要切实解决好文献自身利用、现代化保存和全人类共知共享这三大问题，食为文献学就会由"死"变"活"，为当今人类的食活动贡献力量。

# §4-7 食为历史学

食为历史是人类对自己过往食行为的记录。食为历史学是食学的三级学科，是食学与历史学的交叉学科。食为历史学在食学体系里的主要作用是以史为鉴，修正当下。

历史学是人类对记录自己过往行为的材料进行整理、分析的学科。食为历史学是对记录人类食行为的材料进行整理、分析，并为当今的食行为提供借鉴与参考。

从食为历史的分类方法看，有三个传统维度：其一是以历史事件发生的年代分类，属于时间维度，这是历史学最常见的分类方法；其二是以历史事件发生的地区分类，属于空间维度；其三是以食历史涉及的族群分类，属于民族维度，以上三个都是传统分类维度。本书在论及食为历史分类时，增加了一个结构维度，即依据食学分类，将食为历史分为食物生产史、食物利用史和食为秩序史。其下还可分为食物种植史、食物养殖史等 28 个五级子学科。

从食物供求关系看，食为历史还可以分为四个阶段：一是缺食阶段，即食物供不应求、供求关系失衡的阶段；二是足食阶段，即食物供可应求、供求关系基本平衡的阶段；三是丰食阶段，在这一阶段，食物丰盈，但超高的生产效率带来了食物质量下降，不科学的进食方法造成了食病流行；四是优食阶段，在这一阶段，不仅食物数量充足，而且质量优良，食法科学（如图 4-21 所示）。上述四个阶段不仅有时间上的先后交替，还有空间上的相互重合。这就是说，由于社会发展的不均衡，经济发展程度的差异，科学技术的差异和食者个体的差异，具体到每一国家、每一地区、每一族群，乃至族群内部的个体成员，即使在同一时间，其所处的供求阶段也是各不相同的。

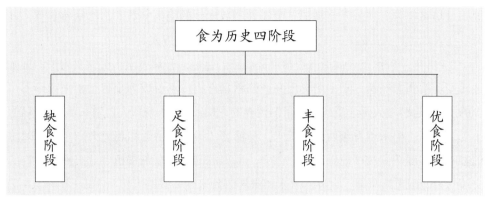

图 4-21 食为历史四阶段

# §4-7.1 概述

猿进化成人之后，人类便有了自己的历史，也有了自己的食物史。不同的食物史阶段，人类有不同的食行为。人类的食物史可以分为三大阶段，第一个是远古食为史阶段，第二个是中古食为史阶段，第三个是近代食为史阶段。

远古食为史阶段。从早期人类诞生到1万年前，人类一直以采捕为主要谋生手段，当时的采捕主要使用木质工具，除了单纯的采捕，原始人类会对食物进行简单的加工，比如将水果晒干、制作肉饼、制作鱼干等。原始人类的部落随着季节变化、动物每年的迁徙、植物的生长周期而不断迁移，有时会在食物来源特别丰富的地方落脚，有时会在水产水禽丰富的河边和海边建立长期定居的渔村，这是人类历史上首次出现定居聚落。

这个阶段人类由于饮食多样化，而较少出现饥饿或营养不良的问题，而且比起后来农业时代的人，他们身材较高，也比较健康，虽然平均年龄只有30~40岁，这主要因为儿童夭折的情况十分普遍，但只要能活过生命早期，当时的人大多能活到60岁。到农业革命前夕，地球上的狩猎采集者有500万~800万人。

从人类和食物的关系看，早期人类由于种群数量少，自然条件优越，加上杂食，曾经有过一段足食和缺食共存阶段。

中古食为史阶段。大约1万年前，人类发生农业革命，开始种植农作物、养殖可驯化的动物。近东的人类首先开始种植小麦和大麦等谷物，中美洲人率先开始种植玉米和豆子等主食；近东开始养殖山羊、绵羊、牛和猪，东南亚开始养殖鸡，中国则是培育稻谷。到公元一世纪，全球大多数地区的绝大多数人口都从事农业，此时农业人口达到 2.5 亿人，采捕者的人口只剩下一二百万人。

1492 年，哥伦布寻找通向香料群岛航路的远航，开启了全人类饮食习惯的根本性转变。欧洲人在新大陆上培育出高产的粮食作物，不仅成为土著和新来者必不可少的主食，也跨越大西洋反向推动了旧世界的人口革命，为现代人口增长奠定了基础，小麦、蔗糖、稻米和香蕉西移，玉米、马铃薯、番茄、番薯和巧克力则东移，阿拉伯咖啡和印度胡椒被移植到印度尼西亚，南美洲的马铃薯被移植到北美洲。食物的交流与再分配重新塑造了世界，玉米和番薯的到来使中国的人口从 1650 年的 1.4 亿人增加到 1850 年的 4 亿人，欧洲的人口从 1650 年的 1.03 亿人增长到 1850 年的 2.74 亿人。尽管这个时期人口数量剧增，但世界人均寿命不到 40 岁，与原始社会并无多大差异。从人类和食物的供求关系看，随着农业革命的兴起，食物的增加造成了人口的大量增加，但是养殖、种植带来的增产效率，赶不上人口增加的数量，加上对食物和食物产地的不当占有和掠夺，人类反而进入了缺食阶段。

近代食为史阶段。18 世纪 60 年代工业革命之后，资本主义迅速发展，人类近代史开始。工业革命为人类带来了前所未有的爆炸性变化，首先引爆且影响最深的就是农业，工业革命最重要的一点，就在于它是第二次农业革命。过去两百多年间，工业化成为农业的支柱，机械设备代替了人力，并做到了人力做不了的事情。由于有了农药化肥、工业杀虫剂和各种激素及药物，农产品产量大幅跃进；铁路和汽车跨越大陆和海洋将水果、蔬菜和肉类运到市场上，不仅改变了西欧和北美的食物供应网络，也改变了非洲、亚洲、澳大利亚和拉丁美洲大部分偏远地区的食物供应网络。可食动物在固定的地方被大规模"生产"，身体被依照产业需求来塑形，全球有百亿只家禽家畜被宰杀。这种工业化的畜牧业，加上农作物种植的机械化，成了现代社会经济秩序的基础。新的储存方法产生，尤其是罐头制造和冷藏使规模经济成为可能，改良的碾磨技术带来更精致的食物，化学家通过破解食物的基本属性，开发出缓解食物腐败的添加剂以及代替自然生成物的人工制品和杂交品种，烹饪工作也从家庭转移到了工厂。

随着生活水平的提高，在这一阶段，饥饿不再是工人阶级不可避免的命运，但肥胖症、糖尿病、心脏病却成了悬在现代人头顶的达摩克利斯之剑。从人类和食物的供求关系看，地球上的多数国家和地区已经进入了足食、丰食阶段，且有部分国家和地区进入了优食阶段。但由于地球资源有限、分配不均、食物浪费严重以及突发自然灾害等原因，仍有占世界人口约 11% 的人吃不饱肚子，处于缺食阶段。


# §4-7.2 食为历史学的定义和任务

## §4-7.2.1 食为历史学的定义

食为历史学是研究记载和解释人类过去重大食行为的学科。食为历史学是研究人类历史与食行为之间关系的学科。食为历史学是有助于发现并解决人类食为问题的学科。

食为历史学研究人类历史几大阶段中的食行为和标志性的食事件，研究完全独立于人类意识之外的过往社会中食行为的客观存在及其发展过程，探索这种客观存在和过程及其规律。现代学科体系中没有专门研究食为历史的学科。

## §4-7.2.2 食为历史学的任务

食为历史学的任务是指导人类总结、借鉴历史食为经验，为当今的实践服务。对历史进行总结是为了积累经验、吸取教训，指导当下的实践活动，食历史也是如此。只有借鉴过去人类食行为的历史经验，才能匡正现在的不良食行为。

食为历史学的具体任务包括了解世界食史的相关内容和重大事件，探究事件发生的原因和导致的结果，对过去的食行为经验进行归纳和总结，发现食事在演变过程中存在的问题，进而发现当今食事存在的问题。

食为历史学的任务指明了食为历史学的研究方向，对于科学指导人类研究食行为的历史，从中吸取有益经验提供了理论基础。


# §4-7.3 食为历史学的体系

食为历史学体系以时间、空间、族群、结构为分类维度，将食为历史分为人类食为史、远古食为史、中古食为史、近代食为史、世界食为史、洲别食为史、国别食为史、民族食为史、食物生产史、食物利用史、食为秩序史 11 门四级子学科（如图 4-22 所示）。

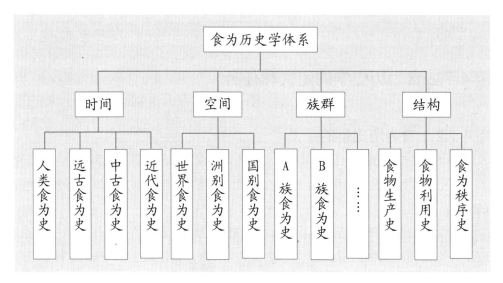

图 4-22 食为历史学体系

人类食为史。人类食为史是食学的四级学科，是食为史学的子学科。它是从时间角度对人类的食历史进行研究的学科。人类的食为历史以时间为轴，贯穿了从原始人类到古代人类再到当今人类的全部食历史，整体、全面地记述了人类和食物的关系以及人类的食物。由于种种原因，人类食历史多以时间为轴的国家食物史、地区食物史或某种类型、某种具体食历史的形态出现，迄今为止，还没有一部真正的人类食历史学著作问世。

远古食为史。远古食为史是食学的四级学科，食为历史学的子学科。远古食为史是一部人类的食为断代史，上至 550 万年前人类祖先诞生，下至 1 万年前第一次农业革命开始之前。在这个历史阶段，人类主要是通过采集、捕获野生动植物来获取食物，维持生命，维护种群延续。从社会阶段而言，这一时代属于饥食和足食共存的时代。

中古食为史。中古食为史是食学的四级学科，食为历史学的子学科。中古食为史是一部人类的食为断代史，上至 1 万年前第一次农业革命，下至 300 年前的工业革命开始之前。在这个阶段，植物种植、动物养殖、菌类食物培养等新兴行业的崛起，让人类的食生产模式有了巨大改变，人类也因此开始定居，城市出现。食物改变了人类社会。

近代食为史。近代食为史是食学的四级学科，食为历史学的子学科。近代食史是一部人类的食为断代史，从 300 年前的工业革命时代开始，下至当今。这一时期的突出特色是工业生产模式兴起，并进入农业和食物加工业。伴随工厂化、机械化、集约化的步伐，食物生产效率从高效冲入超高效轨道。食物数量增加质量下降、合成食物进入人类的食物链、过食病取代缺食病成为威胁人类的主要食病，都是这一时代要面对和解决的重大问题。

世界食为史。世界食为史是食学的四级学科，食为史学的子学科。它是从空间角度研究整个世界范围内人类食行为历史的学科。自大航海时代后，原本隔绝的世界逐渐成为一个相互联系的整体，文化交流和贸易往来的不断增加，使世界各地的食行为都发生了一定程度的变化，世界食为历史学将找出历史上影响人类食行为的重大事件，研究世界范围内人类食行为变化的规律。

洲别食为史。洲别食为史是食学的四级学科，是食为史学的子学科。它是以洲为单位，从空间角度研究人类食行为历史的学科。同一个洲内的不同国家的食史有很多相似之处，也有不同之处，以洲为单位研究食史能够更好地对食行为进行比较和总结。

国别食为史。国别食为史是食学的四级学科，是食为历史学的子学科。它是从空间角度以国家为范围，研究一国之内人类的食行为的学科。不同的国家有不同的地域环境、历史传统、宗教信仰、风俗习惯，因而就有不同的食行为，一国之内不同地区的食行为也有差异。对国家食历史的研究可以使人类对食史有更深入精细的了解。

民族食为史。民族食为史是食学的四级学科，是食为历史学的子学科。它是从族群角度以民族为范围，研究民族之内的食行为的学科。世界上有两千多个民族，一国之内也可能有数以百计的民族，不同民族的食行为可能有巨大的差异。对民族食史的研究有助于人类了解那些独特的食行为，对挽救某些即将失传的食俗和技法有巨大帮助。民族食为史可以是民族集群的食历史，如"中华民族食历史"，也可以是单独民族的食历史，如"苗族食历史""蒙古族食历史"。

食物生产史。食物生产史是食学的四级学科，是食为历史学的子学科。它是从食学类别角度研究人类食物生产行为的历史的学科。食物生产是最早开始进行的人类活动，并始终在社会发展中占据庞大而重要的地位。按照人类社会的进程，食生产史可以分为三个阶段，第一个阶段是人类进入农耕社会前的几百万年，在此阶段内人类的食物生产主要是采捕活动。第二个阶段是农业社会的食物生产史，人类开始种植、养殖食物，并有了成规模的食物加工和食物储运活动。第三个阶段是工业革命至今的食物生产史，是食物生产产量剧增、效率翻倍的阶段。

食物利用史。食物利用史是食学的四级学科，是食为历史学的子学科。它是从食学类别角度研究人类认识食物和利用食物的历史学科。食物利用历史学的具体研究内容包括人类对食物性格和食物元素的认识历史，消化系统的进化史，对食者体征的认识史，食病与食疗的发展史，人类对食物的审美演变史。

食为秩序史。食为秩序史是食学的四级学科，是食为历史学的子学科。它是从食学类别角度研究自古以来人类食秩序的形成和历史演变规律的学科。人类的食秩序伴随着人类的诞生和进化，从最初的混乱无序演变到地域、国家、地区内的有序，再到世界范围内食秩序的产生，这是一个漫长而曲折的过程。食秩序史学对这个过程进行研究，并为建立当今的和谐食秩序吸取经验。

# §4-7.4 食为历史学面临的问题

食为历史学不仅是理论研究学科，也是为指导当下的实践而创立的学科。当前，食为历史学面临的主要问题是研究力度不均衡。

## §4-7.4.1 研究力度不均衡

研究力度不均衡，具体是对食生产历史的研究多，对食利用历史的研究少；对国家食历史的研究多，对世界食历史的研究少。从人类的研究领域来看，历史研究多集中在政治、经济、文学方面，对食行为的研究主要集中在农业领域，对食物利用和食秩序的研究不足，且食生产史和食利用史及食秩序史的研究各自为政，缺乏整体研究。就地域而言，人类对某些地区的食为历史研究丰富，某些地区食为历史的研究匮乏，不能齐头并进。尤其是世界食为历史学的研究，由于工程浩大繁复，导致世界食为历史学的研究极度缺乏。

以史为鉴，温故知新。食为历史学存在的意义不仅是记录历史，更在于匡正当下，为当今人类的食行为提供借鉴与参考，因此它在整个食学体系里具有不可替代的重要位置。当今人们对这门学科的研究认识程度，与它应有的位置还不相符。今后，随着学科面对问题的解决，食为历史学必然会对当今及以后人类的食行为产生重大影响。

# 专业词汇

1. 食学：食学是一门研究人与食物之间相互关系的学科，是研究解决人类食事问题的学科，是研究人类食事认识及其规律的学科，是研究人类食为规律的学科。

2.EATOLOGY：食学的英文单词。

3. 食事：指人类的食行为及其结果。

4.Eating-related Matters：食事的英文表达。

5. 文明六维：人类的文明主要体现在六个维度：智、美、礼、权、序、嗣。食，是人类文明六维的源头。

6. 食识：指人类对食事的认知，是主观反应。

7.Eating Knowledge：食识的英文表达。

8. 食识四化：指人类的食识呈现出海量化、碎片化、误区化、盲区化四个特征。

9. 食识的海量化：指人类对食为认知的记录与认识浩如烟海。

10. 食识的碎片化：指在当今科学体系的分类学中，食识多以碎片状态散落在各种学科之中，没有形成一个整体体系和独立的类目。

11. 食识的误区化：指由于食识的局限性长期存在，妨碍人们不能从整体角度、全局角度看待食事，出现了许多认知误区。

12. 食识的盲区化：指对食事的认知维度单一且深度不够，以及许多盲点、空白的存在，致使食识领域存在着盲区。

13. 食事共识（20字）：指人类对食事的20字共识：人人需食，天天需食，食皆有源，食皆求寿，食皆求嗣。

14. 食物：指维持人体生存与健康的入口之物。分为真菌类食物、植物类食物、动物类食物、矿物类食物和合成食物。

15. 食行为：人类所有的食事行为。

16. 食为：食行为的缩写。

17. EATION：食为的英文单词。

18. 食为系统：是指人类食事行为的整体，是人类社会的主要构成。

19. 食为五阶段：猿人食为阶段、直立人食为阶段、智人食为阶段、现代人食为阶段、当代人食为阶段。

20. 食为六系统过程：即个体食为系统、家庭食为系统、族群食为系统、国家食为系统、区域食为系统、世界食为系统。

21. 食化：即食物转化，指食物转化为肌体构成和肌体能量以及排泄、散热的全过程。

22. 食化系统：指用于食物转化的肌体器官及整个肌体的存在系统。

23. 缺食：指食物短缺。

24. 缺食者：指处于缺食状态的个体。

25. 缺食群体：指处于缺食状态的群体。

26. 缺食社会：是由缺食群体为主的社会形态。

27. 缺食阶段：是从食物利用角度划分的人类社会阶段。缺食阶段以食物供给短缺为主要特征。

28. 足食：食物供给相对充足。

29. 足食者：指处于足食状态的个体。

30. 足食群体：指处于足食状态的群体。

31. 足食社会：是由足食群体为主的社会形态。

32. 足食阶段：是从食物利用角度划分的人类社会阶段。足食阶段以食物供给充足为主要特征。

33. 丰食：指食物供给丰盛且有大量余存。

34. 丰食者：指处于丰食状态的个体。

35. 丰食群体：指处于丰食状态的群体。

36. 丰食社会：是丰食群体为主的社会形态。

37. 丰食阶段：是从食物利用角度划分的人类社会阶段。丰食阶段以食物供给丰盛且有余存为主要特征。

38. 优食：是食物质量优良和食用方法优良。

39. 优食者：指掌握优良食用方法的个体。

40. 优食群体：指掌握优良食用方法的群体。

41. 优食社会：是优食群体为主的社会形态。

42. 优食阶段：是从食物利用角度划分的人类社会阶段。优食阶段以食物数量充足、质量优良和食用方法优良为主要特征。

43. 食界三角：由食物母体系统、食为系统、食化系统构建的三角结构。

44. 双原生性法则：由于人是原生性的生物，所以需要依靠原生性的食物来维持健康，不能依靠合成食物。

45. 产能有限法则：食母系统的总产量是有限的，体现在两个方面，一是土地、水域单位面积的产能是有限的；二是食物生长的周期压缩是有限的。

46. 食为二循法则：人类的食为必须遵循食母系统的客观规律，以维持种群的延续；必须遵循食化系统的客观规律，以延长个体的健康寿期。

47. 腹脑为兄法则：在人类的头脑未发达之前，腹脑早已存在。人类要想健康长寿，必须听从腹脑而不是头脑的指挥。

48. 食化核心法则：食化系统的运行质量决定人的寿期。它是人类食事的核心。

49. 对征而食法则："对征"是指认识当下自己的体征，"而食"是指选择食物和食法。对征而食是达到健康长寿的路径。

50. 食前医后法则：从健康的角度看，食是医的上游。会吃食物就会少吃药物并远离疾病。

51. 五步进食法则：又称瞻前顾后法则，由辨体、辨食、进食、察废和察征5个步骤组成，是一个不断循环的过程。

52. 12维进食法则：进食有12个维度，是对两个维度膳食金字塔的升级与替代。

53. 五觉审美法则：食物品鉴是味觉、嗅觉、触觉、视觉、听觉共同参与的审美艺术，心理反应和生理反应都是审美过程。

54 药食同理法则：本草类药物和合成的西药，都是通过口腔进入体内，都作用于人体健康。从原理上说，它们都是一样的。

55. 逆恩格尔法则：优质食物的稀缺性决定了食物价格的上升趋势。这种趋势与著名的"恩格尔系数"相逆。

56. 健康六要素：指基因、环境、运动、心情、饮食、医疗。

57. 生存三要素：指空气、食、温度。

58. 食产 4+1 机制：是指食物生产的五种基本方法。4 是指捕获、种植、养殖、培养 4 种传统食物生产方法，1 是指工业革命以后出现的食物合成。

59. 食为秩序五星机制：指食行政、食经济、食法律、食教育、食道德之间的结构关系。

60. 食为惯性机制: 特指缺食行为惯性, 个体不由自主地过食, 从而带来系列疾病。

61. 生存 2 段论: 指将人体生存状态分为疾病和健康的 2 个阶段。如果加上"未病"、"亚健康"概念, 可称为人体生存状态的 2.5 段认知。

62. 生存 3 段论: 指将人体生存状态分为健康、亚衡、疾病三个阶段。亚衡的确立, 让"预防为主"有了重要抓手。

63. 食业: 指人类与食事相关的所有行业。包括食物生产行业、食物利用行业、食为秩序行业。

64. 食业链: 指食物生产、加工、储运、销售、消费五大环节相互之间形成的一体性关系。

65. 元业: 指人类的第一个行业, 即食业。55. 食业文明: 食业文明是继原始文明、农业文明、工业文明之后的第四个人类文明阶段。食业文明是食物数量与食物质量、食物生产与食物利用(个体寿期)的统一, 是食物生产与食物母体、种群延续与食物母体的统一。

66. 食物生产: 食物生产是指人类对食物的获取与加工, 包括农业、食品工业、餐饮业等所有食物生产的领域。

67. 食产: 食物生产的简称。

68. 食物母体效率: 即土地、水域单位面积的生产效率。

69. 食物生长效率: 即食物生长时间的效率。

70. 食为效率: 即食物生产的劳动效率。

71. 食产三保障: 食物生产要保障人类食物数量, 保障人类食物质量, 保障食物可持续供给。

72. 食产短链: 食为生产具有逆原生性, 食物生产的产业链越短, 越有利于维护食物的原生性。

73. 食物利用: 指人体对食物的利用, 即食物从入口到排泄的过程中所发挥的作用。

74. 食用: 食物利用的简称。

75. 食物二元认知: 食物元素维度认知和食物性格维度认知。

76. 人体二元认知: 人体结构维度认知和人体征候维度认知。

77. 食为秩序: 指人类食事行为的条理性、连续性。

78. 食序: 食为秩序的简称。

79. 世界秩序 4.0: 指以采摘捕获文明、农业文明、工业文明为标志世界秩序三个阶段之后的一个新阶段。世界秩序 4.0 阶段是关照世界上每一个人的社会秩序。

80. 食学三角：指食物生产、食物利用、食为秩序形成的三角结构。

81. 食学三角转动：指食物生产、食物利用、食为秩序三者在人类社会中的权重变化。

82. 食学三任务：食学的三个基本任务是延长个体寿期、促进世界秩序进化、维护种群延续。

83. 食学 3-32 体系：食学的基本体系，由 3 个二级学科和 32 门三级学科组成。

84. 食学二级学科：指食物生产学、食物利用学、食为秩序学。

85. 食学三级学科：指食物母体学等 32 门食学学科。

86. 生存性分类法：是按人类生存的需求来划分社会产业。它把人类社会产业分为 3 类：生存必需类，生存非必需类，威胁生存类。

87. 生存必需产业：生存必需产业包括食业、服装业、住房业和医疗业。

88. 生存非必需产业：按生活需求程度，生存非必需产业分为 4 类：第一是交通业和信息业，第二是服务业，第三是娱乐业，第四是毒品业。

89. 威胁生存产业：威胁生存产业是指那些危及人类生存的产业。其一是军火业，其二是科技失控，包括化学技术失控、生物技术失控、物理技术失控、人工智能技术失控对人类生存造成的威胁和隐患。

90. 食源：人类食物的来源和存量。

91. 原生食物：在原生态环境中生长的食物。

92. 食物原生性：原生食物与生俱来的优质属性。

93. 食物逆原生性：人类对原生性食物加工的整体倾向。

94. 食物母体：指孕育食物的生态系统。

95. 食母：食物母体简称。

96. 食母系统：食物母体系统的简称。

97. 食生态：维持食物生长的自然环境。

98. 食物生产四大范式：食物采捕、食物驯化、食物加工和食物合成。

99. 食物生产五大体系：食物采捕、食物种植、食物养殖、食物培养、食物合成。

100. 食物捕获：食物捕获是人类对天然食物和的获取，包括食物采摘、食物狩猎、食物采集、食物捕捞四种生产方式。

101. 食物采摘：对野生植物和野生菌等天然食材的采摘，是人类古老的获取天然食物的生产方式之一。

102. 食物狩猎：对野生动物类天然食材的获取，是人类古老的获取食物的生产方式之一。

103. 食物采集：对矿物质食物和饮用水的获取，主要采集对象有食盐和食用水两类。

104. 食物捕捞：对水生天然食物主要是野生鱼类的获取，是人类古老的获取食物的生产方式之一，且延续至今，规模扩大。

105. 食物驯化：食物种植、食物养殖和食物培养的统称。

106. 食物种植：指人类对可食性植物的驯化。

107. 食物养殖：指人类对可食性动物的驯化。

108. 食物培养：指人类对可食性菌类的驯化。

109. 食产四阶段：指捕获阶段、种养阶段、高效生产阶段、超高效生产阶段。

110. 合成食物：用化学方式人工合成的食用物。

111. 调物类合成食物：即各种化学食物添加剂。

112. 调体类合成食物：即各种入口的化学药品。

113. 食物加工三维度：即化学（烹饪）维度、物理（碎解）维度和微生物（发酵）维度。

114. 烹饪三场景：家庭烹饪、商业烹饪、工业烹饪。

115. 发酵三场景：家庭发酵、企业发酵、作坊发酵。

116. 碎解三场景：指食物碎解的三个生产场景，家庭碎解、企业碎解、作坊碎解。

117. 一级烹饪术：按传热介质划分，有烤制工艺、煮制工艺、蒸制工艺、炸制工艺、炒制工艺。

118. 二级烹饪术：按传热的时间和温度划分，在一级烹饪术之下。例如炸之下的清炸、干炸等。

119. 三级烹饪术：在二级烹饪术之下，按色、香、味、形、质划分。

120. 世界菜六级体系：指世界菜品的洲系、国系、菜系、流派、门派、产品六个层级。

121. 中国菜 34-4 体系：指中餐的 34 个菜系及由菜系、流派、门派、产品组成的四级体系。

122. 食格八维：指食物具有四气、五味、四象、归经、功用、主治、配伍、宜忌八个维度。

123. 食物性格：指食物是有个性的，如同人之性格，有秉性之异。

124. 食物元素：指食物中的所有元素，包括营养素、无养素和未知元素。

125. 无养素：无养素指食物元素中除了营养素和未知元素之外的化学成分。无养素包括有害无养素、无害无养素、有功能素、无功能素四种。

126. 未知素：指食物元素中尚未被人类发现的物质。

127. 食者：指具有摄食能力的自然人及其群体。

128. 食者体征：指食用食物前的身体状态，以及食用食物后的身体变化。

129. 食者体构：指食者的身体构造。

130. 食欲：食欲是一种想要进食的生理需求，表现为对食物的渴望与期待。

131. 腹脑：腹脑是位于腹腔内游离的神经网，如同人的第二大脑，负责消化食物、信息、外界刺激等。由拜伦罗宾逊于 1907 年发现。

132. 食物转化：食物与人体进行能量等物质的转换过程。

133. 食化：食物转化的简称。

134. 食废：食物进入人体后所排出的物质。

135. 食后征：指食后的身体反应。

136. 膳食健康罗盘：将健康膳食分为食者、食物、食法、食后四个圆环，形象地诠释了健康膳食原理。

137. 膳食表盘指南：膳食罗盘的普及版，又名长寿膳食指南。它借用人们生活中常见的钟表图形，表达科学进食的 12 个维度，引导人类健康进食。

138. 进食结构坐标：由 2 条坐标线、4 组关系、1 个食顺序、2 个象限、1 个食交点组成，准确表达了人体、食物和进食的关系。

139. 五步进食环：指科学进食过程由辨体、辨食、进食、察废和察征 5 个环节组成。

140. 生命三阶段：健康阶段、亚衡阶段、疾病阶段。

141. 亚衡：指人体生存状态由健康到疾病的中间阶段。

142. 养调疗：指三种进食原则。健康对应"养"，亚衡对应"调"，已病对应"疗"。

143. 长寿结构：健康阶段长，亚衡和疾病阶段短。

144. 中寿结构：健康阶段中，亚衡和疾病阶段中。

145. 短寿结构：健康阶段短，亚衡和疾病阶段长。

146. 食者六维：即性别、时间、基因、体征、体构、运动量。

147. 十二维进食：指从数量、质量、种类、频率、温度、速度、顺序、时节、食物性格、食物元素、进食体征、心态 12 个维度把控进食。

148. 寿食者：通过科学饮食健康长寿的人。

149. 寿期：人的生命时间。

150. 寿期不充分：指没有达到哺乳动物的平均寿期。

151. 食病：因食物和食为而产生的疾病。

152. 六种食病：指缺食病、污食病、过食病、偏食病、敏食病、厌食病六种食源疾病。它们以病因命名，出现的原因都是由于人类饮食方式不当。

153. 缺食病：食物摄入不足产生的疾病。

154. 污食病：食物摄入不洁而产生的疾病。

155. 过食病：食物摄入过多而产生的疾病。

156. 偏食病：某种食物摄入过多或过少产生的疾病。

157. 敏食病：对某种食物敏感反应引发的疾病。

158. 厌食病：对食物的变态反应引发的食欲减退或消失。

159. 食物调疗：利用食物防病治病、维持健康的方法。

160. 食物审美：人类摄食活动的审美行为。

161. 五觉审美：通过视觉、嗅觉、味觉、触觉、听觉感官共同感知美的过程。

162. 孙中山胡同：把食物审美局限于味觉，忽视了人的其他感官的作用。

163. 食物审美的双元性：指食物审美过程中的心理反应和生理反应的同等权重。

164. 四种美食家：烹饪艺术家、品鉴美食家、双元美食家、文武美食家。

165. 烹饪艺术家：精通美食制作且形成独特风格的专家。

166. 发酵艺术家：精通制酒、制茶且形成独特风格的专家。

167. 美食家：精通美食感观鉴赏的人。

168. 双元美食家：既精通美食鉴赏又能吃出健康的人。

169. 美食通家：既精通美食制作，又精通美食鉴赏且吃出健康的人。

170. 进食方法：吃的方法。又称吃法、进食法、食法。

171. 食为控制：对人类食行为的约束和指导。

172. 食为控制三维度：食为经济、食为行政、食为法律。

173. 食为秩序：食为秩序是指人类食事行为的调理性和连续性。

174. 食政：食为行政的简称，指一个组织、一个国家对食物生产、食物利用和食为秩序的管理。

175. 食业割裂化：指工业文明带来的对食业分割的现状与趋势。

176. 食业部：国家统管所有食相关行业的行政部门。

177. 食为法律：又称食法律，是强制人们食行为的规则。

178. 食权利：人获得食物的权利。

179. 食责任：分享食物的责任。

180. 人类食物权责：人类获得食物并维护生态的权利和责任。

181. 群体权责：本群体获得食物并与其他群体分享食物的权利和责任。

182. 个体权责：个人获得食物并与他人分享食物的权利和责任。

183. 食育：食学的教育，分为食者教育和食业者教育。

184. 食为教育：指食学教育。分为食者教育、食业者教育。

185. 食者教育：面向每一个人的食为教育。

186. 食业者：与人类食事相关的从业者，包括食生产、食利用和食秩序三个领域。

187. 食业者教育：面向食业从业人员的专业教育。

188. 体验式食为教育：通过对种植、养殖、农业生产过程中经验记录以及家庭教育，对食为的理念进行传播。

189. 食德：约束人们食行为的道德规范。

190. 食俗：食为习俗的简称。人们逐渐形成的相对稳定的群体食为规范。

191. 食礼：摄食行为中的礼仪。

192. AWE 礼仪：包括敬语 + 手势两部分。AWE 是世界语，含义是敬畏，其发音为 [awì]。

193. 优良食俗：简称良俗。具有有利于个体健康和种群持续的食为习俗，如礼让、清洁、节俭、适量、健康等。

194. 丑陋食俗：简称丑俗或陋俗。不利于个体健康和种群持续的食为习俗。如浪费、猎奇、不洁、奢侈、迷信等。

195. 食物浪费：指生产的食物未被人类利用。

196. 损失型浪费：食物在生产过程中因损失而未被人类利用。

197. 丢失型浪费：食物在生产、利用过程中的丢失而未被利用。

198. 变质型浪费：食物在储存、运输等过程中变质而无法被利用。

199. 奢侈型浪费：食物在利用过程中大量未被利用。

200. 时效型浪费：食物因时效标准过期而未被利用。

201. 商竞型浪费：食物因商业竞争销毁而未被利用。

202. 过食型浪费：食用过量的食物，不仅浪费食物，也损害健康。

203. 食为文献：记录人类食为的载体及内容。

# 参考书目

[1] 〔德〕马克思《资本论》，人民出版社 .1975

[2] 〔德〕恩格斯《劳动在从猿到人转变过程中的作用》，人民出版社 .1949

[3] 〔美〕康拉德·菲利普·科塔克《人类学》，中国人民大学出版社 .2012

[4] 〔以色列〕尤瓦尔·赫拉利《人类简史》，中信出版社 .2014

[5] 〔英〕阿诺德·汤因比《人类与大地母亲》，上海人民出版社 .2001

[6] 〔挪威〕托马斯·许兰德·埃里克森《全球化的关键概念》，译林出版社 .2012

[7] 〔美〕西敏司《饮食人类学》，电子工业出版社 .2015

[8] 〔法〕德日进《人的现象》，译林出版社 .2012

[9] 〔美〕房龙《人的解放》，北京出版社 .1999

[10] 〔加〕马克·德·威利耶《人类的出路》，中国人民大学出版社 .2012

[11] 〔中〕胡家奇《拯救人类》，同心出版社 .2007

[12] 〔美〕戴维·珀尔马特 克里斯廷·洛伯格《谷物大脑》，机械工业出版社 .2016

[13] 〔英〕理查德·福提《生命简史》，中信出版集团 .2018

[14] 〔英〕W.C 丹皮尔《科学史》，广西师范大学出版社 .2009

[15] 〔美〕亨利·基辛格《世界秩序》，中信出版集团 .2015

[16] 〔美〕杰里·本特利 郝伯特·齐格勒《新全球史》，北京大学出版社 .2014

[17] 〔美〕杰里米·里夫金《同理心文明》，中信出版集团 .2015

[18] 〔美〕塞缪尔·亨廷顿《文明的冲突》，新华出版社 .2002

[19] 〔美〕莱斯特·R. 布朗《地球不堪重负》，东方出版社 .2005

[20] 〔美〕兰德尔·菲茨杰拉德《百年谎言》，北京师范大学出版社 .2014

[21] ［印度］让·阿玛蒂亚·森《饥饿与公共行为》，社会科学文献出版社 .2006

[22] ［美］汤姆·斯丹迪奇《上帝之饮——六个瓶子里的历史》，中信出版集团 .2017

[23] ［中］刘广伟 张振楣《食学概论》，华夏出版社 .2013

[24] ［美］威尔·塔特尔《世界和平饮食》，陕西师范大学出版社 .2016

[25] ［英］提姆·朗《食品战争》，中央编译出版社 .2011

[26] ［美］杰里米·里夫金《第三次工业革命》，中信出版社 .2012

[27] ［美］玛格丽特·维萨《饮食行为学》，电子工业出版社 .2015

[28] ［德］贡特尔·希施费尔德《欧洲饮食文化史》，广西师范大学出版社 .2006

[29] ［美］富兰克林·H. 金《四千年农夫》，东方出版社 .2011

[30] ［美］布兰达·戴维斯 威桑托·梅琳娜《素食圣经》，广东科技出版社 .2015

[31] ［美］马克·科尔兰斯基《盐的故事》，中信出版集团 .2017

[32] ［美］保罗·弗里德曼《食物味道的历史》，浙江大学出版社 .2015

[33] ［美］阿莫斯图《食物的历史》，中信出版社 .2005

[34] ［美］内森·梅尔沃德《现代主义烹调》，北京美术摄影出版社 .2016

[35] ［中］刘广伟《中国菜 34-4 体系》，中国地质出版社 .2018

[36] ［加］莫德·巴洛 托尼·克拉克《水资源战争》，当代中国出版社 .2008

[37] ［美］詹姆斯·亨德森《健康经济学》，人民邮电出版社 .2008

[38] ［美］迈克尔·莫斯《盐糖脂》，中信出版集团 .2015

[39] ［中］中国营养协会《中国居民膳食指南》，西藏人民出版社 .2010

[40] ［美］T. 柯林·坎贝尔 霍华德·雅各布森《救命饮食》，中信出版社 .2015

[41] ［日］石塚左玄《食医石塚左玄の食べもの健康法》，農山漁村文化協会 .2004

[42] ［美］贾雷德·戴蒙德《枪炮、病菌与钢铁》，上海译文出版社 .2014

[43] ［美］威廉·麦克尼尔《西方的兴起》，中信出版社 .2015

[44] ［加］罗伯特·阿布里坦《大对比——人类是饱的还是饿的》，南开大学出版社 .2013

[45] ［古希腊］西波克拉底《希波克拉底文集》，中国中医药出版社 .2007

[46]〔德〕黑格尔《美学》，商务印书馆 .1981

[47]〔英〕B·鲍桑葵《美学史》，广西师范大学出版社 .2009

[48]〔中〕贾思勰《齐民要术》，中华书局 .2017

[49]〔中〕佚名《食物本草》，华夏出版社 .2000

[50]〔中〕孟轲《孟子》，浙江古籍出版社 .2011

[51]〔中〕佚名《黄帝内经》，高等教育出版社 .1985

[52]〔中〕忽思慧《饮膳正要》，内蒙古科学技术出版社 .2002

[53]〔中〕张仲景《伤寒杂病论》，河北科学技术出版社 .2003